“做学教一体化”课程改革系列教材
亚龙集团校企合作项目成果系列教材

单片机应用与调试项目教程

（汇编语言版）

主编　何文平
参编　张　炜　龙建飞　王贤辰　李　波
主审　杨少光

机械工业出版社

本书是“做学教一体化”课程改革系列规划教材之一，是根据职业教育的培养目标，机电类岗位对单片机技术应用的要求，以及职业院校技能大赛单片机项目的内容及相关知识点编写而成的。采用项目式、任务引领的编写模式。通过有代表性的、实用的项目任务，介绍了单片机及其应用技术。打破了以往枯燥的单片机学习形式，让学生从实践中理解和应用单片机应用技术的相关知识。

本书以浙江亚龙教育装备股份有限公司生产的YL—236型单片机实训考核台为实际操作平台，设计了9个项目，包含单片机在显示、按键、传感器、电动机、继电器、温度、扩展、A/D与D/A转换、机械臂等方面的控制技术，全部任务的完成均需要应用实训台所提供的电路模块。

本书可作为大中专院校机电类、电气类、电子信息类专业单片机课程的教材。也可作为职业院校技能大赛单片机项目的辅导用书，还可用做电子设计爱好者研发单片机的参考书。

本书配有电子教案、电子课件、实训录像及源程序代码，凡选用本书作为教材的学校，可登录 www. cmpedu. com，注册并下载。

图书在版编目（CIP）数据

单片机应用与调试项目教程：汇编语言版/何文平主编．—北京：机械工业出版社，2011.8（2025.2 重印）

“做学教一体化”课程改革系列教材

ISBN 978-7-111-34527-5

Ⅰ.①单…　Ⅱ.①何…　Ⅲ.①单片微型计算机-中等专业学校-教材②汇编语言-程序设计-中等专业学校-教材　Ⅳ.①TP368.1②TP313

中国版本图书馆 CIP 数据核字（2011）第 152680 号

机械工业出版社（北京市百万庄大街22号　邮政编码100037）

策划编辑：高　倩　责任编辑：高　倩　赵东旭　版式设计：霍永明

责任校对：姜　婷　封面设计：王伟光　责任印制：郜　敏

北京富资园科技发展有限公司印刷

2025年2月第1版第9次印刷

184mm×260mm · 16.75 印张 · 1 插页 · 384 千字

标准书号：ISBN 978-7-111-34527-5

定价：39.00 元

电话服务

客服电话：010-88361066

010-88379833

010-68326294

网络服务

机　工　官　网：www. cmpbook. com

机　工　官　博：weibo. com/cmp1952

金　书　网：www. golden-book. com

机工教育服务网：www. cmpedu. com

序

在落实《国家中长期教育改革和发展规划纲要（2010—2020年）》新时期职业教育的发展方向、目标任务和政策措施的时候，教育部制定了《中等职业教育改革创新行动计划（2010—2012）》（以下简称《计划》）。《计划》中指出，以教产合作、校企一体和工学结合为改革方向，以提升服务国家发展和改善民生的各项能力为根本要求，全面推动中等职业教育随着经济增长方式转变“动”，跟着产业结构调整升级“走”，围绕企业人才需要“转”，适应社会和市场需求“变”。

中等职业教育的改革，着力解决教育与产业、学校与企业、专业设置与职业岗位、课程教材与职业标准不对接，职业教育针对性不强和吸引力不足等各界共识的突出问题。紧贴国家经济社会发展需求，结合产业发展实际，加强专业建设，规范专业设置管理，探索课程改革，创新教材建设，实现职业教育人才培养与产业，特别是区域产业的紧密对接。

《计划》中关于推进中等职业学校教材创新的计划是：围绕国家产业振兴规划、对接职业岗位和企业用人需求，创新中等职业学校教材管理制度，逐步建立符合我国国情、具有时代特征和职业教育特色的教材管理体系。开发建设覆盖现代农业、先进制造业、现代服务业、战略性新兴产业和地方特色产业，苦脏累险行业，民族传统技艺等相关专业领域的创新示范教材，引领全国中等职业教育教材建设的改革创新。2011—2012年，制订创新示范教材指导建设方案，启动并完成创新示范教材开发建设工作。

在落实该《计划》的背景下，中国·亚龙科技集团与机械工业出版社共同组织中等职业学校教学第一线的骨干教师，为先进制造业、现代服务业和新兴产业类的电气技术应用、电气运行与控制、机电技术应用、电子技术应用、汽车运用与维修等专业的主干课程、方向性课程编写“做学教一体化”系列教材，探索创新示范教材的开发，引领中等职业教育教材建设的改革创新。

多年来，中等职业学校第一线的教师对教学改革的研究和探索，得到了一个共同的结论：要提升服务国家发展和改善民生的各项能力，就应该采用理实一体的教学模式和教学方法。以项目为载体，工作任务引领，完成工作任务的行动导向；让学生在完成工作任务的过程中学习专业知识和技能，掌握获取资讯、决策、计划、实施、检查、评价等工作过程的知识，在完成工作任务的实践中形成和提升服务国家发展和改善民生的各项能力。一本体现课程内容与职业资格标准、教学过程与生产过程对接，符合中等职业学校学生认知规律和职业能力形成规律，形式新颖、职业教育特色鲜明的教材；一本解决“做什么、学什么、教什么？怎样做、怎样学、怎样教？做得怎样、学得怎样、教得怎样？”问题的教材，是中等职业学校广大教师热切期盼的。

承载职业教育教学理念，解决“做什么、学什么、教什么？怎样做、怎样学、怎样教？做得怎样、学得怎样、教得怎样？”问题的教学实训设备，同样是中等职业学校广大教师热切期盼的。中国·亚龙科技集团秉承服务职业教育的宗旨，潜心研究职业教育。在源于企业、源于实际、源于职业岗位的基础上，开发“既有真实的生产性功能，又整合学习功能”的教学实训设备；同时，又集设备研发与生产、实训场所建设、教材开发、师资队伍建设等于一体的整体服务方案。

广大教学第一线教师的期盼与中国·亚龙科技集团的理念、热情和真诚，激发了编写“做学教一体化”系列教材的积极性。在中国·亚龙科技集团、机械工业出版社和全体编者的共同努力和配合下，“做学教一体化”系列教材以全新的面貌、独特的形式出现在中等职业学校广大师生的面前。

“做学教一体化”系列教材是校企合作编写的教材，是把学习目标与完成工作任务、学习内容与工作内容、学习过程与工作过程、学习评价与工作评价有机结合在一起的教材。呈现在大家面前的“做学教一体化”系列教材，有以下特色：

一、教学内容与职业岗位的工作内容对接，解决做什么、学什么和教什么的问题

真实的生产性功能、整合的学习功能，是中国·亚龙科技集团研发、生产的教学实训设备的特色。根据教学设备，按中等职业学校的教学要求和职业岗位的实际工作内容设计工作项目和任务，整合学习内容，实现教学内容与职业岗位、职业资格的对接，解决中等职业学校在教学中“做什么、学什么、教什么”的问题，是“做学教一体化”系列教材的特色。

职业岗位做什么，学生在课堂上就做什么，把职业岗位要做的事情规划成工作项目或设计成工作任务；把完成工作任务涉及的理论知识和操作技能，整合在设计的工作任务中。拿职业岗位要做的事，必需、够用的知识教学生；拿职业岗位要做的事来做，拿职业岗位要做的事来学。做、学、教围绕职业岗位，做、学、教有机结合、融于一体，“做学教一体化”系列教材就这样解决做什么、学什么、教什么的问题。

二、教学过程与工作过程对接，解决怎样做、怎样学和怎样教的问题

不同的职业岗位，工作的内容不同，但包括资讯、决策、计划、实施、检查、评价等在内的工作过程却是相同的。

“做学教一体化”系列教材中工作任务的描述、相关知识的介绍、完成工作任务的引导、各工艺过程的检查内容与技术规范和标准等，为学生完成工作任务的决策、计划、实施、检查和评价并在其过程中学习专业知识与技能提供了足够的信息。把学习过程与工作过程、学习计划与工作计划结合起来，实现教学过程与生产过程的对接，“做学教一体化”系列教材就这样解决怎样做、怎样学、怎样教的问题。

三、理实一体的评价，解决评价做得怎样、学得怎样、教得怎样的问题

企业不是用理论知识的试卷和实际操作考题来评价员工的能力与业绩，而是根据工作任务的完成情况评价员工的工作能力和业绩。“做学教一体化”系列教材根据理实一体的原则，参照企业的评价方式，设计了完成工作任务情况的评价表。评价的内容为该工作任务中各工艺环节的知识与技能要点、工作中的职业素养和意识；评价标准为相关的技术规范和标准，评价方式为定性与定量结合，自评、小组与老师评价相结合。

全面评价学生在本次工作中的表现，激发学生的学习兴趣，促进学生职业能力的形成和提升，促进学生职业意识的养成，“做学教一体化”系列教材就这样解决做得怎

样、学得怎样、教得怎样的问题。

四、图文并茂，通俗易懂

“做学教一体化”系列教材考虑到中等职业学校学生的阅读能力和阅读习惯，在介绍专业知识时，把握知识、概念、定理的精神和实质，将严谨的语言通俗化；在指导学生实际操作时，用图片配以文字说明，将抽象的描述形象化。

用中等职业学校学生的语言介绍专业知识，图文并茂的形式说明操作方法，便于学生理解知识、掌握技能，提高阅读效率。对中等职业学校的学生来说，“做学教一体化”系列教材是非常实用的教材。

五、遵循规律，循序渐进

“做学教一体化”系列教材设计的工作任务，有操作简单的单一项目，也有操作复杂的综合项目。由简单到复杂，由单一向综合，采用循序渐进的原则呈现教学内容、规划教学进程，符合中等职业学校学生认知和技能学习的规律。

“做学教一体化”系列教材是校企合作的产物，是职业院校教师辛勤劳动的结晶。“做学教一体化”系列教材需要人们的呵护、关爱、支持和帮助，才能健康发展，才能有生命力。

中国·亚龙科技集团　陈继权

2011年6月　浙江温州

前言

本书是根据全国职业院校技能大赛中职电工电子组单片机控制装置安装与调试项目的内容及相关知识点，按照工作过程系统化课程的开发理念编写而成的。作为中职学生学习单片机知识的教材，本着“做学教一体化”的理念，即工作任务与学习任务相结合、工作过程与学习过程相结合、工作内容与学习内容相结合，以理论实践一体化的“做学教合一”思想为宗旨，抛弃了以往教材从理论到实践的编排格式，将单片机及应用技术知识渗透到解决任务（问题）的过程中。在充分调动学生参与学习的积极性的同时，使其在学习过程中不断获取解决实际问题的经验，从而很好地掌握单片机知识。

全书分为绪论及9个项目，共24个任务。其中，绪论对单片机的种类、应用和AT89C51单片机做了简要的概述，并介绍了本书的工作平台——“浙江亚龙教育装备股份有限公司生产的YL—236型单片机实训考核台”的结构及所用的万利ME—52HU型仿真器和开发软件MedWinV3。项目1介绍了单片机对发光二极管（LED）的控制技术，包括对AT89C51单片机的内部结构、基本指令系统和本书所用的编程语言（汇编语言）等做了介绍。项目2和项目3以简单的定时器、计数器到复杂的24h可调时钟为例，介绍了单片机控制数码管的静态、动态显示技术，包括单片机的中断、堆栈的概念和数码管的应用知识。项目4介绍了单片机对交流/直流电动机、步进电动机的控制技术，简单介绍了传感器的概念、电感式传感器的应用、光耦合器的应用和步进电动机相关的知识。项目5介绍了单片机对模拟量（温度）的处理与控制技术，包括模/数转换器AD0809、温度传感器LM35和DS18B20的相关知识，及其在单片机控制系统中的应用技术。项目6介绍了单片机控制数/模转换器DAC0832产生锯齿波电压的技术，包括对数/模转换器DAC0832的功能、特点和使用做了相应的介绍。项目7介绍了单片机控制LED点阵显示器和LCD液晶显示器的技术，包括32*16点阵显示器、RT1602C和TG12864B液晶显示器的性能与应用知识等。项目8介绍了对AT89C51单片机的I/O口进行扩展的技术。项目9介绍了以单片机为控制核心的智能物料搬运系统。

书中内容按任务描述、做与学、多学一点、练习、任务完成情况评价等环节展开，以一系列实训项目的实施为主线，采用边做边学的方式展开学习，强调理论服务于实践，以“用多少（理论知识）学多少”的原则，取代传统的先理论后实操及过分强调学科知识完整的教学模式。通过彼此相关、由简到繁、由易到难的任务练习与项目设计，循序渐进地学习，逐步达到能够运用单片机解决各种实际控制问题的教学要求。

本书提供的各项任务突出了实用性，涉及面广，是很有价值的典型案例，能起到举一反三的作用。内容难度适宜，而且分析透彻。本书可作为大中专院校机电类、电气类、电子信息类专业学生实践类教学课程的教材（或参考书），也适合需要对单片机进行研发的电子爱好者阅读。

参与本书编写的人员都是多年从事单片机课程教学及在全国职业院校技能大赛单片

机项目中指导学生获得金奖的一线教师，具有丰富的教学经验。本书由何文平任主编。陈洁慧编写了绪论，张炜编写了项目一、二、三，龙建飞编写了项目四、五、六，王贤辰编写了项目七、八、九，何文平修改和确定了全稿。本书由全国职业院校技能大赛中职组电工电子项目总裁判杨少光老师审稿。限于编写水平，书中可能存在诸多疏漏，敬请读者指正。

编　者

目　录

绪论

一、单片机简介

单片机又称单片微控制器（Micro Control Unit，MCU）。它是一种集成电路芯片，采用超大规模集成电路技术，把具有数据处理能力的中央处理器（CPU）、随机存储器（RAM）、只读存储器（ROM）、多种I/O接口和中断系统、定时器/计时器等，集成在一块半导体芯片上，构成的一个小而完善的计算机系统。单片机在工业控制、家用电产品、智能化仪器仪表、计算机外部设备、机电一体化产品中都有广泛的应用。

二、单片机的种类

单片机根据应用范围的不同，分为专用型和通用型两种。

专用型单片机是针对某种产品或某种控制应用而专门设计的，设计时已经对系统结构进行最简化处理，使硬、软件资源利用最优化，同时在可靠性等方面也做了最佳的考虑。其特点是应用在特定的场合，范围专一。

通用型单片机是一种基本芯片，它的内部资源比较丰富，性能全面且实用性强，能满足多种应用需要，用户可以根据需要设计成各种不同应用的控制系统。其特点是通用性强，应用范围广泛。

本书使用的AT89C51单片机就是通用型单片机。

三、AT89C51单片机的主要性能和结构

AT89C51是美国ATMEL公司生产的低电压、高性能CMOS 8位单片机，芯片带有4KB的可反复擦写只读存储器和128B的随机存储器。

该器件与工业标准的MCS-51指令集和输出引脚相兼容，包含了微型计算机所必需的基本功能。其主要性能如下：

1）4KB可重复擦写闪速存储器（EPROM），外部可扩展至64KB。

2）擦写周期：1000写/擦。

3）128＊8位内部数据存储器（RAM），外部可扩展至64KB。

4）32个可编程I/O线。

5）两个16bit定时器/计数器。

6）5个中断源。

7）可编程串行通道。

8）低功耗的闲置和掉电模式。

9）片内振荡器和时钟电路。

AT89C51单片机主要的部件有字长为8bit的中央处理器（CPU）、程序存储器（PEROM）、数据存储器（RAM）、定时器/计数器、I/O接口、串行接口和中断系统。它们的内部结构框图如图0-1所示。

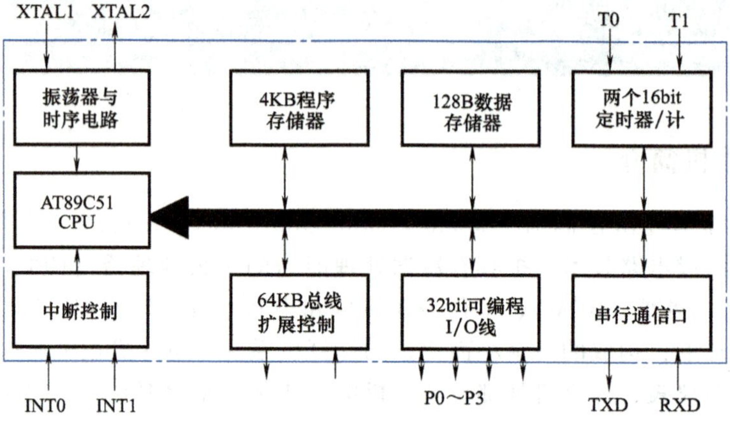

图0-1 AT89C51单片机内部结构框图

四、YL—236型单片机实训考核台

本书使用的实训设备是浙江亚龙教育装备股份有限公司生产的YL—236型单片机实训考核台，如图0-2所示。该实训台是按照职业岗位的工作内容研发的实训设备，它能够完成I/O传输、A/D转换、D/A转换、LED/LCD点阵模块和电机控制等涉及单片机应用技术的主要实训项目。能够满足高、中职院校电子信息类专业从基础到应用的教学实训要求。

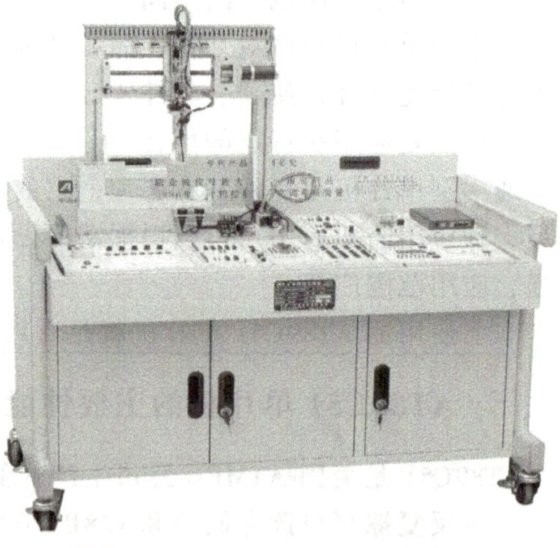

图0-2 YL—236型单片机实训台

YL—236型单片机实训台（后面简称为“实训台”）共有12个不同的模块电路，可组合连接成从简单到复杂的单片机控制电路，模块之间连接灵活。下面分别介绍该实训台的各模块电路及功能。

1. 主机模块MCU01

主机模块MCU01是整个实训台的核心电路模块，它包括单片机的全部I/O连接电路，即I/O连接口；通信电路RS-232；下载电路ISP和蜂鸣器控制电路。模块前面板如图0-3所示。

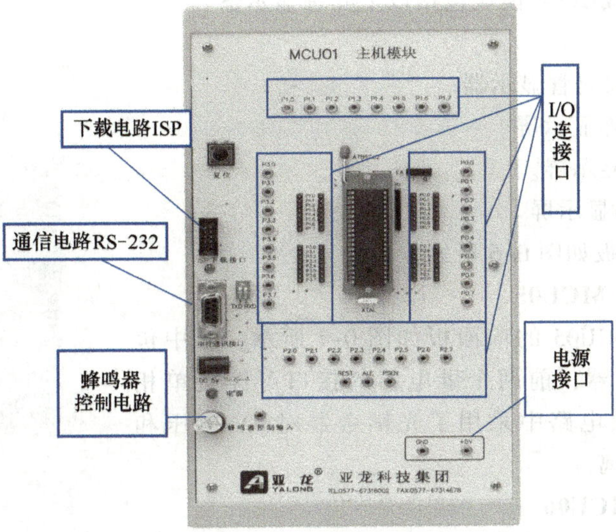

图 0-3 主机模块 MCU01

2. 电源模块 MCU02

电源模块 MCU02 能为整个实训台提供持续稳定的电压。模块中安装了单相漏电保护开关，以避免因接线错误发生短路、漏电等事故，同时在各个单独的直流电路中也连接了熔丝以保护各电压源。模块中包含的几组电压源如图 0-4 所示。

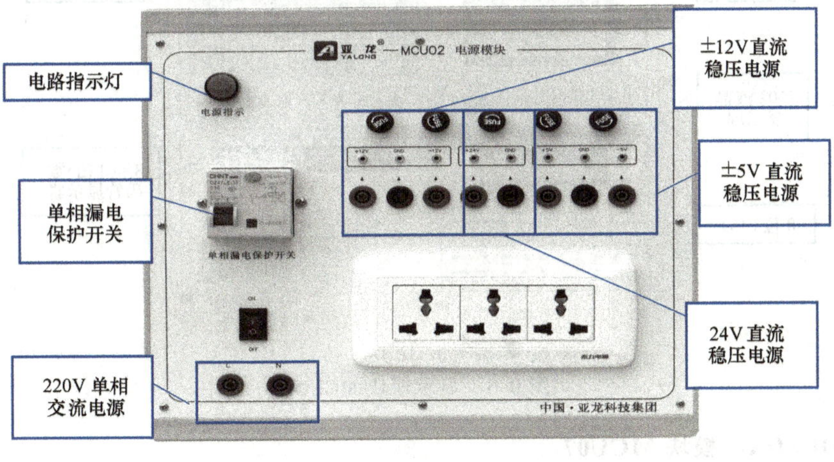

图 0-4 电源模块 MCU02

3. 仿真器模块 MCU03

仿真器模块 MCU03 利用万利公司的仿真软件来模拟单片机的实际运行，可实现程序的实时在线的单步运行，方便编写和调试程序，其模块前面板如图 0-5 所示。

4. 显示模块 MCU04

显示模块 MCU04 包括一些常见的显示器，可以利用该模块学习各种显示器的控制原理和编程方法，MCU04 模块包括以下几种显示器：

1）8 位 LED 灯。

2）8 位 LED 数码管显示器。

3）32 * 16 点阵显示屏。

4）1602 液晶显示屏。

5）12864 液晶显示屏。

显示模块前面板如图 0-6 所示。

5. 继电器模块 MCU05

继电器模块 MCU05 的前面板如图 0-7 所示，其中包括 6 个独立的继电器，前两个继电器的接口可连接单相 220V 交流电。模块电路中采用了光耦合器对 5V 电压和 12V 电压进行了隔离。

6. 指令模块 MCU06

指令模块 MCU06 由 4 种不同类型的按键构成，可以利用各自按键的特点编写不同的任务，更好地实现人机交互。这 4 种按键包括 8 位钮子开关、8 位独立按键、4 * 4 矩阵键盘、PS2 键盘接口，模块前面板如图 0-8 所示。

图 0-5 仿真器模块 MCU03

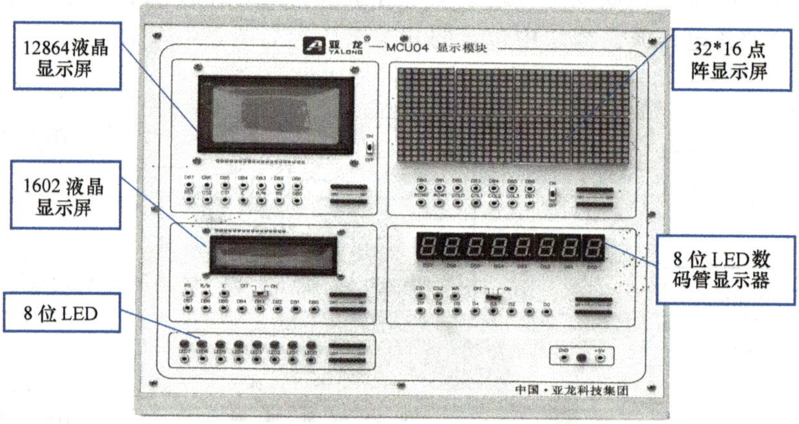

图 0-6 显示模块 MCU04

7. ADC/DAC 模块 MCU07

ADC/DAC 模块 MCU07 如图 0-9 所示。模块中带有 A/D 转换器 ADC0809 和 D/A 转换器 DAC0832 两种集成芯片插口。另外，模块上还提供了可调电位器和模拟电压指示灯，供使用者学习单片机控制系统中的数/模转换和模/数转换之用。

8. 交、直流电动机控制模块 MCU08

交、直流电动机控制模块 MCU08 如图 0-10 所示。它包括交、直流电动机各一个，在每个电动机的硬件电路中都增加了控制继电器，可方便地控制电动机的起动与停止。同时，为了减少电动机对单片机信号的干扰，增加了光耦合器用于隔离。

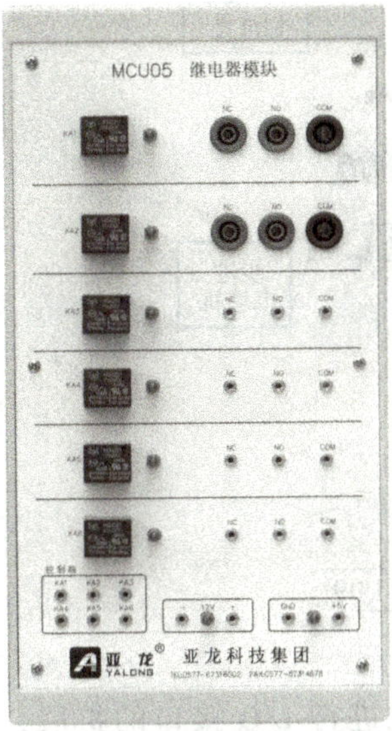

图 0-7 继电器模块 MCU05

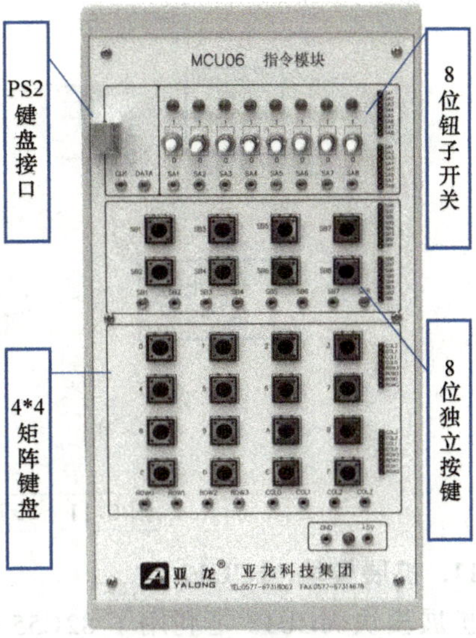

图 0-8 指令模块 MCU06

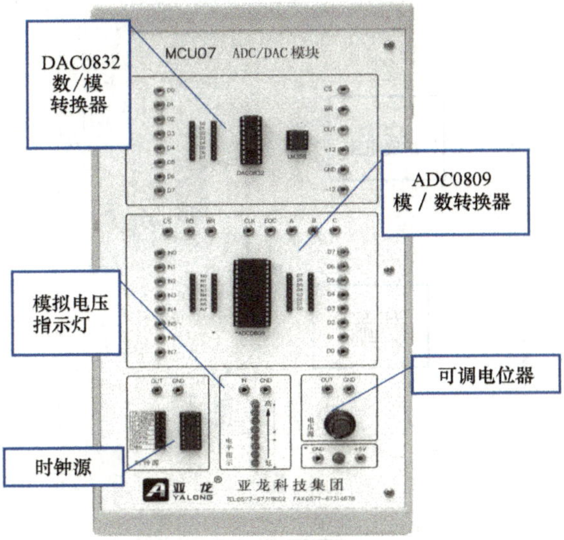

图 0-9 ADC/DAC 模块 MCU07

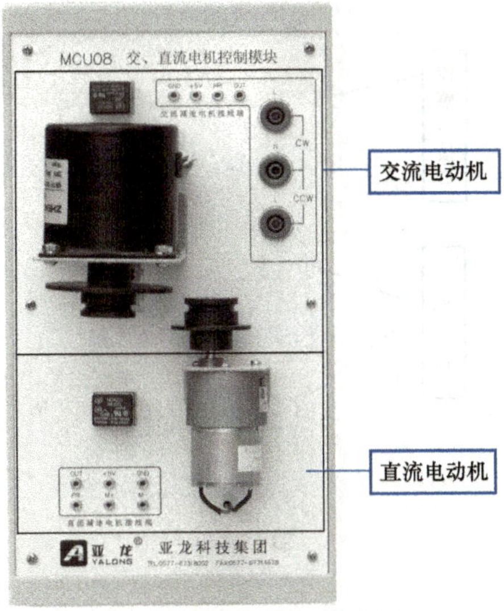

图 0-10 交、直流电动机控制模块 MCU08

9. 步进电动机控制模块 MCU09

步进电动机控制模块 MCU09 如图 0-11 所示。模块中除配套了一只步进电动机及其驱动器外，还配置了刻度尺和可调电位器，这给进行一些复杂任务的设计提供了方便。

10. 传感器配接模块 MCU10

传感器配接模块 MCU10 中设有 16 组光耦合器和 4 组传感器接口，以满足学习单片机自动控制系统的应用技术。传感器配接模块前面板如图 0-12 所示。

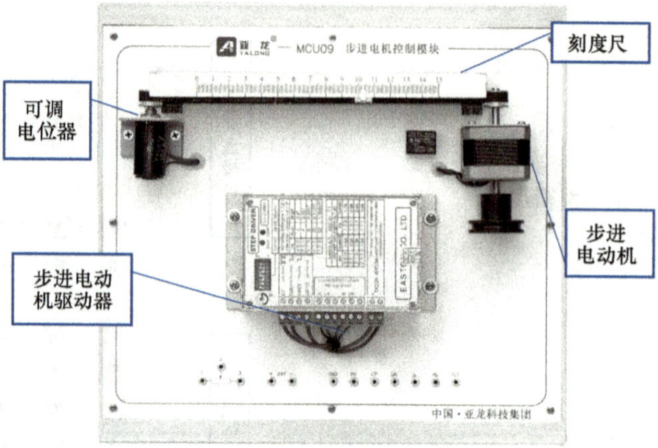

图 0-11　步进电动机控制模块 MCU09

11. 扩展模块 MCU12

扩展模块 MCU12 是利用了 82C55 扩展芯片对单片机进行 I/O 接口的扩展，同时模块中增加了 74LS245 电路使单片机能够更好地控制各个器件。扩展模块前面板如图0-13所示。

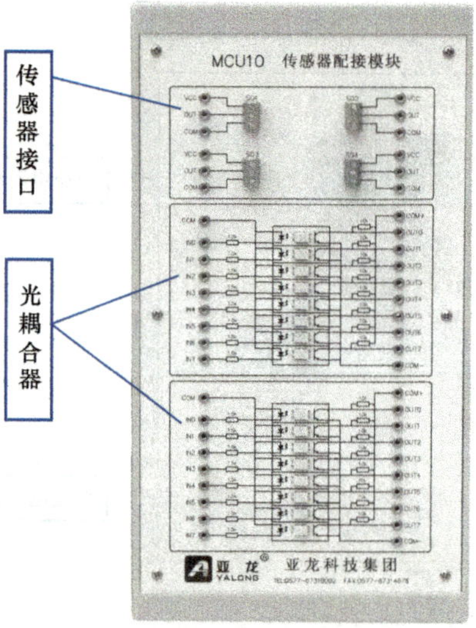

图 0-12　传感器配接模块 MCU10

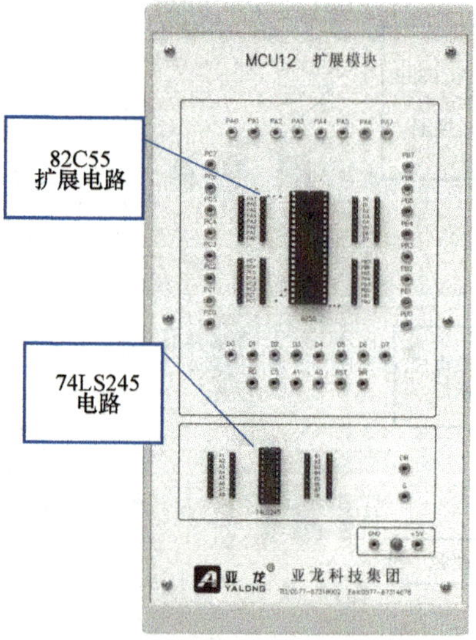

图 0-13　扩展模块 MCU12

12. 温度传感器模块 MCU13

温度传感器模块 MCU13 中包含常用的两种不同的采集量去检测温度，分别是模拟量采集温度传感器 LM35 和数字量采集温度传感器 DS1820。在两个传感器外都增加了加热电阻和温度隔离罩，从而模拟现实应用中的加热器和环境温度。该模块前面板如图 0-14所示。

13. 智能物料搬运装置

智能物料搬运装置是模拟物料搬运系统，通过气爪抓取位置 1、2 的物料，并将抓取的物料放入位置 3；回到初始位置再次抓取物料放入位置 3。智能物料搬运装置外形如图0-15所示。图中各编号的配件名称和功能如下：

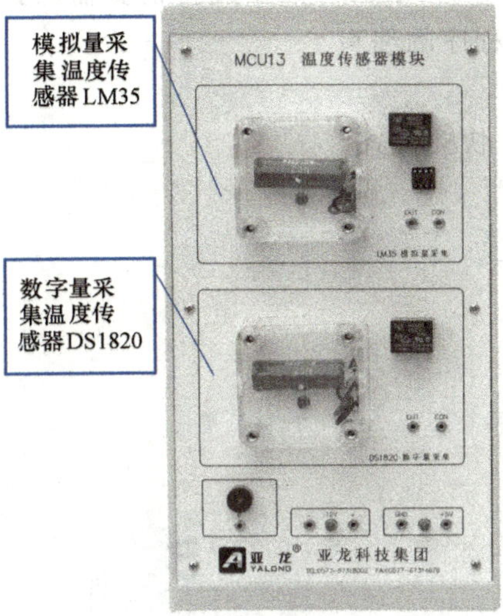

图 0-14 温度传感器模块 MCU13

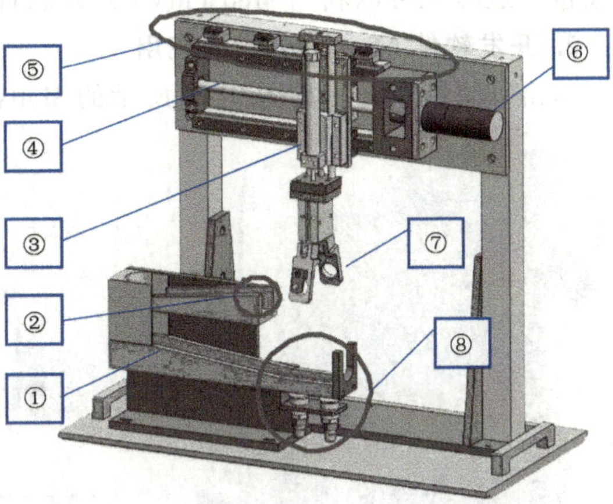

图 0-15 智能物料搬运装置

① 是物料槽，用于放置物料。

② 是工位 3 的位置。

③ 是气缸，负责机械手的上下移动；在气缸的上部和下部各安装有磁性开关，用于检测气缸是否运动到指定位置。

④ 是机械手的传动装置丝杆。

⑤ 是 5 个微动开关，从左至右分别为左限位开关、工位 3 位置开关、工位 2 位置开关、工位 1 位置开关和右限位开关。

⑥ 是 24V 直流电动机，负责机械手的左右移动。

⑦ 是气爪，负责夹持物料；在气爪的前部安装有光电开关，用于检测气爪中是否有物品；同时在气爪的中间安装有磁性开关，用于检测气爪是否抓牢。

⑧ 左边的是工位 2 的位置，右边的是工位 1 的位置；在工位 1、2 的下方有两个光电开关，用于检测各工位上是否有物品。

注：YL—236 型单片机实训考核台内无模块 MCU11，故没有介绍，智能物料搬运装置的硬件电路图和各元件的用途请参见相关项目。

五、仿真器的连接和开发软件的使用

1. 仿真器的连接

在亚龙 YL—236 型单片机实训台中使用了万利 ME-52HU 仿真器，用户可自行更换仿真芯片，支持仿真 Philips 8XC51X2 ~ 8XC58X2，89C60 等以及 AT89、Winbond W78 系列 MCU，并且提供 4 种不同类型断点，即任意地址断点、源程序行断点、单步或运行到光标断点以及分组断点。所有断点都有独立的 64KB 断点空间，可以高效灵活地调试程序。

在学习单片机前先要将仿真器与主机模块连接好，如图 0-16 所示，将仿真头插入主机模块中的芯片槽中。然后将仿真器的电源接通，并用 USB 数据线将仿真器与计算机连接。这时就可以利用 MedWinV3 开发软件进行程序的编写了。

2. 开发软件 MedWinV3 的使用

双击计算机桌面上如图 0-17 所示的 MedWinV3 快捷方式。

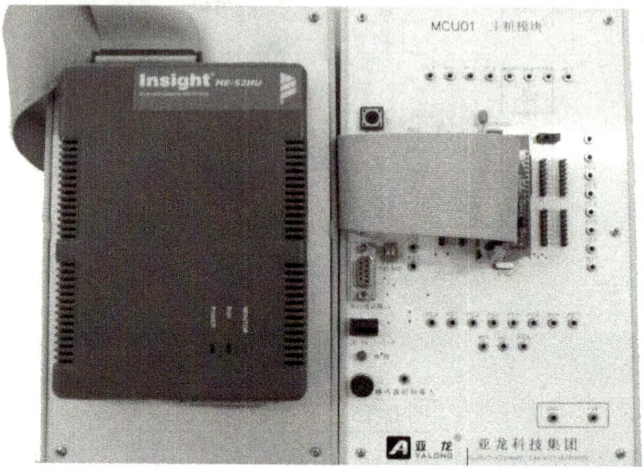

图 0-16　仿真器与主机模块连接

图 0-17　MedWinV3 快捷方式

启动 MedWinV3 软件后，主界面如图 0-18 所示。界面主要由菜单栏、工具栏、文件管理器窗口、工作区窗口、消息窗口等组成。其中，文件管理器窗口包含“项目管理”和“文件管理”两个标签；消息窗口包含“存储器”、“构建窗口”和“消息窗

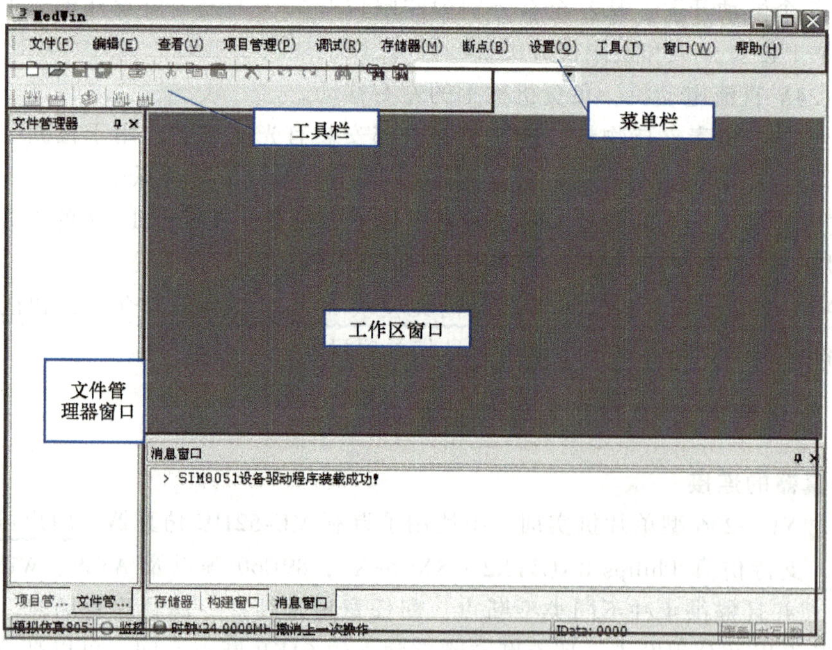

图 0-18　MedWinV3 软件主界面

口”3 个标签。

使用该软件的基本工作步骤包括建立新项目、创建源程序、编写源程序、编译源程序、下载仿真。

(1) 建立新项目　建立新项目的目的是方便用户对所编写的源程序进行统一的管理，并保存编译条件和编译设置等内容。项目文件和源程序文件是相互独立的两种文件，它们可以存放在计算机硬盘不同的目录内，但为了以后管理方便，通常把它们放在同一个目录内。

建立项目的方法是选择菜单栏中的“项目管理”→“新建项目”命令，如图 0-19 所示，会弹出一个“新建项目”对话框，如图 0-20 所示。按照对话框的提示建立项目。

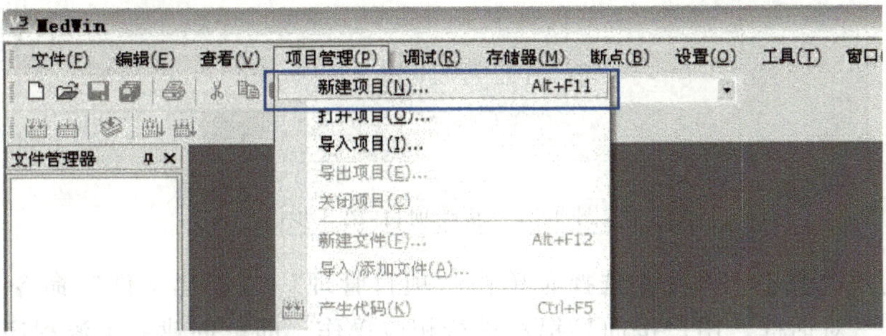

图 0-19　新建项目

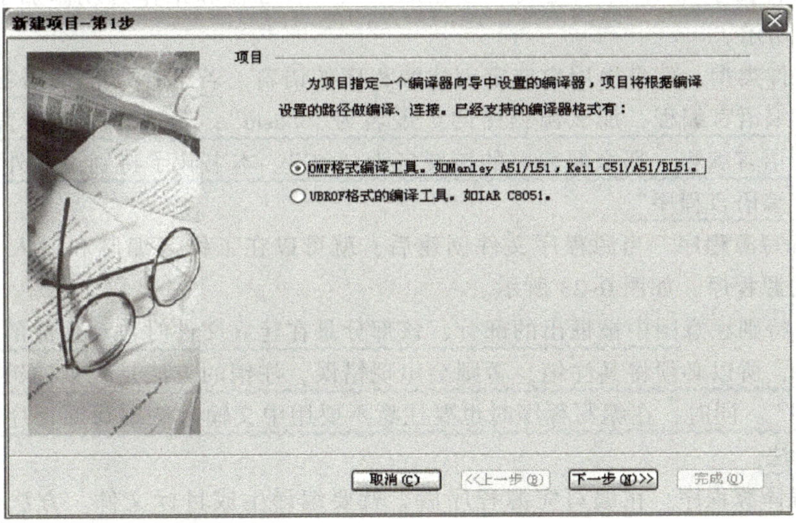

图 0-20　新建项目-第 1 步

“新建项目”对话框的第 1、2 步骤可以按默认选项进行，直接单击“下一步”按钮，进入下一个对话框。在第 3 步中，如图 0-21 项目名称所示，由用户给项目起一个名称，并指定该项目的保存位置。注意，名称必须为英文或拼音字母，保存位置选择硬盘上自己建立的文件夹，方便后期程序的查找。之后的几个步骤不需再调整，直接单击“完成”按钮即可。

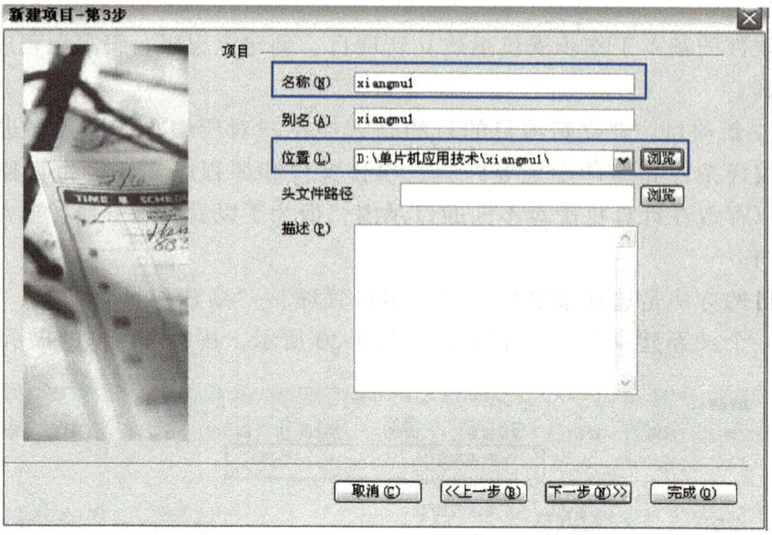

图 0-21　新建项目-第 3 步

（2）创建源程序　方法是选择菜单栏“项目管理”→“新建文件”命令，弹出“新建文件向导”对话框。用户按向导提示进行相应操作，即可创建一个源程序。

如图 0-22a 所示，新建一个文件名是“点亮单个 LED 灯”的源程序，文件类型选择“汇编语言程序”。单击“完成”按钮后，项目管理器和工作区就添加了该源程序，如图 0-22b 所示。

选择文件类型，就是由用户选定创建源程序的语言。若选择“汇编语言程序”，则使用的是汇编语言编程，那么源程序的扩展名为“. asm”；若选择“C 语言程序”，则使用的是 C 语言编程，那么源程序的扩展名为“. C”。本书除了特别说明外，文件类型均选择“汇编语言程序”。

（3）编写源程序　当源程序文件创建后，就可以在工作区编制和输入“点亮单个 LED 灯”的源程序，如图 0-23 所示。

这里要特别注意图中被框出的部分，该部分是在建立文件时自动生成的，因为内部有中文汉字，所以必须将其注销，否则会出现错误，注销的方法是在被注销的语句前加“;”或“//”。同时，在编写程序时也要注意不要用中文输入法编写源程序，一定要换成英文输入法。

（4）编译源程序　在编写完源程序后，就要编译生成目标文件。方法是单击工具栏的“编译/汇编”按钮，如图 0-24 所示，就可以生成目标代码，即扩展名为“. hex”的文件。

在“编译/汇编”工具栏中一共有 5 个按键，如图 0-25 所示。分为 3 组，第一组是生成目标代码工具，即产生扩展名为“. hex”的文件，此代码用于将程序固化在单片机中；第二组为编译/汇编工具，其作用是把汇编程序转换为单片机可识别的机器语言程序；第三组为生成目标代码且装入仿真器工具，它比第一组工具增加了一个功能，就是产生目标代码，并将目标代码装入仿真器中。

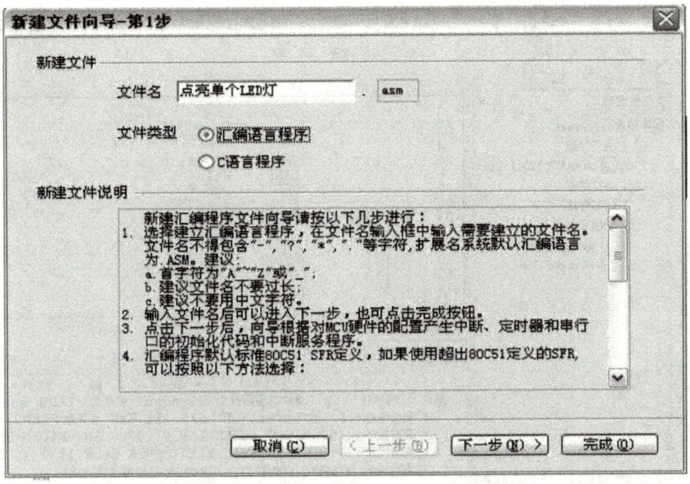

a)

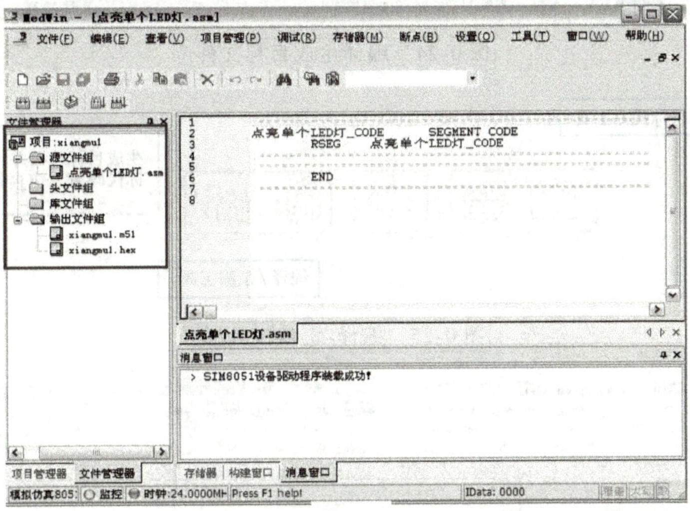

b)

图 0-22 建立一个源程序

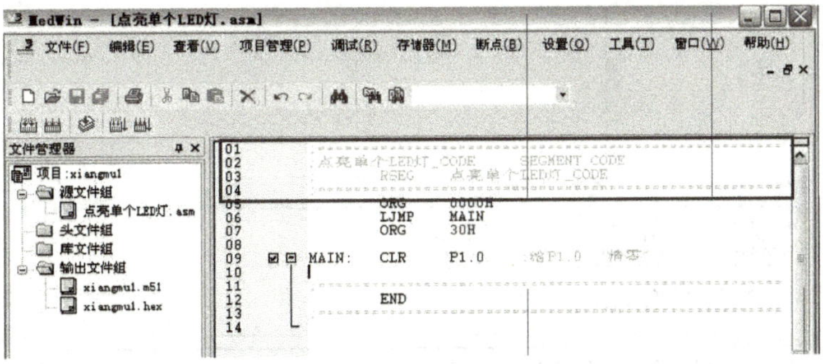

图 0-23 编写源程序

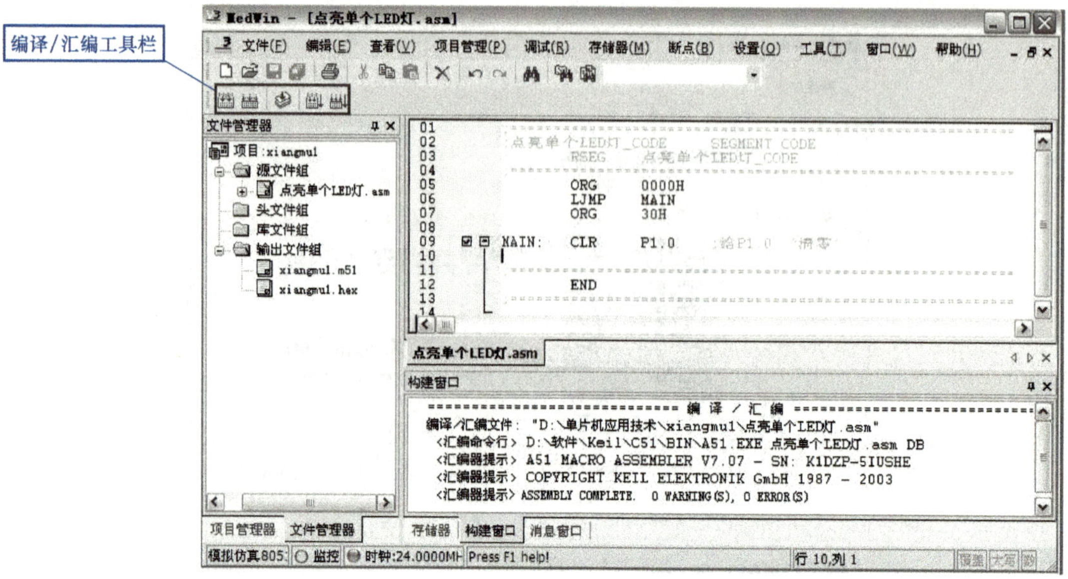

图 0-24　编译生成目标文件

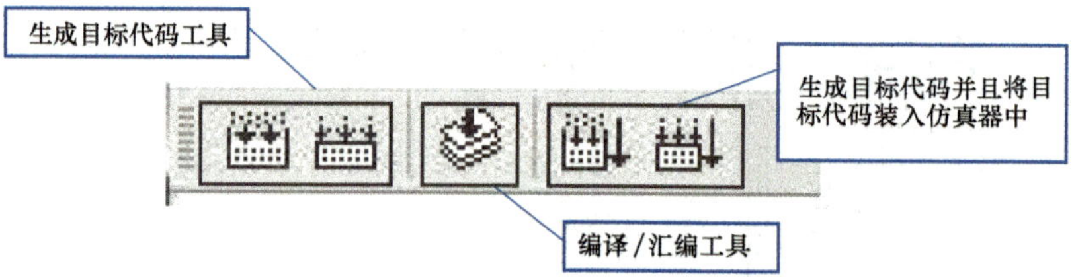

图 0-25　编译/汇编工具栏

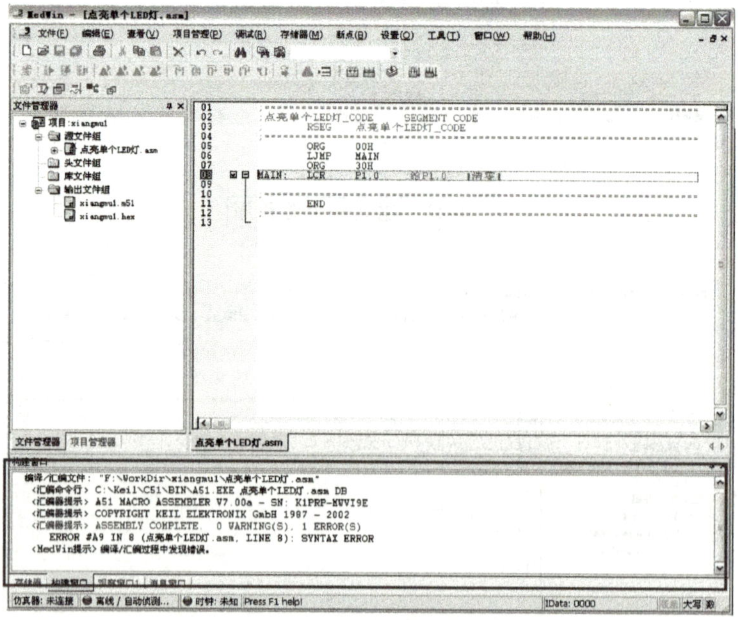

图 0-26　错误提示

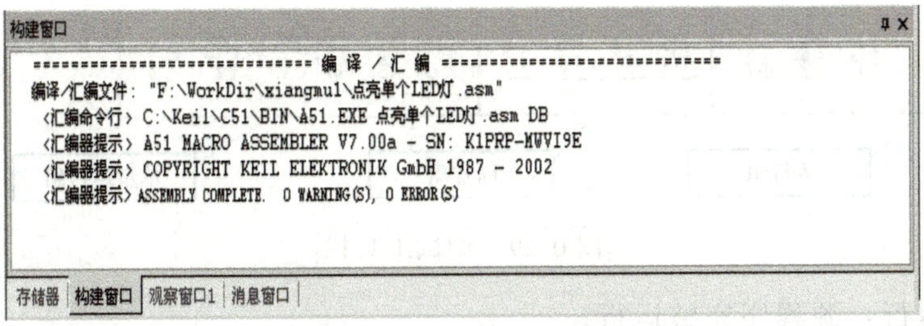

图 0-27 编译通过提示

在编译生成目标文件这个过程中，如果源程序有语法错误，就会在消息窗口中弹出错误信息，如图 0-26 错误提示所示，用户可根据提示信息，进行纠错，直到语法没有错误，如图 0-27 所示编译通过。

（5）下载仿真　编译通过后，单击编译工具的“产生代码并装入”按钮，就可以将程序下载到仿真器并准备运行了，如图 0-28 所示。

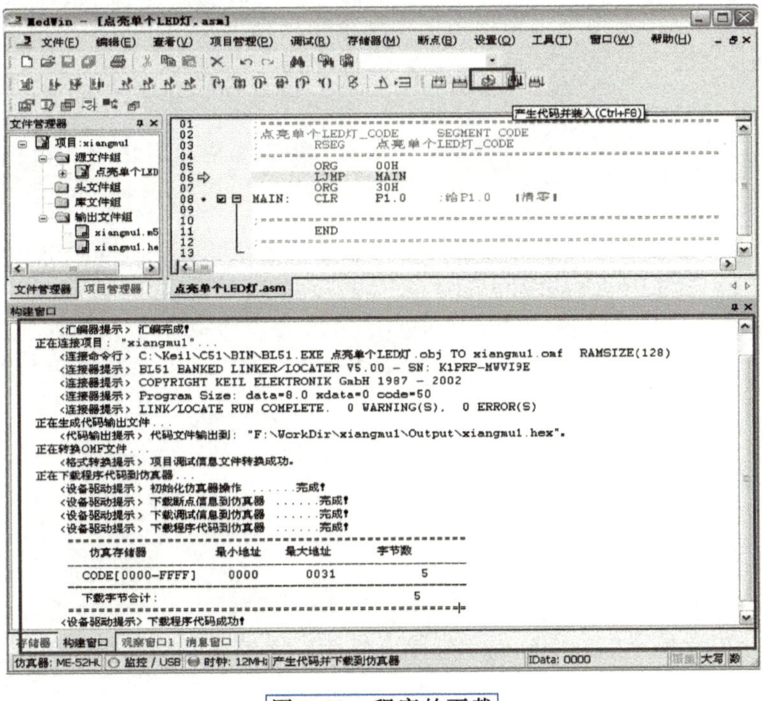

图 0-28 程序的下载

程序下载到仿真器后，单击调试工具栏中的“全速运行”按钮就可以看到程序的最终效果了，即一盏 LED 灯点亮。

这里简单介绍调试工具栏内常用的按键名称和作用。

调试工具栏如图 0-29 所示，分为“运行组”、“断点组”和“单步运行组”3 组按键，其中常用的按键名称和作用如下：

1）运行组。

① 程序复位：复位程序计数器和目标系统硬件。

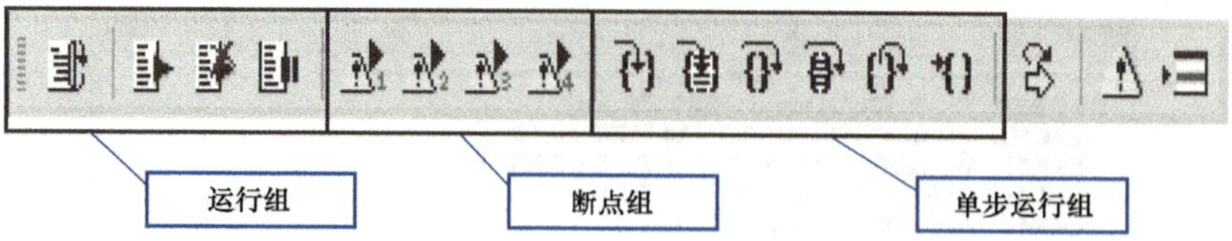

图 0-29 调试工具栏

② 全速运行：源程序完整运行。

③ 禁止断点并全速运行：源程序不在断点停止，并全速运行。

④ 返回监控：终止程序运行，返回监控状态。

2）断点组：对程序进行断点的设置，以便更好地调试程序。

3）单步运行组：可将源程序指令一条一条地运行（单步运行），并观察每步运行的效果，对初学者理解单片机的运行过程有很大帮助。

项目一

单片机控制发光二极管

项目概述

人们利用单片机控制发光二极管，可以构成许多美丽的图案，把城市装扮得美丽、动人。

本项目通过完成单只发光二极管的点亮与熄灭、单只发光二极管的闪烁、多只发光二极管的闪烁、流水灯等控制任务来学习仿真软件的使用、单片机控制电路的连接、单片机的基本指令和使用汇编语言编写程序的基本方法。

学习目标

1. 学会用仿真软件编写单片机程序。
2. 了解汇编语言基本的编程方法，学会用基本指令编写控制程序。
3. 能连接单片机控制发光二极管发光的电路并编写控制程序。

任务一 控制单只发光二极管的亮与灭

任务描述

连接用单片机控制单只发光二极管点亮与熄灭的电路并编写程序。当硬件通电或按下复位按钮 SB 时，发光二极管点亮或者熄灭，而发光二极管的点亮与熄灭由编写的程序决定。

在完成这个任务的过程中学习 ORG、CLR、SETB、END 指令的用法和编写程序的基本方法。

做与学

一、连接电路，学习单片机控制单只发光二极管点亮与熄灭的原理

单片机控制单只发光二极管点亮与熄灭的电路如图 1-1-1 所示。

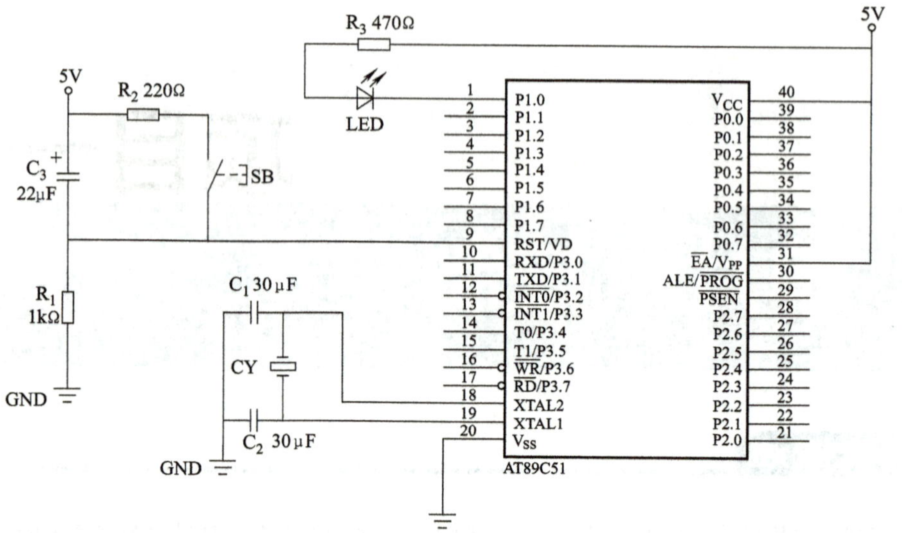

图 1-1-1　单片机控制单只发光二极管点亮与熄灭的电路原理图

本电路分为如下 4 个部分：

1）小灯控制。单片机的 P1.0 口连接了一只发光二极管，并且发光二极管的正极串接了一个电阻 R_3，这个电阻的作用是限制回路电流，防止电路因电流过大而烧坏发光二极管或单片机。

2）时钟电路。石英晶体振荡器 CY、电容 C_1 和 C_2 与 AT89C51 的引脚 18、19 组成单片机振荡电路。CY 为 12MHz 的石英晶体振荡器，电容 C_1、C_2 的容量一般为 20 ~ 40pF。

3）复位电路。C_3、R_1、R_2、SB 与引脚 9 组成单片机复位电路。

4）电源电路。引脚 40、20 分别接电源的 5V 和 GND，它们组成了单片机的电源电路。引脚 31 直接接 5V 电源，也有特定的意义，将在以后的项目中讲述。

在亚龙 YL—236 单片机应用实训考核台上选用 MCU01 主机模块、MCU02 电源模块、MCU04 显示模块、万利仿真器，按如图 1-1-2 和图 1-1-3 所示连接电路。

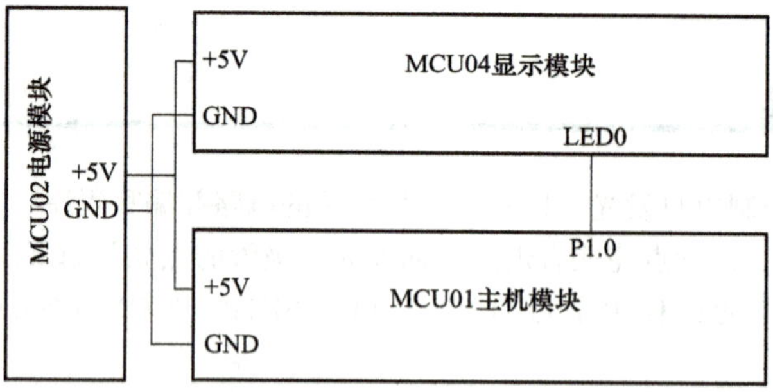

图 1-1-2　单片机控制单只发光二极管点亮与熄灭接线示意图

二、编写单片机控制单只发光二极管的点亮与熄灭的控制程序，学习相关指令

1. 编写程序

启动 MedWinV3 软件，在项目中建立一个源程序后，分别输入下面两段程序，每段

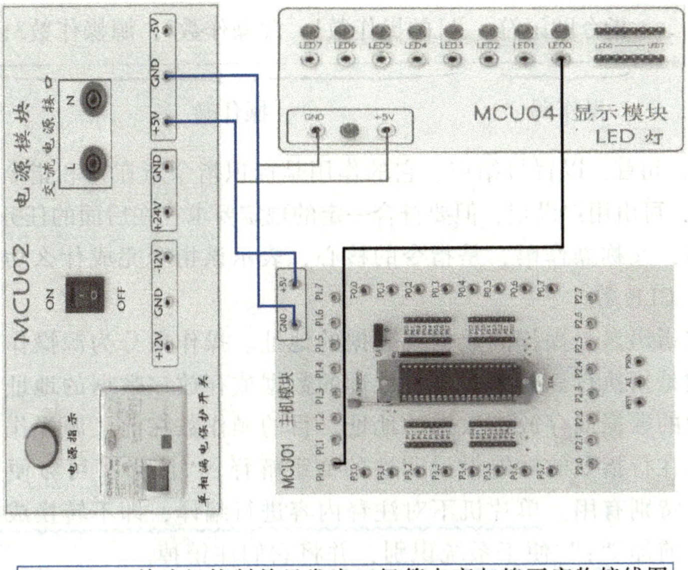

图 1-1-3　单片机控制单只发光二极管点亮与熄灭实物接线图

程序输入结束后观察运行效果。

```
ORG     0000H       ；点亮发光二极管
CLR     P1.0        ；给 P1.0 “清零”
END
ORG     0000H       ；熄灭发光二极管
SETB    P1.0        ；给 P1.0 “置 1”
END
```

2. 控制程序的分析

将以上两个程序分别用仿真器运行后会发现，当 P1.0 为低电平即为“0”时，LED 点亮；而当 P1.0 为高电平时即为“1”时，LED 熄灭。这是由 LED 的单向导通性和 LED 与单片机连接方式所决定的。从电路图 1-1-1 中看到，LED 的正极与电源相连接，而负极则与单片机 P1.0 相连接，这样 P1.0 为“0”时 LED 正向导通，电流流过 LED 并将其点亮；反之，当 P1.0 为“1”时 LED 反向截止，电流无法通过 LED，LED 自然就熄灭了。

3. 指令说明

若要使单片机工作，必须向它下达“命令”，该命令就称为指令，它是供用户使用的软件资源。

人们为实现某种控制功能用指令编写的指令序列，就称为程序。单片机常用的语言有机器语言、汇编语言和 C 语言，本书学习的是汇编语言。汇编语言中指令的书写格式有严格的语法要求，下面介绍汇编语言的指令格式。

指令主要由标号、操作码、操作数和注释 4 部分组成。具体格式如下：

标号：	指令助记符	目的操作数1，源操作数2，源操作数3；注释
	操作码	操作数

其中，标号必须在句首，以冒号结束，它的作用是标识指令所在行和指令在存储器中的地址。它不是指令，可由用户设定，但要符合一定的规定要求，在后面的任务中会详细介绍。

指令助记符，又称操作码，是指令的核心，表示该指令完成什么功能。例如，前面程序中的 ORG、CLR 等。

操作数，它指出参与操作的数据或数据的地址。操作数分为源操作数和目的操作数两类。源操作数是指执行该指令前需要处理的数据或存放该数据的地址；目的操作数是指执行该指令后的数据或存放该数据的地址。目的操作数在前，源操作数在后。

注释是对所在行指令的功能做说明性的文字解释，“注释”可方便用户阅读和理解程序，对初学者特别有用。单片机不对注释内容进行编译，即不转换成机器语言，指令语法规定在注释前加“;”便于系统识别，并将它们注销掉。

例如：

操作码　操作数　　注释

```
ORG     0000H
CLR     P1.0        ；给 P1.0“清零”
END
```

1）汇编起始地址命令 ORG。

格式：ORG　0000H

功能：用于规定指令存放的起始地址。ORG 后的指令顺序存放在以 0000H 开始的单元内。

例如：

```
ORG 0110H
MOV A，#18H
```

其中，ORG 指定了 MOV A，#18H 指令存放的在由 0110H 开始的单元。

2）复位指令 CLR。

格式：CLR　P1.0

功能：对 P1 口的 0 位进行清零，实质是对该口加低电平。

3）置位指令 SETB。

格式：SETB　P1.0

功能：对 P1 口的 0 位“置 1”，实质是对该口加高电平。

指令中 SETB 为“置位”指令的助记符，P1.0 位操作数。

4）汇编终止指令 END。

格式：END

功能：标识整个程序的结束。在 END 后面的所有指令，系统都不进行编译和执行。

多学一点

一、AT89C51单片机的引脚

AT89C51是标准的双列直插式集成电路，共有40只引脚，如图1-1-4所示。按功能不同，引脚可分为4大部分。

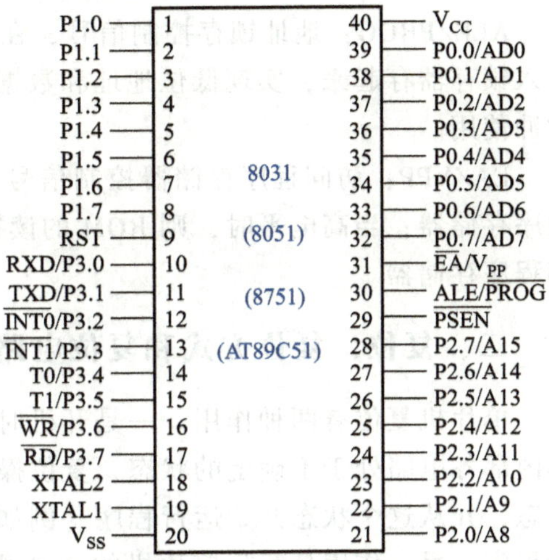

图1-1-4　AT89C51引脚图

1. 电源

引脚20标记为V_{SS}，可连接5V直流电源的负极或接地；引脚40标记为V_{CC}，可连接5V直流电源的正极。

2. 时钟振荡电路

引脚18、19标记分别为XTAL2、XTAL1，它们分别是晶体振荡器反相放大器的输出和输入端，用于连接外部石英晶体振荡器或外部时钟脉冲信号。

3. I/O（输入/输出）端口

AT89C51单片机有4个8位的并行双向I/O端口，共32个引脚。这4个端口分别标记为P0、P1、P2和P3，它们的结构及功能不尽相同。

P0口：对应引脚39～32，分别标记为P0.0～P0.7。P0口是8位双向多功能口，除了作为通用的I/O口外，还可用做地址/数据总线。

P1口：对应引脚1～8，分别标记为P1.0～P1.7。P1口是8位准双向口，可用做通用I/O口。

P2口：对应引脚21～28，分别标记为P2.0～P2.7。P2口是8位准双向多功能口，除了作为通用I/O口外，还可以作为高8位的地址线，用于系统的扩展。

P3口：对应引脚10～17，分别标记为P3.0～P3.7，P3口也是8位准双向多功能口，除了作为通用I/O口外，每一个引脚还有第二种功能。这些功能非常重要，现仅列出这些引脚的第二功能定义，见表1-1-1。这些引脚的功能会在以后的相关项目中介绍。

表1-1-1　P3口的第二功能

口　线	第二功能	信号名称
P3.0	RXD	串行数据接收
P3.1	TXD	串行数据发送
P3.2	$\overline{INT0}$	外部中断0申请
P3.3	$\overline{INT1}$	外部中断1申请
P3.4	T0	定时器/计数器0计数输入
P3.5	T1	定时器/计数器1计数输入
P3.6	$\overline{WR}$	外部RAM写选通
P3.7	$\overline{RD}$	外部RAM读选通

4. 控制信号

引脚 9 标记为 RST，是复位信号引脚，当输入复位信号连续两个机器周期以上为高电平时即完成单片机复位操作。

引脚 29 标记为$\overline{PSEN}$，引脚 30 标记为 ALE/$\overline{PROG}$，引脚 31 标记为$\overline{EA}/V_{PP}$，这些引脚都具有特殊用途。

PSEN：外部程序存储器读选信号，低电平有效，以实现外部 ROM 单元的读操作。

ALE/PROG：地址锁存控制信号，在系统扩展时，控制把 P0 口输出地低 8 位地址送入锁存器存起来，实现低位地址和数据的分时传送。同时可作为外部时钟或外部定时脉冲使用。

EA/VPP：访问程序存储器控制信号，当低电平时，对 ROM 的读操作限定在外部程序存储器；当高电平时，则 ROM 的读操作是从内部程序存储器开始，并可延续至外部程序存储器。

二、复位、复位方式和复位电路

单片机复位有两种作用。一是开机时初始化单片机的工作状态。刚通电的单片机，其内部各电路处于不确定的状态，复位操作就是让其内部各电路处于一个确定的初始化状态，并从这个状态开始运行程序。例如复位后，单片机的 CPU 从 0000H 单元开始执行程序。另一作用是解除单片机的“死机”状态。当由于程序运行出错或操作错误使系统处于死状态时，通过按复位键以重新启动系统。

单片机内部电路没有复位的功能，所以复位必须依靠外电路实现。完成单片机“复位”功能的电路称复位电路。常用的复位方式有上电自动复位和按键手动复位两种。

上电自动复位电路，是通过外部复位电路的电容充电来实现的，其电路如图1-1-5a所示。在开机的瞬间，复位电路中的电容 C 两端电压不能突变（为 0），这时电阻 R 上电压等于 V_{CC}，即给引脚 RST 加上高电平。随着电容 C 充电过程的完成，其两端电压逐渐增大达到 V_{CC}，隔断了电源与电阻 R 的连接，此时引脚 RST 所加的就为低电平，这样开机的复位操作就自动地完成了。

按键手动复位电路是在复位端通过按钮把电阻 R_1（阻值小）与电源接通而实现的，电路如图 1-1-5b 所示。在单片机运行时，若用户需要进行复位操作，即可按下复位按钮 SB。这时，引脚 RST 获得高电平，完成复位。

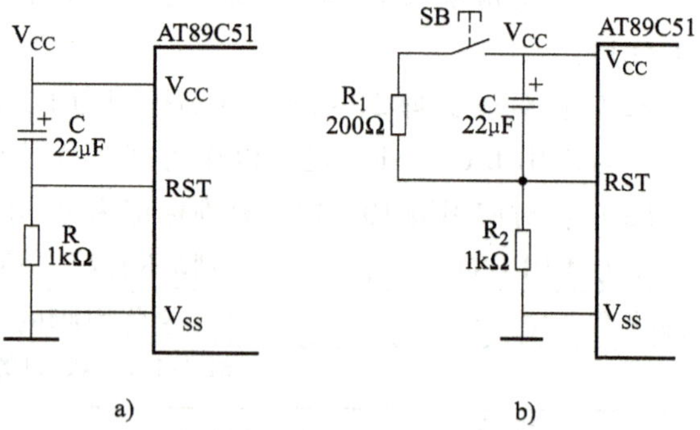

图 1-1-5 AT89C51 单片机复位电路

练习1—1

1. 把一个 LED 连接到其他 I/O 口上，例如 P1.7、P2.0 等，并编写程序控制 LED

亮灭。

2. 单片机控制电路一般由哪几个部分组成？每个部分的作用是什么？

任务完成情况评价

考核评价见表 1-1-2。

表 1-1-2　考核评价表

考核内容	硬件部分				软件部分				职业操守				其他
评价	模块选择、接线工艺				程序编写、运行调试				安全、协助、文明操作				
	优	良	中	差	优	良	中	差	优	良	中	差	
综合评分													
任务点评													

注：在“优、良、中、差”下面的框中用“√”选择评价等级。

任务二　控制单只发光二极管的闪烁

任务描述

连接用单片机控制单只发光二极管闪烁的电路并编写程序。具体要求是当硬件通电或按下复位按钮 SB 时，发光二极管点亮并闪烁。

在完成这个任务的过程中学习 MOV、DJNZ、LJMP 指令的用法和延时程序、运行程序编写的基本方法。

做与学

一、连接电路，学习单片机控制单只发光二极管闪烁的原理

单片机控制单只发光二极管闪烁的电路图、接线图与任务一相同，这里就不再赘述。

二、编写单片机控制单只发光二极管闪烁的程序，学习相关指令

1. 编写程序

```
        ORG     0000H
MAIN:   CLR     P1.0            ; 点亮 LED
        MOV     R1, #200        ; LED 点亮后延时一段时间
D1:     MOV     R2, #150
D2:     DJNZ    R2, D2
```

```
        DJNZ    R1, D1
        SETB    P1.0        ; 熄灭 LED
        MOV     R1, #200    ; LED 熄灭后延时一段时间
D1_1:   MOV     R2, #150
D2_2:   DJNZ    R2, D2_2
        DJNZ    R1, D1_1
        LJMP    MAIN        ; 跳回到 MAIN 标号处
        END
```

2. 控制程序的分析

运行上述程序，观察到的效果就是一只发光二极管点亮，之后熄灭，再点亮，再熄灭……如此循环往复。硬件效果如图 1-2-1 所示。

本程序与任务一的程序不同之处在于，“复位”指令和“置位”指令之间添加了一些粗体字的指令，这些指令作用是延时。为什么要用它们呢？

不妨先来做个试验，首先将粗体字指令用注销符号“;”将它们全部注释并运行程序，结果发现程序是运行“复位”、“置位”和“跳转”这 3 条指令，LED 也不再闪烁而是常亮（其实 LED 是在以非常快的速度闪烁着，但因为单片机运行一条指令的时间极其短暂，一般是 1 ~ 2μs，人眼根本反应不过来，故看到的是 LED 常亮）。因此就需要在 LED 点亮、熄灭的过程中加一定时间的延时，让人们能真正看清闪烁。

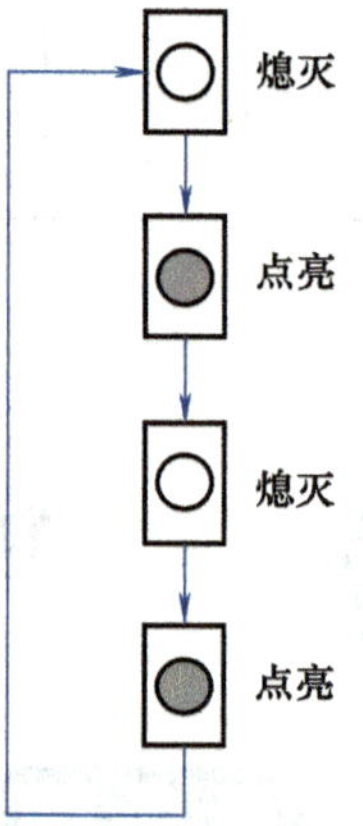

图 1-2-1 硬件效果图

现在可以将粗体字程序取消注销，并将 R1、R2 后面的数字改大、改小来观察 LED 闪烁的情况。

3. 指令说明

标号是标识所在行的程序，便于编写和查找程序。例如本任务中的程序标号 MAIN、D1、D2、D1_1、D2_2 等。

指令的语法规定标号不分大小写，但要求标号的第一个字符必须是字母，其余可以是字母、数字或特殊符号，如 MAIN:、D1:、D1_1: 等；标号不能单独使用单片机定义的指令名或字符；字符间不能有空格，否则编译时会出现语法错误信息，如 MOV:、MA IN:、1_1D: 等都是错误的。在同一个程序中不能有两个相同的标号，如上述程序中两个粗体字的延时程序，虽然作用相同但标号不同，一个为 D1、D2；另一个为 D1_1、D2_2。

1）数据传送指令 MOV。

格式： MOV 目的操作数，源操作数

功能：该指令是将源操作数传送给目的操作数；数据传送指令属于复制性质，而不是剪切性质。

例：

MOV　R1，#200　；该指令功能就是将十进制数 200 传送给 R1，使 R1 = 200

这里要说明的是“#”后面的数字叫做立即数，指令语法规定立即数前面必须带“#”，否则就会出错或改变为其他意义，具体要求在后续任务中做详细介绍。

立即数是用来改变一个寄存器或内存位置的内容的。它可以是十进制数据、十六进制数据和二进制数据。

2）减 1 条件转移指令 DJNZ。

格式：DJNZ　操作数，标号

功能：使操作数的内容减 1，并判断操作数是否等于 0，如果不等于 0，则跳转至标号处；如果等于 0，则顺序执行。该指令的执行过程可用图 1-2-2 来说明。

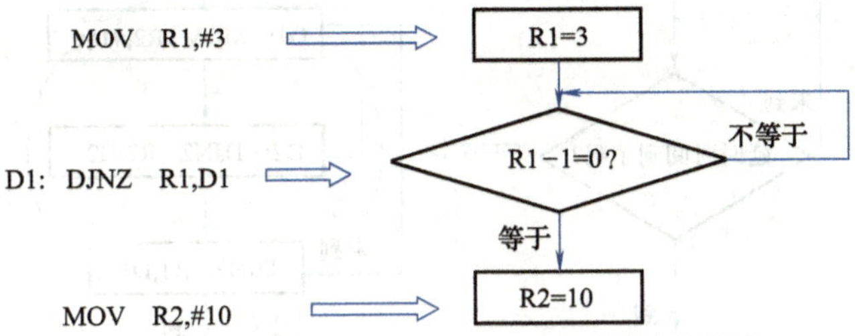

图 1-2-2　DJNZ 指令操作过程

这个程序中共有 3 条语句（指令），第一句把立即数 3 传送到 R1，即 R1 = 3；第二句用 DJNZ 指令进行减 1 条件转移，首先 R1 减 1，然后判断 R1 是否等于 0，若不等于 0，程序将继续执行标号指定的 D1 语句，再执行 R1 减 1，再次判断 R1 是否等于 0，若等于 0，则程序顺序执行第三句 R2 = 10。

利用 DJNZ 指令，可以进行有条件的程序转移，也可控制程序执行的次数，例如进行延长时间的设计。

3）无条件转移指令 LJMP。

格式：LJMP　标号

功能：不规定条件的程序转移称为无条件转移。本程序中这条指令的功能是转移去执行标号 MAIN 所在的那行指令，也就是执行指令“CLR P1.0”，让 LED 再次点亮。

多学一点

一、延时程序

延时程序是如何实现延时的？延时的时间可调整吗？下面对延时程序做一个详细介绍。

在单片机中，每条指令的执行都是需要时间的，这个时间在微秒级，只要反复执行程序中的指令，就可以达到延时的目的，延时程序就是根据这个思路设计的。下面是一段常用的延时程序。

```
        MOV    R1, #200        ; ①LED点亮后延时一段时间
D1:     MOV    R2, #150        ; ②
D2:     DJNZ   R2, D2          ; ③
        DJNZ   R1, D1          ; ④
```

首先语句①和②使 R1 = 200，R2 = 150；然后利用“DJNZ”指令不断地循环语句②、③和④。当 R1、R2 都被减为 0 时，则延时结束，这样就达到了延时的目的。延时程序执行流程如图 1-2-3 所示。

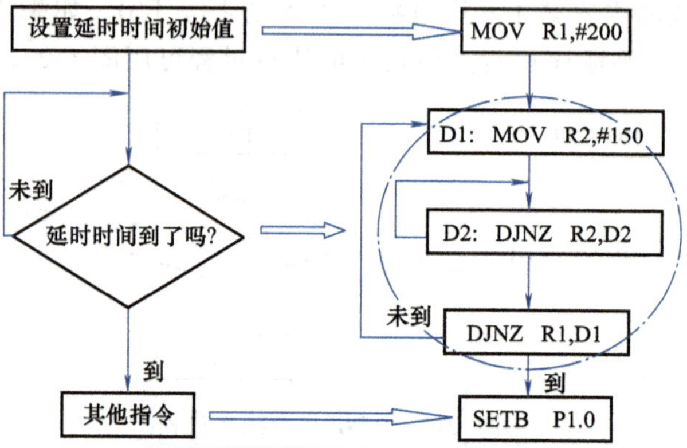

图 1-2-3　延时程序执行流程图

下面来具体分析最后 3 条指令。在第一次运行该指令前 R2 = 150，“DJNZ”为有条件的程序转移指令，因此 R2 - 1 = 149，并且 R2 ≠ 0，因此程序跳入标号“D2”的位置，但 D2 位置的指令仍然是语句③“DJNZ　R2，D2”，所以再次运行这一指令，直到该行指令运行了 150 次，R2 减为 0，程序才执行语句④“DJNZ　R1，D1”；同样 R1 最初为 200，第一次运行 R1 - 1 = 199，并且 R1 ≠ 0，程序则跳入标号“D1”的位置即语句②，这时发现程序向上跳转，并将已经减为 0 的 R2 再一次装入 150，接着运行语句③，通过计算可以知道，语句③又运行了 150 次，接着运行语句④，此时 R1 的值已不再是 200，而是 R1 = 199，再次R1 - 1 = 198 ≠ 0，程序跳回“D1”即语句②……这样一直循环下去直到 R1 和 R2 的值全部都为 0，则该延时程序也就结束了。这个程序的执行过程可以用如图 1-2-3 所示的流程图表示。

在延时程序中执行次数最多的是语句③，它执行的次数是 150 × 200 = 30000 次；程序中语句②和语句④分别执行了 200 次，所以语句②、语句③和语句④共执行了 30400 次。这里讲述了延时程序所延时的时间主要耗费在了这 3 句指令中，但延时的时间如何精确计算呢？

二、延时时间的计算

要想知道延时程序中延时的时间，首先要了解几个概念。

时钟周期：也称为震荡周期，就是晶体振荡器 CY 的时钟周期。对于单片机来说，选定了晶体振荡器，时钟周期也就确定了。

例如，选用的是 12MHz 的晶体振荡器，12MHz 是指频率，那么它的时钟周期就是

(1/12) μs。对应一个机器周期的时间是多长呢？就是 12 × (1/12) μs = 1μs。也就是说，晶体振荡器的频率为 12MHz，它的一个机器周期就是 1μs。

机器周期：单片机在执行一条指令时，会将执行过程划分若干个阶段，每个阶段完成一个基本操作，如取指令、读存储器、写存储器等，完成一个基本操作所需要的时间就是机器周期。

指令周期：执行一条指令所需要的时间被称为指令周期。指令周期是用机器周期来表示的。每一条指令的执行时间是固定的，不同指令执行的时间可能不同。单片机的指令有单机器周期指令、双机器周期指令和四机器周期指令。大多数指令的周期均为单机器周期指令或双机器周期指令。

延时程序中语句③和语句④的指令周期都为 2，即两个机器周期，而语句②的指令周期为 1，即一个机器周期。

本任务的硬件中晶体振荡器的频率为 12MHz，所以延时程序中语句③和语句④执行一次需要的时间就是 2 ×1μs = 2μs，语句②执行一次所需的时间为 1 ×1μs = 1μs。

语句②所用时间：200 ×1μs = 200μs

语句③所用时间：(150 ×200) ×2μs = 60000μs

语句④所用时间：200 ×2μs = 400μs

延时程序所用时间：200μs + 60000μs + 400μs = 60600μs

注意：这样的延时计算比较复杂，所以在一些要求精度不高的场合可粗略地估算，根据语句③在“原地兜圈子”的次数与指令周期的乘积来确定，其他指令的时间可忽略不计。

练习1—2

按如下要求，编写程序完成单片机对单只发光二极管的控制：

1. 利用所学的延时程序控制单只 LED 闪烁，并且实现亮 1s、灭 1s 的延时闪烁。
2. 延时程序能实现延时的基本思路是什么？
3. 一个工作于 6MHz、12MHz 的单片机，它的机器周期各是多少？

任务完成情况评价

考核评价见表 1-2-1。

表 1-2-1　考核评价表

考核内容	硬件部分				软件部分				职业操守				其他
评价	模块选择、接线工艺				程序编写、运行调试				安全、协助、文明操作				
	优	良	中	差	优	良	中	差	优	良	中	差	
综合评分													
任务点评													

注：在“优、良、中、差”下面的框中用“√”选择评价等级。

任务三 控制多只发光二极管的闪烁

任务描述

连接用单片机控制多只发光二极管同时点亮、同时熄灭的电路并编写单片机控制程序。

在完成任务的过程中学习 LCALL、RET 指令的用法，了解数据存储器低 128 单元的结构。

做与学

一、连接电路，学习单片机控制多只发光二极管闪烁的原理

单片机控制多只发光二极管闪烁的电路图如图 1-3-1 所示。

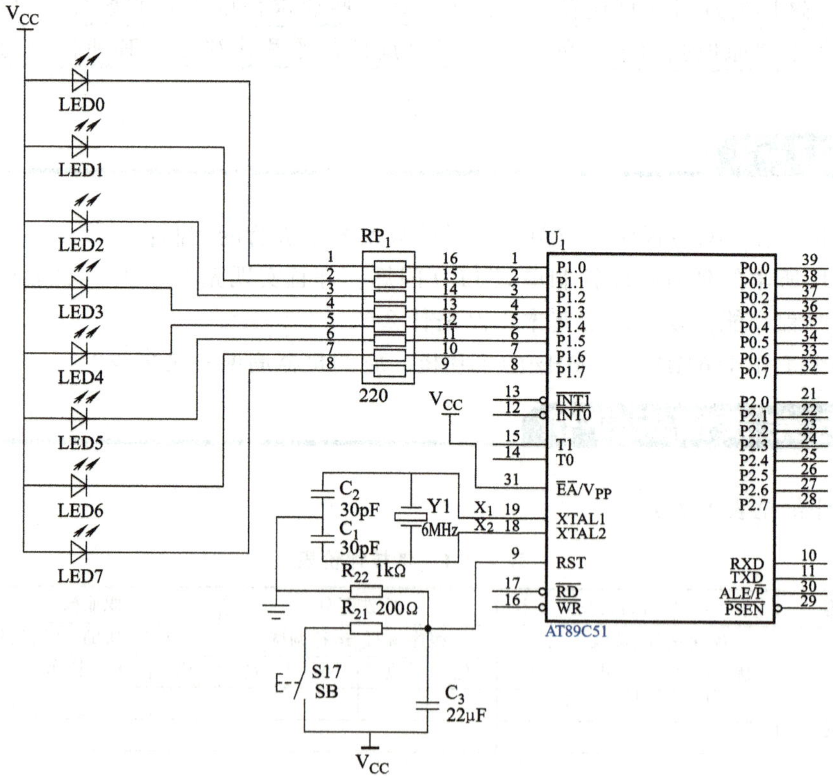

图 1-3-1 单片机控制多只发光二极管的电路图

从电路图中可以看到，单片机的 P1 口连接了多只发光二极管，并且每只发光二极管的负极都串接了一个电阻 R，这个电阻的作用是限制回路电流，防止电路中电流过大而损坏发光二极管或单片机。

在如图 1-3-1 所示电路中，发光二极管的负极都是连接单片机，正极接高电平 5V（电源）。这是为什么呢？因为AT89C51 的 P0、P1、P2、P3 口具有 10mA 的输出驱动能力，不能很好地将发光二极管点亮，而它们的低电平的驱动能力却更强。这样的电路连接，在以后的设计中也常常会遇到。

在实训台装置上选用 MCU01 主机模块、MCU02 电源模块、MCU04 显示模块、万利仿真器，按图 1-3-2 和图 1-3-3 连接单片机控制多只发光二极管同时点亮、同时熄灭的电路。

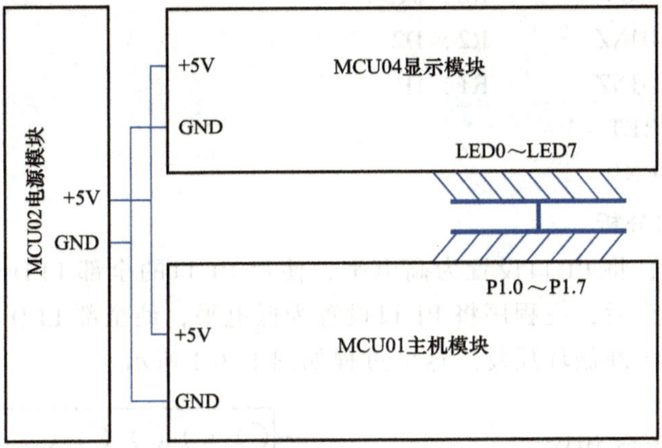

图 1-3-2 单片机控制多只发光二极管闪烁接线示意图

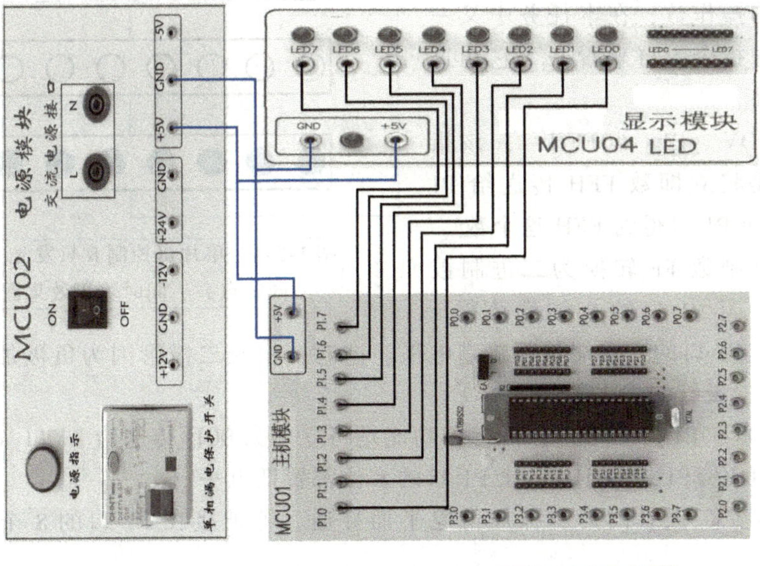

图 1-3-3 单片机控制多只发光二极管闪烁实物接线图

二、编写单片机控制多只发光二极管闪烁的控制程序，学习相关指令

1. 编写程序

```
ORG       0000H
MAIN:     MOV       P1, #0FFH
          LCALL     DELAY
          MOV       P1, #00H
          LCALL     DELAY
          LJMP      MAIN
DELAY:    MOV       R1, #200
D1:       MOV       R2, #150
D2:       DJNZ      R2, D2
          DJNZ      R1, D1
          RET
          END
```

2. 控制程序的分析

当程序运行后，将 P1 口设置为高电平，使得 P1 口的全部 LED 熄灭，并调用延时子程序；子程序结束后，主程序将 P1 口设置为低电平，使全部 LED 点亮，并再次调用延时子程序，如此不断循环反复。这个过程如图 1-3-4 所示。

3. 指令说明

1）数据传送指令 MOV。

上一个任务简单介绍了 MOV 数据传送指令，知道了它的作用是将源操作数传送给目的操作数，在本任务中又一次使用了传送指令，再来看一下它在这里的工作方式。

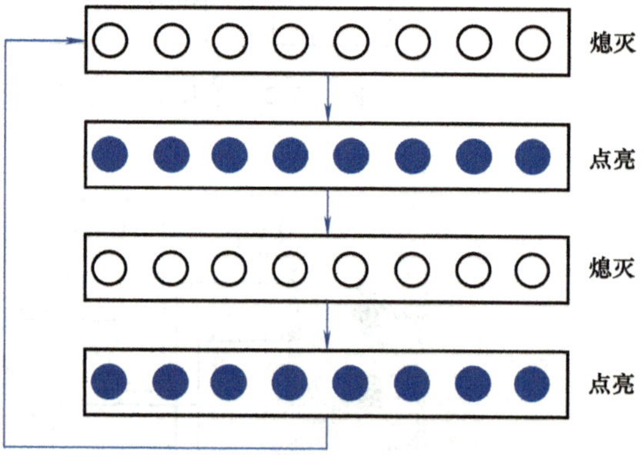

图 1-3-4　单片机控制 8 只发光二极管同时点亮、同时熄灭效果图

例 1　MOV　P1，#0FFH　；该指令的功能就是将立即数 FFH 传送给 P1 口（8 位），使 P1 口得到 FFH 这个数其中，十六进制数 FF 转换为二进制数是 11111111。当 P1 口的 8 位都获得 1 时，就同等于 P1 口的 8 个端口都置高电平。这时，发光二极管因为负极加高电平而截止，8 个发光二极管均熄灭。

例 2　MOV　P1，#00H　；该指令功能是将立即数 00H 传送给 P1 口（8 位）

同理，MOV　P1，#00H　；让 P1 口的 8 位都置低电平（0）

这时，发光二极管因为负极加低电平而导通，即把接在 P1 口的 8 个发光二极管点亮。

可见，通过这条指令，把不同的数值传送到 P1 口，就可以改变接在 P1 口外的器件

或设备的工作状态。这个指令在后面会经常用到。

在汇编语言中，源操作数有 5 种类型，分别是累加器 A、通用寄存器 Rn、寄存器地址 direct、间址寄存器和立即数。其中，立即数实质上是一个二进制数值。为了方便书写、阅读和使用立即数，常用十六进制来表示。例如，立即数#11111111B = #0FFH。另外，为了区别立即数与寄存器的地址，汇编语言规定，在立即数前面加“#”，不加“#”的为地址。这样，#0FFH 就是数值，而 FFH 就是地址，并有个默认书写规定：当十六进制的第一个数字为字母（如 A、B、C、D、E、F）时，则在第一个字母前加“0”，如#0BFH、#0FAH 等；若数值的第一个字不是字母时，则加不加“0”均可，如#097H、#97H、#043H、#43H 等。

注意：当源操作数是通用寄存器 Rn 时，Rn 中的数最大只能是#255 或#0FFH，其具体原因在后面会介绍。

2）子程序调用指令 LCALL。

格式：LCALL addr16

功能：调用指定标号（addr16）的子程序。

例：

LCALL DELAY ；调用延时程序 DELAY，起到延长 LED 熄灭或发光时间的作用

LCALL 指令的执行过程如图 1-3-5 所示。

3）子程序返回指令 RET。

格式：RET

功能：返回到主程序中执行指令 LCALL 的下一条命令。

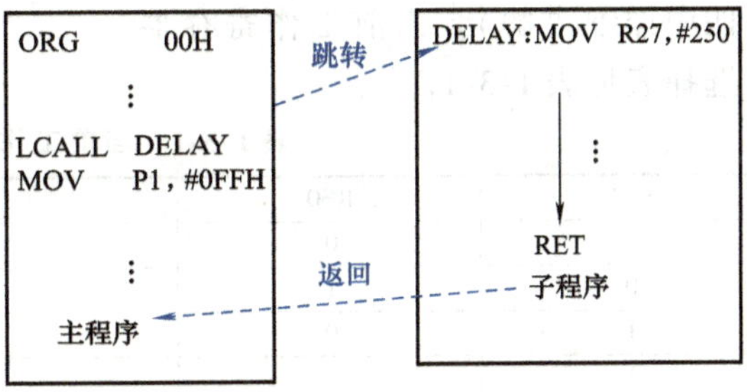

图 1-3-5 LCALL 和 RET 指令的执行过程

RET 指令的执行过程如图 1-3-5 所示。当在主程序中执行到调用指令 LCALL DELAY 时，主程序就跳转到标号为“DELAY”的子程序中，开始执行子程序中的内容，子程序执行中遇到了 RET 指令则说明子程序结束，就跳回到主程序，图中的箭头方向即是程序的执行过程，返回到主程序后单片机继续执行 LCALL 指令后面的语句。

多学一点

单片机的数据存储器由读写存储器 RAM 组成，用于存储实时输入的数据。它分为内部数据存储器和外部数据存储器两类。内部数据存储器是单片机芯片自带的，当其容量不足时，可以扩展外部，即增加外部数据存储器。从实际使用的角度出发，弄清内部数据存储器的结构和地址分配是十分重要的。

AT80C51 单片机有 256 个单元的内部数据存储器，地址分配为 00H ~ FFH，如图 1-3-6所示。按功能可划分为两部分：地址 00H ~ 7FH（有 128 个）为内部随机存储

器（RAM），称为低128单元；地址80H～FFH（有128个）为专用寄存器区，称为高128单元。其中，低128单元按用途又分为工作寄存器区、位寻址区和用户RAM区（堆栈和数据缓冲区）3个区域。

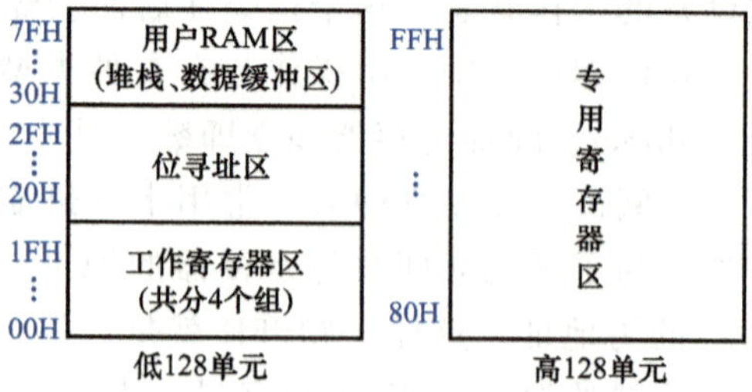

图1-3-6 内部数据存储器

一、工作寄存器

工作寄存器常用于存放操作数或者中间结果等，它们的功能和用途不做预先规定，所以也称为通用寄存器。

AT80C51单片机的工作寄存器共有32个单元，分为4组，每组又有8个存储单元。如图1-3-7所示。

在任意时刻，单片机只能使用其中的一组寄存器，并且把正在使用的那组寄存器称为当前寄存器。某一时刻用哪组工作寄存器，是由用户编写程序时用PSW寄存器其中的两个位RS1和RS0的状态组合来决定的（PSW是程序状态字寄存器，将在任务四中详细讲解）。当前工作寄存器组选择表见表1-3-1。

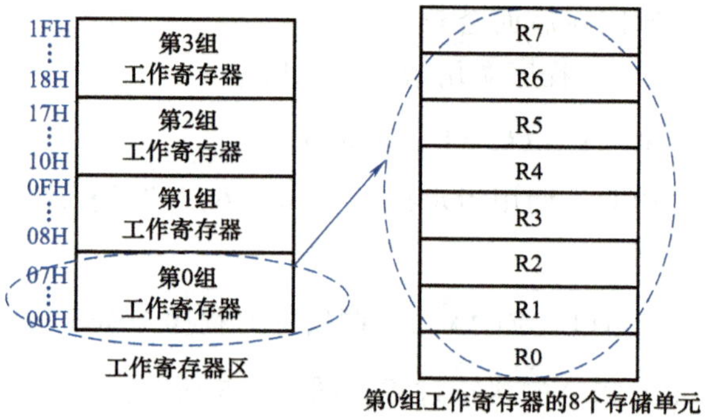

图1-3-7 工作寄存器区

表1-3-1 当前工作寄存器组选择表

RS1	RS0	当前工作寄存器组
0	0	第0组
0	1	第1组
1	0	第2组
1	1	第3组

从表中可以看出，只要设置RS1、RS0相应的逻辑关系，就可以设置当前工作寄存器组。

例如：

```
CLR     RS0          ；设置RS0为0
SET     RS1          ；设置RS1为1，设定了当前工作寄存器为第2组
MOV     R0，#50      ；第2组的R0赋值为50
MOV     R1，#100     ；第2组的R1赋值为100
```

注意：在一般的程序中，如果没有特别定义当前工作寄存器组，则当前工作寄存器组就为第0组。

二、位寻址区

AT80C51单片机的内部数据存储器除了以字节为寻址单位外，还设有一个“位地

址”区，该区域内不但可按字节寻址，还可按“位（bit）”寻址，即可对存储单元中的每一位进行读写操作（称为位操作）。如同其他数据存储单元一样，这部分存储单元区域的每一位单元都有对应的地址，统称为位寻址区。

AT80C51 单片机的位寻址区安排在 20H ~ 2FH 单元，共有 16 个单元 128 位，如图 1-3-8所示。“位地址”的编号规定由如下 3 部分组成：

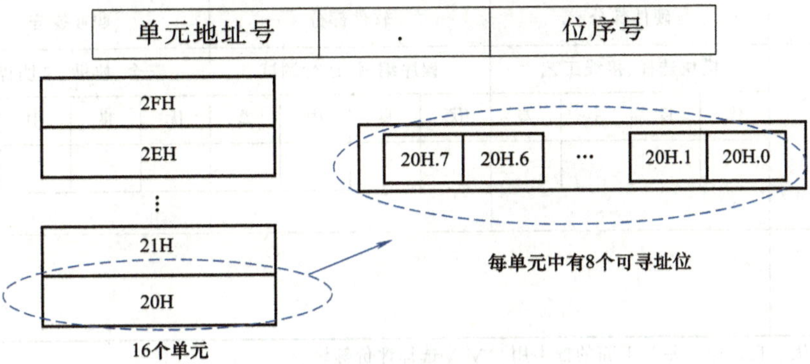

图 1-3-8　位寻址区

例如，20H 单元地址的 8 个位地址编号是 20H. 0、20H. 1、…、20H. 7。

有了位地址，就可以按位寻址对其中的每一位进行数据存取操作。例如，对 20H. 0 和 20H. 1 位进行清零和置 1 操作的指令可写成

```
CLR     20H. 0      ；将 20H. 0 位清 0
SETB    20H. 1      ；将 20H. 1 置为 1
```

或　MOV　　20H，#00000010B；这与上两句位操作的作用是相同的

三、用户 RAM 区（堆栈和数据缓冲区）

用户 RAM 区（30H ~ 7FH）是为用户提供数据存储的单元，共有 80 个单元。用户可以将计算和处理后的数据、缓存数据、保护数据等保存在这个区域中，供程序调用。在应用这个存储区域时，必须预留一部分作为堆栈操作的存储空间。

有关位操作、缓冲操作和堆栈操作的具体程序和指令将在后面的任务中详细介绍。

练习1—3

编写程序，完成单片机对 8 个发光二极管进行如下要求的控制：

1. 把 8 个 LED 分成 LED1 ~ LED4（第 1 组）和 LED5 ~ LED8（第 2 组）共两组，使两组 LED 进行交替闪烁，即第 1 组亮时第 2 组熄灭，第 1 组熄灭时第 2 组点亮。另外要求每组 LED 点亮时间和熄灭时间相同；每组 LED 点亮时间和熄灭时间不相同。

2. 把 8 个 LED 分成 LED1 ~ LED2（第 1 组）、LED3 ~ LED4（第 2 组）、LED5 ~ LED6（第 3 组）和 LED7 ~ LED8（第 4 组）共 4 组，并使 4 组 LED 交替闪烁。发光和熄灭时间自定。

任务完成情况评价

考核评价见表 1-3-2。

表 1-3-2 考核评价表

考核内容	硬件部分				软件部分				职业操守				其他
评价	模块选择、接线工艺				程序编写、运行调试				安全、协助、文明操作				
	优	良	中	差	优	良	中	差	优	良	中	差	
综合评分													
任务点评													

注：在“优、良、中、差”下面的框中用“√”选择评价等级。

任务四 控制 8 只发光二极管轮流点亮与熄灭

任务描述

连接单片机控制 8 只发光二极管的电路，编写程序控制 8 只发光二极管按下列要求点亮与熄灭：

先让右边第一个发光二极管点亮 60ms 后熄灭，然后右边第二个发光二极管点亮 60ms 后熄灭，第三个发光二极管点亮 60ms 后熄灭……最后一个发光二极管点亮 60ms 熄灭后，右边第一个发光二极管点亮。按这样的点亮顺序不断地循环往复，构成由右向左的轮流点亮与熄灭。

多个发光二极管按一定规律轮流点亮与熄灭，看起来像流水一样，所以称做流水灯。

在完成这个任务的过程中学习 RL 和 RR 指令，了解数据存储器（高 128 单元）的结构。

做与学

一、连接电路，学习单片机控制 8 只发光二极管轮流点亮与熄灭的原理

单片机控制 8 只发光二极管轮流点亮与熄灭的电路如图 1-3-1、图 1-3-2 和图 1-3-3 所示。

二、编写单片机控制 8 只发光二极管轮流点亮与熄灭的程序，学习相关指令

1. 编写程序

```
        ORG     0000H       ；主程序
MAIN：  MOV     A，#0FEH    ；ACC 中先装入初始值（即二进制的 11111110）
LOOP：  MOV     P1，A       ；将 ACC 的数据送 P1 口，点亮第一盏灯
        LCALL   DELAY       ；调用延时子程序，延时第一盏灯亮的时间
        RL      A           ；将 ACC 中的数据左移一位
        LJMP    LOOP        ；跳回到 LOOP 标号处，点亮下一盏灯
DELAY： MOV     R1，#200    ；延时子程序
D1：    MOV     R2，#150
D2：    DJNZ    R2，D2
        DJNZ    R1，D1
        RET                 ；返回主程序
        END
```

2. 控制程序的分析

程序执行的是小灯从右向左依次点亮一盏，并循环往复。程序的设计思想如下：开始给 P1 口送一个数，这个数为 0FEH（11111110B），使 P1.0 “置 0”，点亮右侧（自右）第一盏灯，P1 口的其他位“置 1”，相应灯不亮，用延时程序保持第一盏灯点亮；延时程序结束后，让这个数据中的“0”向左（即高位）移动一位，数据变为 0FDH（11111101B），再把这数送给 P1 口，使 P1.1 位“置 0”，点亮第二盏灯。如此，按这种方法，依次向左点亮一盏灯，直到 8 盏灯都点亮过，又重新开始下一个循环。

那么，如何把数据中的“0”向左或向右移动一位呢？AT89C51 单片机提供了一组对累加器 ACC（累加器 ACC 相关知识将在后续内容中详细介绍）中的数据进行循环左移或循环右移的指令，即 RL 和 RR 指令，可达到上述目的。在程序中，把累加器 ACC 中的数据左移后传送给 P1 口，使 LED 按要求发光。ACC 可与片内所有单字节寄存器交换数据，实际上 P1 和其他端口在单片机中也是一个寄存器。这样，先将需要移动的数据放到 ACC 中，让其移动，然后将 ACC 移动后的数据转送到 P1 口。每送一个数据延长一段时间，送完 8 个数据后，又从起始处开始循环，程序的流程如图 1-4-1 所示。

3. 指令说明

循环左移 RL、循环右移 RR 指令

格式：
```
RL  A
RR  A
```

功能：将累加器 ACC 中的数据的每一位向左（RL）或向右（RR）移动一位，形成新的数据。两条指令移动的方向相反，以循环左移为例进行介绍。

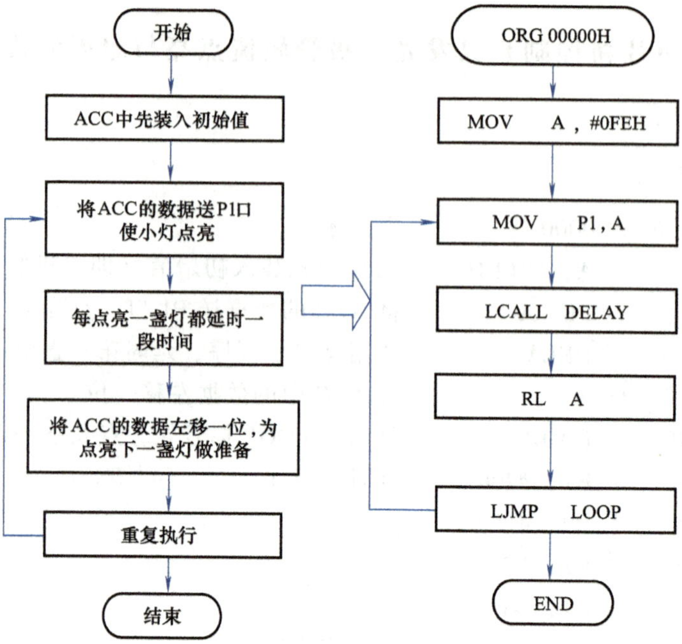

图 1-4-1　流水灯向左循环移动流程图

例：　MOV　　A，#0FEH

　　　RL　　　A

循环左移指令执行结果如图 1-4-2 所示。累加器中的起始数据为 A = FEH = 11111110B，当执行指令“RL　A”后，累加器 ACC 中的数据就已改变为 A = FDH = 11111101B，数据中的“0”向左移动一位，而最高位的“1”则循环回到了最低位。当 A = 7FH = 01111111B 时，再执行该指令后，数据就变为 A = FEH = 11111110B，数据中的“0”再次回到了最低位，因此称这条指令为循环左移指令。

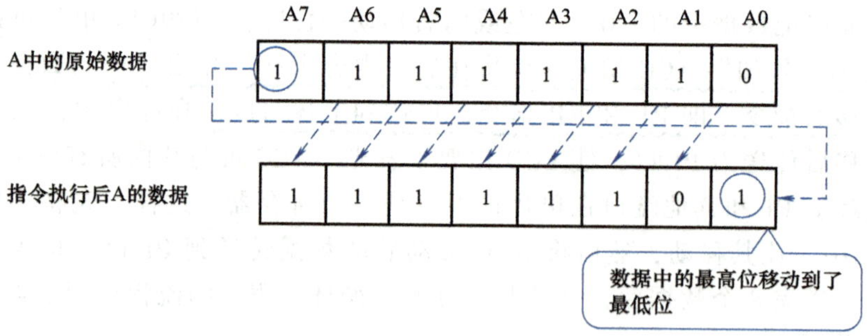

图 1-4-2　循环左移指令数据变换图

开始时 A = FEH = 11111110B，将此数据传送到 P1 口，P1.0 为低电平，接在 P1.0 上的 LED0 发光，P1 口的其他位因置高电平，所接相应的 LED 就不亮。第一次执行“RL　A”后，A 的数变为 A = FDH = 11111101B，此数据再传送给 P1 口使得 P1.1 为低电平，LED1 发光；再次执行一次该指令，就变为 A = 11111011B，使得 LED2 发光……就这样不停地执行指令“RL　A”，A 中的每一位依次得到 0，使 P1 口的 P1.0 ~ P1.7

依次为低电平，就可以得到 8 个 LED 依次发光的效果。

多学一点

AT89C51 单片机的内部数据存储器按功能划分为低 128 单元的内部随机存储器区和高 128 单元的专用寄存器区，如图 1-3-7 所示。这个区包含 22 个专用寄存器，地址为 80H ~ FFH（高 128 单元）。专用寄存器区主要用于存放相应功能部件的控制命令、状态或数据。下面介绍最常用的专用寄存器。

一、累加器 A（或 ACC）

累加器 ACC 是一个 8 位的寄存器，常用 A 表示，它是单片机中一个非常重要的、运用最频繁的存储单元。一方面它可用做加法器，另一方面也可作为寄存器。这就是它与别的寄存器不同的地方。

累加器可用于存放操作数和运算的结果，也可作为外部与内部 RAM 数据传送的中转站，单片机中的大部分数据传送都通过累加器进行。一般地说，A 代表累加器中的内容，而 ACC 代表的是累加器的地址。

二、程序状态字（PSW）寄存器

程序状态字是一个 8 位寄存器，用于存放指令执行后的有关状态信息。单片机执行一些指令后，会改变这个寄存器中某一位的状态，用户可以对 PSW 的位状态进行测试，或用指令读出状态信息。PSW 各位的位标志和含义见表 1-4-1。

表 1-4-1　PSW 各位的位标志和含义

位序	PSW.7	PSW.6	PSW.5	PSW.4	PSW.3	PSW.2	PSW.1	PSW.0
位标志	CY 或 C	AC	F0	RS1	RS0	OV	/	P
含义	进位标志	辅助进位标志	用户标志	寄存器组选择位		溢出标志	不使用	奇偶标志

1. 进位标志位 CY 或 C（PSW.7）

进位标志位 CY 或 C 用于标志加法与减法运算中的进位与借位的状态。若加法运算中有进位或减法运算中有借位，则 CY 位置 1，否则置 0。它是 PSW 寄存器中最常用到的标志位，一般在位传送、位与、位或等操作中使用。

功能：①存放算术运算的进位标志；②在位操作中，做累加位使用。

2. 辅助进位标志位 AC（PSW.6）

辅助进位标志位 AC 用于表示加或减运算时低 4 位有无向高 4 位进位或借位，若有进位或借位，则 AC 位置 1，否则置 0。

在加减运算中，当有低 4 位向高 4 位进位或借位时，AC 由硬件置位，否则 AC 被清“0”。在进行十进制运算时需要十进制调整，此时要用到 AC 位状态进行判断。

3. 寄存器组选择位 RS1 和 RS0（PSW.4 和 PSW.3）

用户可以通过改变 RS1 和 RS0 的值，来选择当前工作寄存器的组别。RS1 与 RS0

的取值与寄存器组别的关系详见表 1-3-1。

其他标志位的作用在后续的任务中介绍。

三、数据指针（DPTR）

数据指针是一个 16 位寄存器。DPTR 的使用比较灵活，它既可以按 16 位寄存器使用，这时可对最大为 64KB 的外部数据存储器和 I/O 进行寻址，也可以作为两个 8 位寄存器使用，即 DPH 为 DPTR 高字节；DPL 为 DPTR 低字节。

再试一试

用下面的程序控制 8 只发光二极管，看看是什么效果。

```
        ORG     0000H       ；主程序
MAIN：  MOV     A，#0FEH    ；ACC 中先装入初始值（即二进制的 11111110）
        MOV     R0，#8      ；移位次数装入 R0，所以将 ACC 数据再移动 7 次
                              就完成一个 8 位流水过程
LOOP：  MOV     P1，A       ；将 ACC 的数据送 P1 口，点亮第一盏灯
        LCALL   DELAY       ；调用延时子程序
        RL      A           ；将 ACC 中的数据左移一位
        DJNZ    R0，LOOP    ；判断 R0 = R0 - 1 = 0？若 R0≠0，则跳回 LOOP
                              重复执行；若 R0 = 0，则往下执行下一指令
        MOV     A，#7FH     ；ACC 中先装入 7FH 值（即二进制的 01111111）
        MOV     R0，#8
LOOP1： MOV     P1，A
        LCALL   DELAY       ；调用延时子程序
        RR      A           ；将 ACC 中的数据右移一位
        DJNZ    R0，LOOP1
        LJMP    MAIN        ；向左、向右全部移动完后，跳回到 MAIN 标号，
                              重新开始，以达到循环的效果
DELAY： MOV     R1，#200    ；延时子程序
D1：    MOV     R2，#150
D2：    DJNZ    R2，D2
        DJNZ    R1，D1
        RET                 ；返回主程序
        END
```

该程序是将小灯的向左和向右移动组合在一起，使得小灯向左移动点亮 8 位结束后，自动向右移动点亮 8 位，如此循环往复移动。程序中利用了工作寄存器 R0 记录向

左或向右移动的次数，累加器 ACC 每移动一次，就利用“DJNZ”指令判断某一方向的移动是否结束。“DJNZ”指令先让 R0 减 1，然后判断 R0 是否等于 0，如果 R0≠0，说明小灯向某一方向移动还没有结束，需要返回再次移动，当 R0 =0 时说明某一方向的移动结束，进行反向移动，同时 R0 再次装入记录的移动次数 8，而初始值也重新装入累加器 ACC 中，其流程如图1-4-3所示。

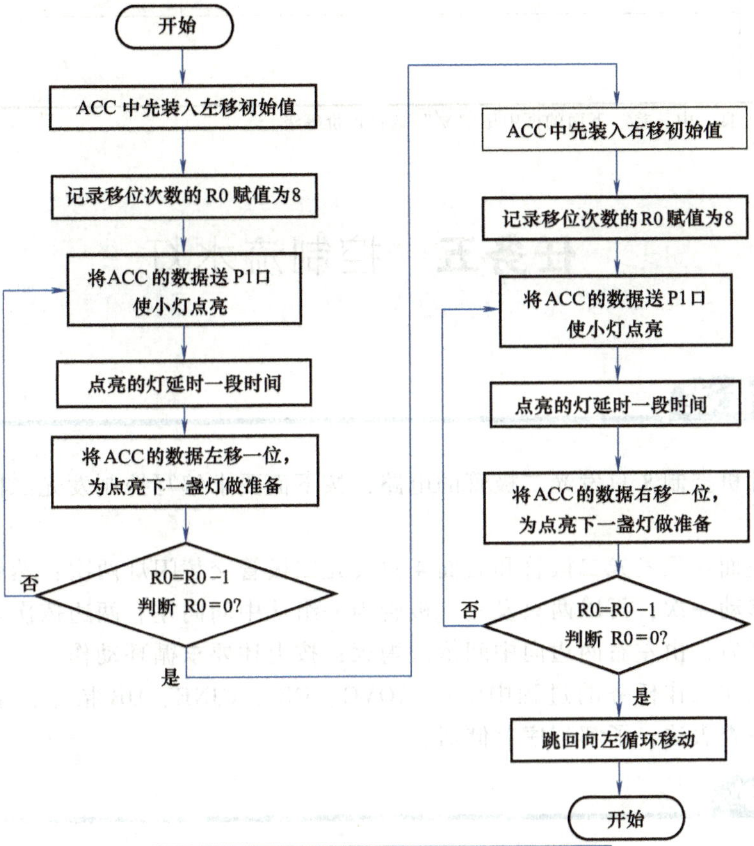

图 1-4-3 流水灯循环左右往返移动流程图

练习1—4

编写程序完成单片机对流水灯的控制。

1. 分别用 P0 和 P1 口各控制一组发光二极管，组成一组 16 盏灯的流水灯。具体控制要求如下：当 P0 口控制的小灯向左移动到最后一个小灯后，接着 P1 口控制的小灯从第一盏灯开始向左移动。

2. 分别用 P0 和 P1 口各控制一组发光二极管，组成一组 16 盏的小灯的左右往返流水灯。

任务完成情况评价

考核评价见表 1-4-2。

表 1-4-2 考核评价表

考核内容	硬件部分				软件部分				职业操守				其他
评价	模块选择、接线工艺				程序编写、运行调试				安全、协助、文明操作				
	优	良	中	差	优	良	中	差	优	良	中	差	
综合评分													
任务点评													

注：在“优、良、中、差”下面的框中用“√”选择评价等级。

任务五 控制流水灯

任务描述

连接单片机控制 8 只发光二极管的电路，按下面要求编写控制发光二极管点亮、熄灭的程序：

首先让左面 4 只发光二极管和右面 4 只发光二极管交替闪烁两次；然后发光的二极管左右往返移动一次；再以两只发光二极管为一组从中间向左右两边依次点亮，当 8 盏小灯全部点亮后，由左右两边向中间依次熄灭；按上述要求循环动作。

在完成上述工作任务的过程中学习 MOVC、INC、CJNE、DB 指令，学习一种新的编程方法——查表法，了解程序存储器。

做与学

一、连接电路，学习单片机控制流水灯的原理

单片机控制流水灯电路如图 1-3-1、图 1-3-2 和图 1-3-3 所示。

二、编写单片机控制控制流水灯的程序，学习相关指令

1. 编写程序

```
        ORG     0000H
MAIN:   MOV     DPTR, #TAB      ; 数据指针中装入表格的初始地址#TAB
        MOV     R0, #0          ; 数据表指针取初值 0
LOOP:   MOV     A, R0           ; 将指针的值转送给累加器
        MOVC    A, @A+DPTR      ; 将（A+DPTR）作为地址查找到表格中的数据，
                                ; 并放回 A 中
```

```
        MOV     P1, A          ；将查表得到的数据传送给 P1 口使小灯点亮
        LCALL   DELAY          ；调用延时子程序
        MOV     P1, #0FFH      ；按要求点亮后关闭所有小灯
        INC     R0             ；查表指针加 1
        CJNE    R0, #28, LOOP  ；判断 R0 中的数是否为最后一个（这里为 28），
                               若是则顺序往下执行，若否就跳转执行 LOOP 标
                               号指令
        LJMP    MAIN           ；流水灯循环点亮
DELAY:  MOV     R1, #200       ；延时子程序
D1:     MOV     R2, #150
D2:     DJNZ    R2, D2
        DJNZ  R1, D1
        RET                    ；返回主程序
TAB:    DB      0FH, 0F0H, 0FH, 0F0H
        DB      0FEH, 0FDH, 0FBH, 0F7H, 0EFH, 0DFH, 0BFH, 07FH
        DB      07FH, 0BFH, 0DFH, 0EFH, 0F7H, 0FBH, 0FDH, 0FEH
        DB      0E7H, 0C3H, 81H, 00H, 81H, 0C3H, 0E7H, 0FFH
        END
```

2. 控制程序的分析

在这个程序使用了查表法。所谓查表法就是取一组按控制要求设置的数据，并将这组数据按照控制要求顺序写入程序存储器中。本程序中利用查表指令将数据取出并点亮 LED。上述程序的流程图如图 1-5-1所示。

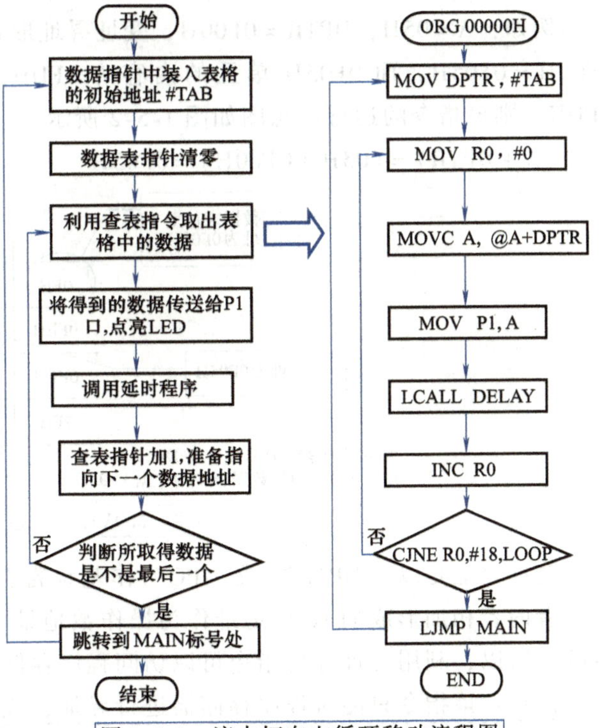

图 1-5-1　流水灯向左循环移动流程图

数据表“TAB”中共有 28 个数据，存放在程序存储器中，通过指令读出，每一个数据都对应流水灯的不同点亮方式。例如，第一个数据“0FH”，将这个数据给了 P1 口则左 4 盏小灯点亮，右 4 盏小灯熄灭；而标号“TAB”则表示数据表的首地址，即第一个数据存放的位置。数据表如同一个大宿舍，“TAB”即是这个大宿舍的名称，也是第一间宿舍的门牌号，后面的宿

舍依次加 1 向后排号，例如第二个数据“0F0H”的地址就是“TAB + 1”；第三个数据“0FH”的地址就是“TAB +2”。

在程序中首先将数据表的首地址即“#TAB”传送给“DPTR”数据指针寄存器；然后将查表指针“R0”清零，目的是从第一个地址开始取出数据；利用查表指令“MOVC A，@ A + DPTR”，将需要的数据从数据表中取出。其中，“@ A + DPTR”中的“DPTR”为数据表的首地址，“A”为查表指针“R0”的值，它们相加后得到的值，就是数据表的一个地址，之后将地址中的数据取出传送给“A”；将数据传送给 P1 口点亮相应的小灯；将数据指针“R0”加 1，指向下一个地址；最后利用“CJNE”判断查表指针是否超过数据表范围，如果超过范围则表示流水灯一个流程结束，反之则表示数据未取完还需继续读取。

3. 指令说明

1） MOV DPTR，#TAB

这是一条“16 位数的数据传送”指令，其功能是将一个 16 位的立即数送入 DPTR 中。其中，“TAB”代表“DB”后面的数据表起始位置的地址。因此，这句话的作用是将标号“TAB”代表的数据表的首地址传送给“DPTR”

2）变址寻址方式 MOVC。

格式： MOVC A，@ A + DPTR

功能：先把 DPTR 与 A 的内容相加，获得操作数地址，再把该地址（即程序存储器地址）的内容送 A。其中符号“@ ”是对（A + DPTR）的，而不是单单对“A”的。

例如：A =05H，DPTR =0F00H，变址寻址形式的操作数地址为 A + DPTR =05H + 0F00H =0F05H，而 0F05H 单元的内容为 0FDH，故该指令执行结果是 A 的内容为 0FDH，则该指令的运行示意图如图 1-5-2 所示。

（A + DPTR）=（05H +0F00H）=0F05H

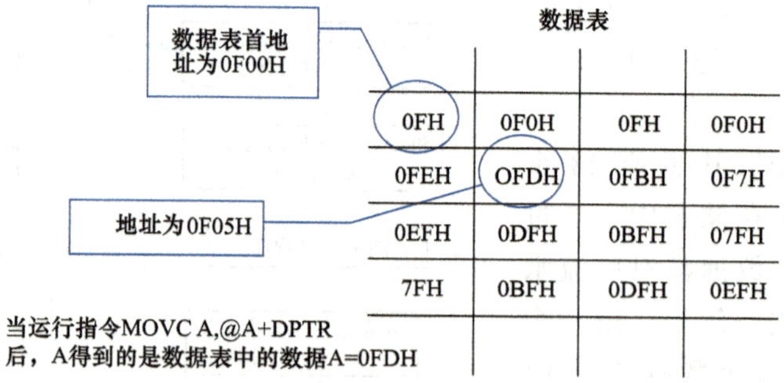

图 1-5-2 MOVC 指令运行示意图

变址寻址是以“DPTR”或“PC”作基址寄存器，以累加器 A 作变址寄存器，并以两者内容相加形成的 16 位地址作为操作数地址，从而达到访问一组地址中的数据的目的。所以，利用变址寻址指令可以访问程序存储器中的数据表格。

注意：该指令只能对程序存储器进行寻址，或者说它是专门针对程序存储器的寻址方式，寻址范围可达到 64KB。

3）加 1 指令 INC。

格式：INC　操作数

功能：该指令可以对累加器 A、寄存器 Rn、内部 RAM 单元以及数据指针 DPTR 进行加 1 操作。该指令不影响程序状态字 PSW 的状态。在本任务的程序中查表指针 R0 不断加 1，使数据表的地址向后移动。

4）数据比较转移指令 CJNE。

格式：CJNE　左操作数，右操作数，跳转位置

它有如下几种格式：

```
CJNE    A，#data，rel       ；累加器内容与立即数不等转移
CJNE    A，direct，rel      ；累加器内容与内部 RAM 单元内容不等转移
CJNE    Rn，#data，rel      ；寄存器内容与立即数不等转移
CJNE    @Ri，#data，rel     ；内部 RAM 前 128 单元内容与立即数不等转移
```

功能：对左右两个操作数进行比较，若结果不相等，则转移到指定的跳转位置 rel；若结果相等，则顺序执行下一条指令。

例如，在本任务的程序中，该指令将“R0”的内容与立即数“#28”相比较，如果“R0”不等于 28，则程序就跳回标号“LOOP”行去执行程序。

这条指令还有一个特点，就是在两个数作比较时，比较出的结果会改变“PSW”中进位标志位“C”的状态：

① 左操作数 = 右操作数时，程序顺序执行，即 C = 0。

② 左操作数 > 右操作数时，程序跳转至标号处，即 C = 0。

③ 左操作数 < 右操作数时，程序跳转至标号处，即 C = 1。

AT89C51 中没有专门的数值比较指令，用户若需要对两个数的数值进行比较，即可用该指令来实现，数值比较可在程序转移的基础上进行。

5）定义字节命令 DB。

格式：标号：DB　8 位数表

功能：用于从指定的地址开始，在程序存储器的连续单元中定义字节数据。字节数据可以是一个字节常数或字符、用逗号分开的字节串、用引号括起来的字符串。

常使用本指令存放数据表格，例如本程序中的“TAB”数据表。每次写数据时都要用逗号间隔开，并且数据表每次换行时，前面都必须加“DB”命令。

多学一点

单片机处理问题前必须先把编好的程序、表格、常数等信息汇编成机器代码后存入单片机的存储器中，这个存储器称为程序存储器。程序存储器可设置在单片机片内，称为内部程序存储器，设置在单片机片外的程序存储器称外部程序存储器，亦可内、外同时设置。

AT89C51 芯片有 4KB 的 ROM 内部程序存储器单元，其地址为 0000H ~ 0FFFH。单

片机启动复位后，程序是从 0000H 单元开始取指令并执行的。本任务所使用的数据表“TAB”的全部数据都存放在这个程序存储器中。

用户在使用内部程序存储器时，必须注意一些特殊的单元。

① 地址为 0000H ~ 0002H 的单元是作为系统的启动单元，在系统复位后，单片机总从 0000H 单元开始取指令执行程序。所以用户在编程时，要在这个单元中存放一条无条件转移指令，使系统转去执行用户的程序。

例如：

```
        ORG     0000H
        LJMP    MAIN            ；跳转至主程序
        ORG     0030H           ；主程序从程序存储器的 30H 开始
MAIN：  MOV     P1，#0FH
        END
```

② 地址为 0003H ~ 002AH 的 40 个单元。这 40 个单元被均匀地分为 5 段，每段 8 个单元，分别作为 5 个中断源的中断地址区。具体划分如下：

```
0003H ~ 000AH       ；外部中断 0 中断地址区
000BH ~ 0012H       ；定时器/计数器 0 中断地址区
0013H ~ 001AH       ；外部中断 1 中断地址区
001BH ~ 0022H       ；定时器/计数器 1 中断地址区
0023H ~ 002AH       ；串行中断地址区
```

因此，用户的主程序的起始地址应避开这些单元，例如写在单元地址为 0030H 以后的位置，跳过中断区域。上述程序中指令 ORG 0030H 就是为了达到这种目的而编写的。

练习1—5

1. 编写程序，利用查数据表的方法实现以下流水灯的功能：

1）从中间向两边逐个点亮。

2）当 LED 全部点亮后，8 个 LED 开始闪烁，闪烁次数为 3 次。

3）闪烁结束后全部为点亮状态，再从两边向中间逐个熄灭。

4）循环上述流程。

2. 编写程序，实现流水灯有次数的闪烁：

1）从中间向两边逐个点亮，并循环两次。

2）循环两次后，8 个 LED 开始闪烁，闪烁次数为 3 次。

3）闪烁结束后全部为点亮状态，再从两边向中间逐个熄灭，并循环两次。

4）循环上述流程。

任务完成情况评价

考核评价见表 1-5-1。

表 1-5-1 考核评价表

考核内容	硬件部分				软件部分				职业操守				其他
评价	模块选择、接线工艺				程序编写、运行调试				安全、协助、文明操作				
	优	良	中	差	优	良	中	差	优	良	中	差	
综合评分													
任务点评													

注：在“优、良、中、差”下面的框中用“√”选择评价等级。

项目二
制作10s定时器

项目概述

电子定时器相对于传统的机械式定时器来说，具有体积小、定时精度高、寿命长、安全可靠、调整方便等许多优点。用单片机和数码管制作成电子定时器，在各行各业中应用非常广泛。

本项目通过完成控制数码管静态显示、控制数码管动态显示、控制显示0~99外部中断计数器和制作10s定时器这4项任务，学习单片机与数码管的控制电路连接方法和控制程序的编写方法与技巧、单片机的中断技术及有关指令以及单片机的定时器/计数器等相关知识。

学习目标

1. 掌握单片机与数码管的连接方法（静态和动态显示方式的连接方法）。
2. 了解单片机定时器/计数器的相关知识，掌握定时器/计数器的应用。
3. 理解中断的概念，掌握中断的用途和使用方法。
4. 能按要求编写单片机控制数码管的控制程序。

任务一　控制单只数码管静态显示

任务描述

连接单片机控制单只数码管静态显示的电路，编写控制程序让数码管显示用户所需要的数字或符号（例如静态显示数字“3”）。

通过本任务的完成，学习段选、位选和段码、位码的含义，学习数码管的显示原理及单片机控制数码管静态显示的编程方法。

做与学

一、连接电路，学习单片机控制单只数码管静态显示的原理

单片机控制单只数码管的电路原理图如图 2-1-1 所示。

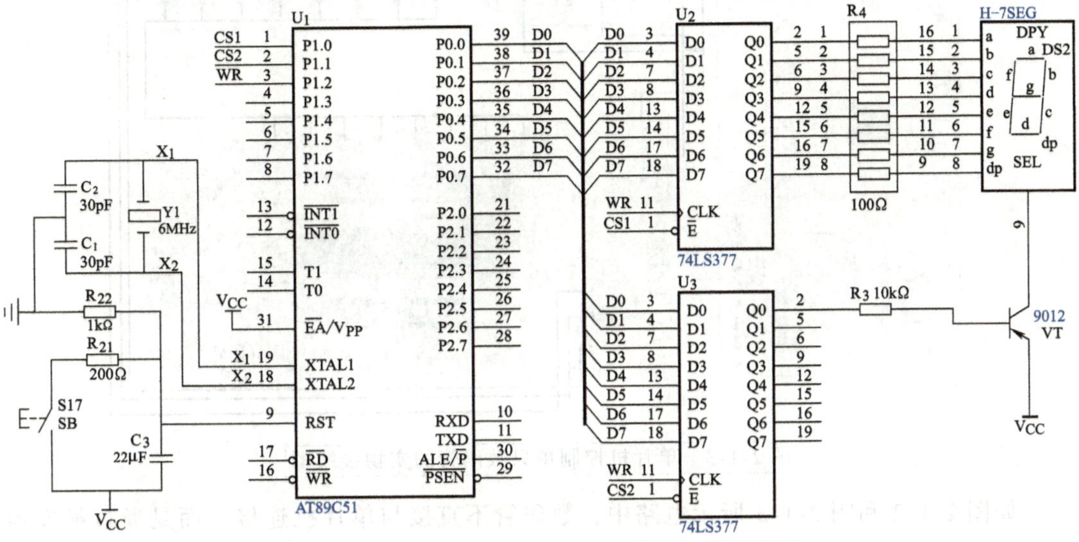

图 2-1-1　单片机控制单个数码管的电路原理图

在实训台装置上选用 MCU01 主机模块、MCU02 电源模块、MCU04 显示模块、万利仿真器，其中，MCU04 显示模块中共有 8 只数码管，本任务选择其中一只数码管（DS0）。按图 2-1-2 和图 2-1-3 连接单片机控制数码管静态显示的电路。

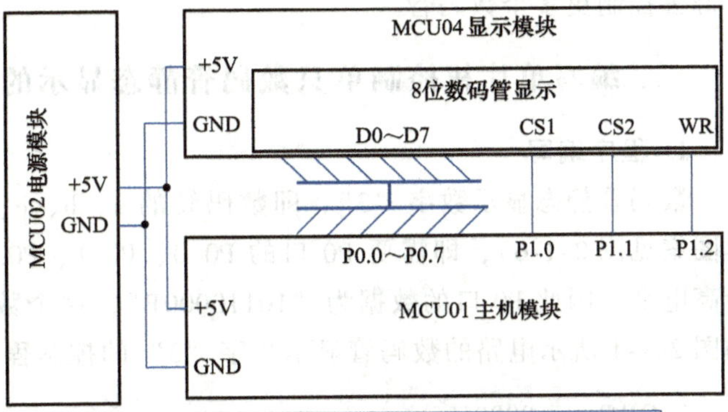

图 2-1-2　单片机控制单只数码管的接线示意图

单片机控制单只数码管的基本电路中 U_2、U_3 是两个 D 触发器 74LS377，它们的作用是将单片机传来的数据信号按照要求传送和锁存，并隔离无用信号。其中，U_2 为数码管的段选触发器，实现控制数码管每一段的显示；U_3 为数码管的位选触发器，它控制数码管公共引脚与电源正极的连接状态，从而选择哪只数码管进行工作。单片机的 P0 口同时接了 U_2、U_3 的输入口 D0～D7，担负着数据传送任务；P1.0 连接了 U_2 的控制引脚 $\overline{E}$；P1.1 连接了 U_3 的控制引脚 $\overline{E}$，将这两个引脚分别取名为 CS1、CS2，它们的作用是选择 U_2、U_3 的工作状态；P1.2 同时连接了 U_2、U_3 的时钟引脚 CLK，为 74LS377 提供工作时所需的触发脉冲（时序脉冲）。

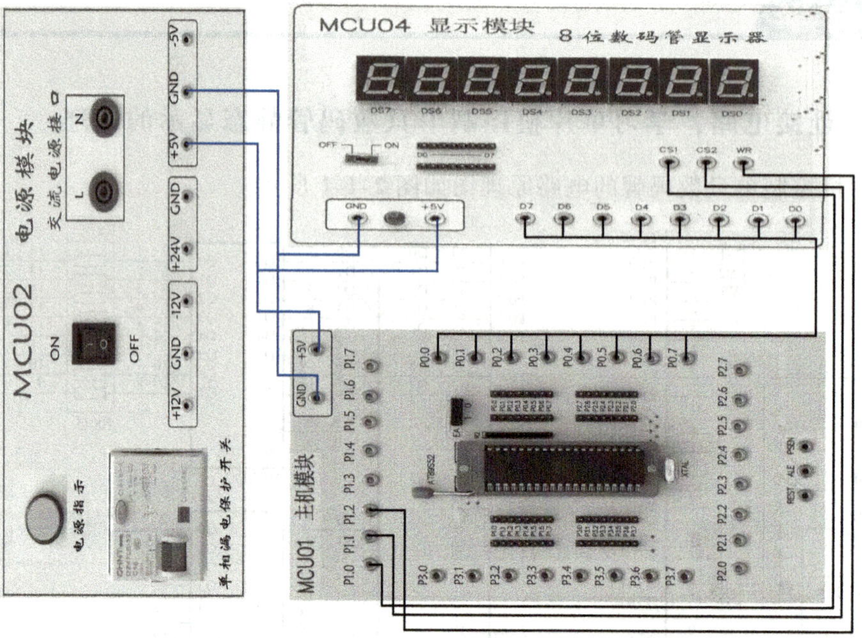

图 2-1-3　单片机控制单只数码管的实物接线图

如图 2-1-2 和图 2-1-3 所示电路中，数码管不直接与单片机连接，而是通过触发器 74LS377 连接，目的是解决单片机直接控制数码管的数量问题，从而可以用最少的硬件资源去控制更多个数码管。

二、编写单片机控制单只数码管静态显示的程序

1. 程序编写

数码管静态显示数字“3”，即数码管的 a、b、c、d、g 段发光二极管要点亮（具体图案见图 2-1-6），即需要 P0 口的 P0.0、P0.1、P0.2、P0.3、P0.6 为低电平，其余为高电平，因此 P0 口的数据为“10110000B”，这个数即为数字“3”的字型码。实现如图 2-1-1 所示电路的数码管显示数字“3”的控制程序如下：

```
        ORG     0000H
        LJMP    MAIN
        ORG     30H
;………………………………………………………………………………………………………
;                         主  程  序
;………………………………………………………………………………………………………
;…………段选数据…………
AIN:    MOV     P0, #10110000B      ；将显示“3”的段选数据送 P0 口
CLR     P1.0                        ；选中 U2 段选芯片，将 U2 的Ē写为低电平
CLR     P1.2                        ；时序引脚 CLK 为低电平，为接收数据做准备
```

```
SETB  P1.2              ；时序为上跳沿，即将数据传送给U2
SETB  P1.0              ；关闭U2，使U2不能再接收其他数据
；………………位选数据……………
MOV   P0，#11111110B    ；将位选数据送P0口，选择第一个数码管显示
CLR   P1.1              ；选中U3位选芯片，将U3的Ē写为低电平
CLR   P1.2              ；时序引脚CLK为低电平，为接收数据做准备
SETB  P1.2              ；时序为上跳沿，即将数据传送给U3
SETB  P1.1              ；关闭U3，使U3不能再接收其他数据
LJMP  MAIN
END
```

2. 控制程序的分析

单片机是如何通过D触发器间接控制数码管的呢？从图2-1-1中可见，控制触发器的信号有两个，分别是$\overline{E}$和时序引脚CLK（P1.2），只有当$\overline{E}=0$和CLK上升沿到来时，触发器才工作，其他状态触发器都不工作。

触发器如同一座“桥”，“桥”的两端分别连接单片机和数码管，数据只能从“桥”上通过（方向是从单片机传送到数码管），在连接单片机的一边有一个“看桥”的“管理员”$\overline{E}$，它的任务是接收命令，判断是否让数据“过桥”。例如，单片机要将数据“10110000B”传给数码管，首先向“管理员”下命令，即$\overline{E}=0$，“管理员”得到命令后知道应该让单片机的数据“过桥”，当时序脉冲为上跳沿时，P0口的数据“10110000B”就传送到数码管，数码管显示“3”，然后单片机再给“管理员”$\overline{E}$下达关闭命令$\overline{E}=1$，以后的数据就不再传到数码管了。

图2-1-2电路中有两个触发器，那么就意味着有两座“桥”。U_2为“段选桥”，它与数码管的各笔画段相连接，通过它的数据称为段码；U_3为“位选桥”，它与若干个数码管的公共端相连接，通过它的数据称为位码。首先让U_2的“管理员”$\overline{E}=0$即P1.0=0选中段选桥，并将P0的段码“10110000”传送给数码管的每一段，之后再将$\overline{E}=1$，使U_2不再接收其他数据；然后让U_3的“管理员”$\overline{E}=0$即P1.1=0选中位选桥，并再次将P0的位码“11111110”传送出去，即第一个数码管被点亮，并显示为“3”，同样再次将U_3的$\overline{E}=1$，使之不再接收其他数据。

多学一点

一、静态显示

数码管要正常显示，就要用驱动电路来驱动数码管的各个段码，从而显示出所需要的数字或字符。数码管的驱动方式有静态显示驱动和动态显示驱动两类。所谓静态显示驱动，就是每个数码管的每一段码都单独占用单片机的一个I/O口，用于笔画段字形编

码控制，这样单片机只要把显示的字形编码发送到相应的I/O口，数码管就显示出相应字符，直到要显示新的数据时，再发送新的字形编码。这样做的优点就是程序简单，显示亮度高；缺点是当数码管数量较多时占用单片机的资源过大。例如，当使用8个数码管显示时，共需用64个I/O口来驱动，要知道单片机只有32个I/O口，这是不现实的。

动态显示驱动方式在下一任务中介绍。

二、数码管简介

数码管是一种半导体发光显示屏，通过对它不同的引脚输入相对的电流，其相应段就发亮，就能显示出时间、日期、温度等所有可用数字表示的参数。由于它具有显示清晰、亮度高、使用电压低、寿命长的特点，在电器（特别是家电领域）应用极为广泛。

数码管如图2-1-4所示，是由8个发光二极管封装在一起组成“日”字形的显示器件。常用的数码管有两种，一种段数为8段，即“a、b、c、d、e、f、g、dp”，其中“dp”表示小数点，称为八段数码管；另一种是没有小数位的七段数码管。

图2-1-4　八段数码管

八段数码管内部电路示意图如图2-1-5所示。当数码管中某个发光二极管导通时，相应的笔画段就会发光，由发光笔画段的不同组合而显示不同的数字或字母，因此又称为八段LED显示器。

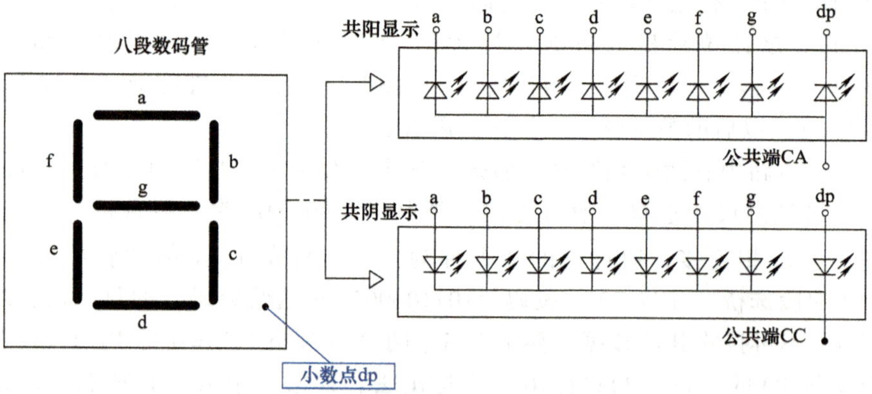

图2-1-5　八段数码管内部电路示意图

数码管内发光二极管的接法分为共阴极和共阳极两种，如图2-1-5所示。共阳极的数码管，是将8个发光二极管的阳极连接在一起，形成公共端CA，并连接到5V电源。当某一段的发光二极管的阴极为低电平时，相应的笔画段就被“点亮”发光；反之，当某段发光二极管的阴极为高电平时，则相应的笔画段就“不亮”。共阴极的数码管，是将8个发光二极管的阴极连接在一起，形成公共端CC，并接到电路的地端。当某一段发光二极管的阳极

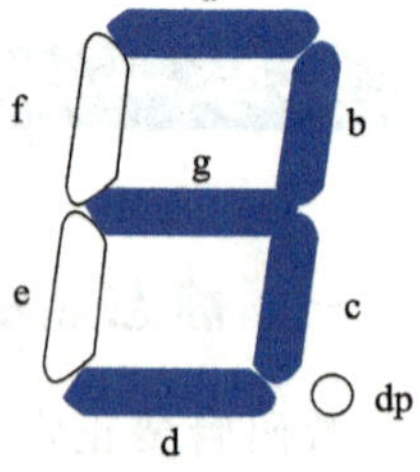

图2-1-6　数码管显示数字“3”

为高电平时，相应的笔画段就被“点亮”发光；反之，当某一段发光二极管的阳极为低电平时，相应的笔画段就“不亮”。

数码管的8个笔画段a、b、c、d、e、f、g、dp对应一个字节的D0、D1、D2、D3、D4、D5、D6、D7，故用8位二进制代码就可以表示要显示字符或数字的字形编码。

单片机与数码管引脚的连接及字型编码见表2-1-1。

表2-1-1　单片机与数码管引脚的连接及字型编码

P1口 / 笔画段 / 显示字符	P1.7	P1.6	P1.5	P1.4	P1.3	P1.2	P1.1	P1.0	字型编码
	dp	g	f	e	d	c	b	a	
0	1	1	0	0	0	0	0	0	0C0H
1	1	1	1	1	1	0	0	1	0F9H
2	1	0	1	0	0	1	0	0	0A4H
3	1	0	1	1	0	0	0	0	0B0H
4	1	0	0	1	1	0	0	1	99H
5	1	0	0	1	0	0	1	0	92H
6	1	0	0	0	0	0	1	0	82H
7	1	1	1	1	1	0	0	0	0F8H
8	1	0	0	0	0	0	0	0	80H
9	1	0	0	1	0	0	0	0	90H
a	1	0	0	0	1	0	0	0	88H
b	1	0	0	0	0	0	1	1	83H
c	1	1	0	0	0	1	1	0	0C6
d	1	0	1	0	0	0	0	1	0A1H
E	1	0	0	0	0	1	1	0	86H
F	1	0	0	0	1	1	1	0	8EH

三、单片机控制单只数码管的基本电路及工作原理

单片机控制单只数码管的基本电路图如图2-1-7所示。电路中电源的正极 V_{CC} 通过

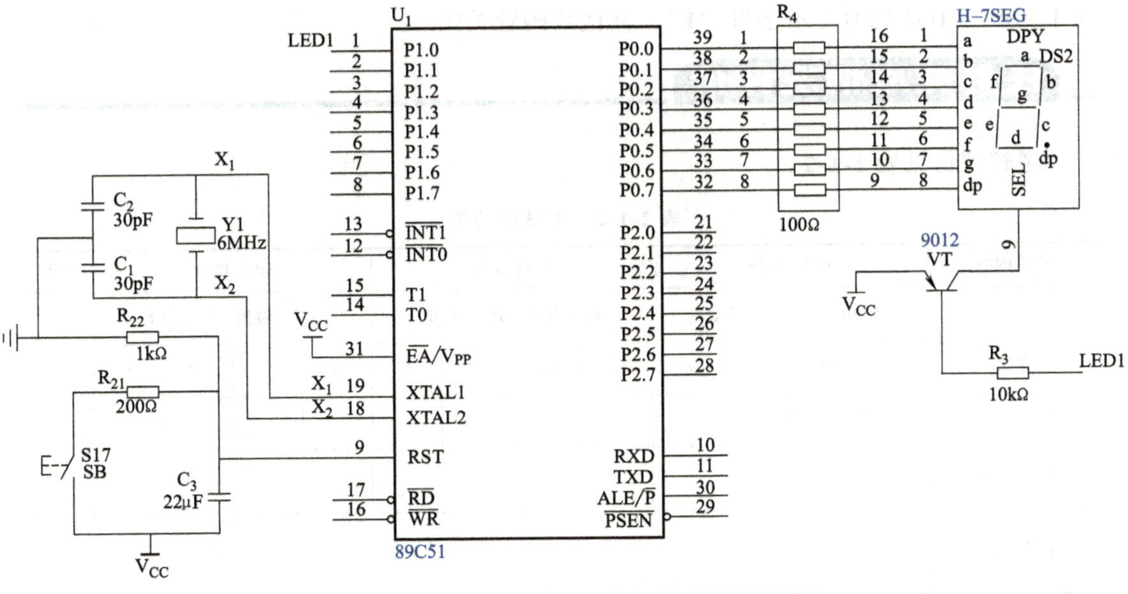

图2-1-7　单片机控制单只数码管的基本电路图

晶体管9012与数码管的公共极相连接，晶体管的基极与单片机的P1.0连接，当P1.0为低电平时晶体管导通，数码管的公共极就被施加正电压。而数码管的各段通过限流电阻排R_4与单片机P0口相连接，当P0口的某一位为低电平时则数码管对应段发光管就被点亮。例如，P0.0为低电平，对应的a段就被点亮，即“日”字最上面一横被点亮。

单片机控制单个数码管基本电路的程序如下：

```
      ORG   0000H
      LJMP  MAIN
      ORG   30H
MAIN: CLR   P1.0            ；晶体管导通，使数码管公共端与电源正极连接
      MOV   P0，#10110000B；需要点亮的各段变为低电平
      LJMP  MAIN
      END
```

在这个程序中首先将晶体管导通，使数码管公共端与电源正极相连，做好点亮数码管的准备，然后根据需要点亮的位置，将P0口的各个位变为高电平或低电平，置低电平的则该段被点亮。

练习2—1

1. 什么叫段码、位码、字型代码？它们之间有何关系？
2. 改变程序中位选的数据，观察相应效果并做出结论。
3. 改变程序中的段码和位码的数据，使DS0、DS2、DS4、DS6同时显示字母“E”。
4. 在第3题的基础上当4个数码管显示“E”后，延时一段时间，再让DS1、DS3、DS5、DS7同时显示字母“F”，其他数码管关闭。

任务完成情况评价

考核评价见表2-1-2。

表2-1-2　考核评价表

考核内容	硬件部分				软件部分				职业操守				其他
评价	模块选择、接线工艺				程序编写、运行调试				安全、协助、文明操作				
	优	良	中	差	优	良	中	差	优	良	中	差	
综合评分													
任务点评													

注：在“优、良、中、差”下面的框中用“√”选择评价等级。

任务二 控制数码管的动态显示

任务描述

单片机对数码管静态显示方式优点是程序简单、显示亮度高，缺点是资源占用过大，控制一只数码管就要消耗单片机的一组I/O口。那么如何利用最少的资源控制更多的数码管呢？这必须对数码管的硬件电路和软件做出改进。

本任务连接单片机控制4只数码管的电路，编写单片机控制这4只数码管在同一时间分别显示数字“0、1、2、3”的程序。

在完成任务过程中学习单片机与多只数码管的电路连接方法、单片机控制多个数码管的编程方法（动态显示的编程方法）——查表法。

做与学

一、连接电路，学习单片机控制4只数码管动态显示的原理

单片机与4只数码管连接的电路如图2-2-1所示。在实训台中选用MCU01主机模块、MCU02电源模块、MCU04显示模块、万利仿真器。MCU04显示模块中共有8只数码管，这里选用DS0、DS1、DS2、DS3完成本任务。单片机对4只以上数码管的控制方法与本任务类似。按图2-1-2和图2-1-3所示连接控制电路。

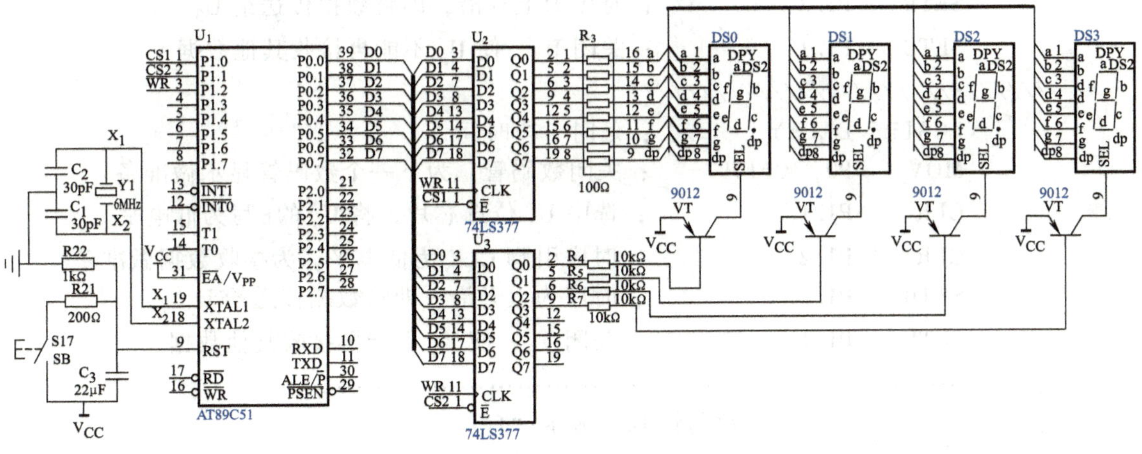

图2-2-1 单片机连接4只数码管的电路图

图2-2-1电路中，利用74LS377触发器作为中间环节来控制数码管。每只数码管的各段都与触发器U_2的输出口相连接，U_2起控制段码传送的作用。各只数码管的公共端则连接到触发器U_3的输出口，U_3起控制位码传送的作用，实现选择相应位的数码管。

另外，数码管各笔画段都并联接在 U_2 的输出口，那么 U_2 输出的数据（段码）在任何时刻对每个数码管来说都是相同的。但在某一时刻哪个数码管显示，就由位选控制 U_3 输出的数据所决定。因此，若在同一时刻两个数码管公共端都处于导通状态，则这两个数码管显示的是相同字符。

二、编制单片机动态控制 4 只数码管的程序

1. 程序编写

单片机控制数码管 DS0 ~ DS3 同时显示数字“0 ~ 3”的程序如下：

```
        ORG     0000H
        LJMP    MAIN
        ORG     30H
;……………………………………………………………………………………………………
;                    数码管 DS0 显示“0”
;……………………………………………………………………………………………………
MAIN:   MOV     P0, #0C0H    ; 段选数据由 P0 口给出，为显示“0”的数据
        CLR     P1.0         ; 选中 U2 段选芯片，将 U2 的Ē写为低电平
        CLR     P1.2         ; 时序引脚 CLK 为低电平，为接收数据做准备
        SETB    P1.2         ; 时序为上升沿，即将数据传送给 U2
        SETB    P1.0         ; 关闭 U2，使 U2 不能再接收其他数据
////////////////////////////////
        MOV     P0, #0FEH    ; 位选数据由 P0 口给出，选择 DS0 数码管显示
        CLR     P1.1         ; 选中 U3 位选芯片，将 U3 的Ē写为低电平
        CLR     P1.2         ; 时序引脚 CLK 为低电平，为接收数据做准备
        SETB    P1.2         ; 时序为上升沿，即将数据传送给 U3
        SETB    P1.1         ; 关闭 U3，使 U3 不能再接收其他数据
////////////////////////////////
        LCALL   DELAY        ; 延时一段时间
        MOV     P0, #0FFH    ; 关闭数码管，为下一个数码管显示做准备
        CLR     P1.1         ; 选中 U3 位选芯片，将 U3 的Ē写为低电平
        CLR     P1.2         ; 时序引脚 CLK 为低电平，为接收数据做准备
        SETB    P1.2         ; 时序为上升沿，即将数据传送给 U3
        SETB    P1.1         ; 关闭 U3，使 U3 不能再接收其他数据
;……………………………………………………………………………………………………
;                    数码管 DS1 显示“1”
;……………………………………………………………………………………………………
        MOV     P0, #0F9H    ; 段选数据由 P0 口给出，为显示“1”的数据
        CLR     P1.0
        CLR     P1.2
        SETB    P1.2
```

```
        SETB  P1.0
////////////////////////////////
        MOV   P0, #0FDH          ; 位选数据由 P0 口给出，选择 DS1 数码管显示
        CLR   P1.1
        CLR   P1.2
        SETB  P1.2
        SETB  P1.1
////////////////////////////////
        LCALL DELAY              ; 延时一段时间
        MOV   P0, #0FFH          ; 关闭数码管，为下一个数码管显示做准备
        CLR   P1.1
        CLR   P1.2
        SETB  P1.2
        SETB  P1.1
;  ......................................................................
;                        数码管 DS2 显示“2”
;  ......................................................................
        MOV   P0, #0A4H          ; 段选数据由 P0 口给出，为显示“2”的数据
        CLR   P1.0
        CLR   P1.2
        SETB  P1.2
        SETB  P1.0
////////////////////////////////
        MOV   P0, #0FBH          ; 位选数据由 P0 口给出，选择 DS2 数码管显示
        CLR   P1.1
        CLR   P1.2
        SETB  P1.2
        SETB  P1.1
////////////////////////////////
        LCALL DELAY              ; 延时一段时间
        MOV   P0, #0FFH          ; 关闭数码管，为下一个数码管显示做准备
        CLR   P1.1
        CLR   P1.2
        SETB  P1.2
        SETB  P1.1
;  ......................................................................
;                        数码管 DS3 显示“3”
;  ......................................................................
```

```
        MOV     P0, #0B0H       ; 段选数据由 P0 口给出，为显示“3”的数据
        CLR     P1.0
        CLR     P1.2
        SETB    P1.2
        SETB    P1.0
////////////////////////////////
        MOV     P0, #0F7H       ; 位选数据由 P0 口给出，选择 DS3 数码管显示
        CLR     P1.1
        CLR     P1.2
        SETB    P1.2
        SETB    P1.1
////////////////////////////////
        LCALL   DELAY           ; 延时一段时间
        MOV     P0, #0FFH       ; 关闭数码管，为下一个数码管显示做准备
        CLR     P1.1
        CLR     P1.2
        SETB    P1.2
        SETB    P1.1
        LJMP    MAIN
; ……………………………………………………………………………
;                      延 时 程 序
; ……………………………………………………………………………
DELAY:  MOV     R7, #200        ; 延时子程序
        DJNZ    R7, $
        RET                     ; 返回主程序
        END
```

2. 控制程序的分析

上述程序中采用分解的方法（每段程序对应每个数码管）编写，就是希望大家能更好地理解动态扫描显示。程序先将要显示的“0”的字形代码通过 U_2 传送到每只数码管的相应段；然后利用 U_3 将位选数据输出，并选择了第一个数码管 DS0 导通，此时会看到数码管 DS0 显示为“0”，而其他数码管为关闭状态，并延时保持一段时间，将数码管关闭。接着传送第二个段码数据，让第二个数码管显示，依此类推，就看到了所要的内容。注意延时的时间要适中，不能过长，过长会看到数码管闪烁，这样就达不到预期的效果；也不能过短或取消，太短或取消会出现重影，即前一个数码管的数据会出现在后一个数码管上。程序的流程如图 2-2-2 所示。

多学一点

一、动态扫描显示

动态扫描显示方法，是单片机中应用最为广泛的显示方式之一。在电路连接上，它

是把所有位的数码管的 8 个笔画段 a ~ dp 相应地并联在一起，由单片机的一个 8 位 I/O 口控制；而每一个数码管的公共极 COM 端各自独立地受 I/O 线控制。当单片机 CPU 向控制笔画段的 I/O 口送出字型编码时，所有位的数码管都能接收到相同的字型编码。动态显示就是控制每个数码管的公共极 COM 端，让数码管循环轮流地显示，当循环显示频率较高时，利用数码管的余辉特性和人眼的暂留特性，就看不出显示断续的现象，而且还能节省电能。

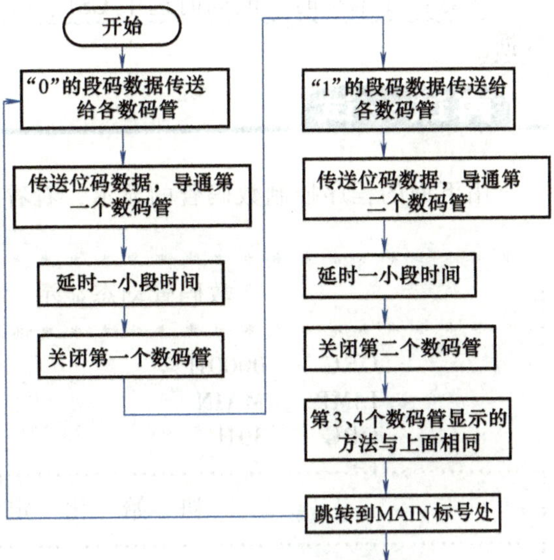

图 2-2-2　数码管动态显示程序的流程

二、双 2 位 D 触发器 74LS377 简介

74LS377 内部集成了 8 个边沿触发的 D 触发器。当允许控制端 CS = $\overline{E}$为低电平时，在时钟端 WR = CP 脉冲的上升沿作用下，输出端 Qn 与输入端 Dn 相一致；当 CS 为高电平或低电平时，Dn 对 Qn 没有影响。

74LS377 的功能表见表 2-2-1。

表 2-2-1　74LS377 功能表

CS	WR	Dn	Qn	$\overline{Qn}$
H	↑	X	无影响	无影响
L	↑	H	H	L
L	↑	L	L	H

注：L = 低电平；H = 高电平；X = 无意义。

在实训电路中，通过两片 74LS377 触发器 U_2、U_3 作为段选和位选控制，分别向数码管传输 P0 口的数据，即段码和位码。当 P1.0 = CS1 为低电平时，选中了 U_2 段选芯片，这时 U_2 输出的就是显示数据（段码）；而当 P1.1 = CS2 为低电平时，选中了 U_3 位选芯片，这时 U_3 输出的就是地址数据（位码），从而选择显示的数码管位。段选和位选的程序如下：

```
/******段选程序*********/
        CLR     P1.0
        CLR     P1.2
        MOV     P0, #0B0H
        SETB    P1.2
        SETB    P1.0
/******位选程序*********/
        CLR     P1.1
        CLR     P1.2
        MOV     P0, #0F7H
        SETB    P1.2
        SETB    P1.1
```

注意：在编程时不能同时选中 CS1、CS2，否则会造成数据混乱，无法显示正确的数据。

再试一试

用下面的程序控制数码管的显示，看看是什么效果。

```
; * * * * * * * * * * * * * * * * * * * * * * * * * * * * * * * * * * *
;                    数码管动态显示“0、1、2、3”
; * * * * * * * * * * * * * * * * * * * * * * * * * * * * * * * * * * *
        ORG     0000H
        LJMP    MAIN
        ORG     30H
; ……………………………………………………………………………………………………
;                    初 始 化 定 义
; ……………………………………………………………………………………………………
MAIN:   MOV     R0, #0              ; 段选数据指针
        MOV     R1, #0FEH           ; 位选数据初始值
        MOV     DPTR, #TAB          ; “0～9”数据表
; ……………………………………………………………………………………………………
;                    主 程 序
; ……………………………………………………………………………………………………
;       * * * * * * * * * * * 显示程序 * * * * * * * * * * *
LOOP:   MOV     A, R0               ; 数据指针 R0 给累加器 A
        MOVC    A, @A+DPTR          ; 将数据表中指针所对应的数据传送给 A
        MOV     P0, A               ; 数据传给数码管各段
        CLR     P1.0
        CLR     P1.2
        SETB    P1.2
        SETB    P1.0
    ; ////////////////////////////////
        MOV     P0, R1              ; 将位选数据传送给 P0 口，点亮所需数码管
        CLR     P1.1
        CLR     P1.2
        SETB    P1.2
        SETB    P1.1
    ; ////////////////////////////////
        LCALL   DELAY               ; 延时一段时间
        MOV     P0, #0FFH           ; 关闭数码管，为下一个数码管显示做准备
        CLR     P1.1
        CLR     P1.2
        SETB    P1.2
        SETB    P1.1
;       * * * * * * * * * 改变段码和位码 * * * * * * * * *
        INC     R0                  ; 数据指针加 1，指向下一个数据地址
```

```
        MOV   A, R1                 ; 位选数据左移，准备将下一个数码管点亮
        RL    A
        MOV   R1, A
        CJNE  R1, #0EFH, LOOP       ; 判断DS3数码管是否点亮结束
        LJMP  MAIN                  ; 循环本程序
;.......................................................................
;                 延 时 程 序
;.......................................................................
DELAY:  MOV   R7, #200              ; 延时子程序
        DJNZ  R7, $
        RET                         ; 返回主程序指令
;.......................................................................
;               数 码 管 数 据 表
;.......................................................................
TAB:    DB    0C0H, 0F9H, 0A4H, 0B0H, 099H    ; 0~9数据表
        DB    092H, 082H, 0F8H, 080H, 090H
        END
```

本程序是前一个程序的精简版，它是利用查表的方法来控制数码管的显示，这种方法比较灵活，也更为实用。R0为段码的数据指针，它指向的是数据表中各数据的地址，通过指针的移动取出不同的数据。R1为位码的存储器，首先存储的是位码的第一个数据，即为DS0导通的数据，通过位码不断向左移动，实现不同时间、不同数码管被点

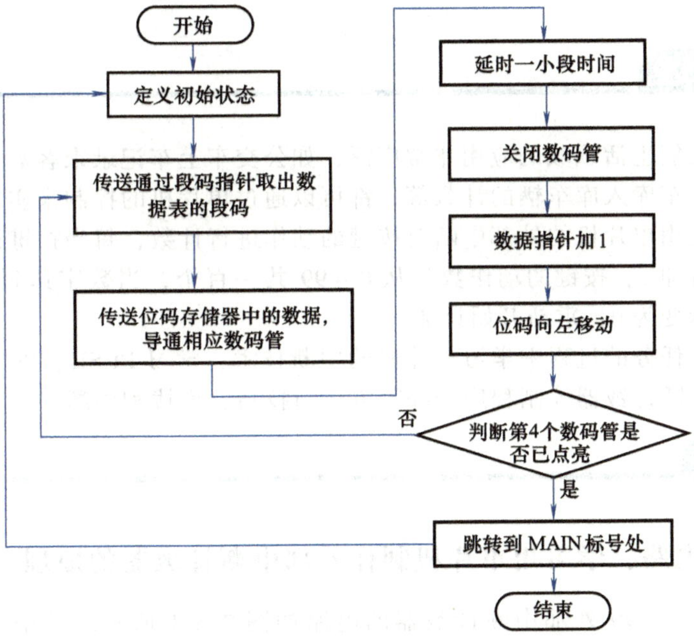

图 2-2-3　数码管动态显示程序的流程

亮，并且判断是不是最后一个数码管被点亮，若是则重新回到初始数据，从第一个数码管开始点亮。本程序的流程如图 2-2-3 所示。

练习2—2

编制单片机控制 8 只数码管显示的程序。

1. 用查表法实现同一时间内 8 个数码管分别显示数字“0 ~ 7”。
2. 用查表法使 8 个数码管同时闪烁，即显示数字“0 ~ 7”一段时间后，数码管全部熄灭，过一段时间后再次显示 0 ~ 7，如此循环。

任务完成情况评价

考核评价见表 2-2-2。

表 2-2-2　考核评价表

考核内容	硬件部分				软件部分				职业操守				其他
评价	模块选择、接线工艺				程序编写、运行调试				安全、协助、文明操作				
	优	良	中	差	优	良	中	差	优	良	中	差	
综合评分													
任务点评													

注：在“优、良、中、差”下面的框中用“√”选择评价等级。

任务三　制作 0 ~99 外部中断计数器

任务描述

计数器在人们生活领域的应用非常广泛，如公交车上车记录乘客数量、工厂流水线记录产品数量、车库入库车辆的计数等，都可以通过单片机的控制来实现。

本任务是利用单片机的外部中断对按键的动作进行计数，每当按键被按下一次则数码管显示数字就加 1，按键的动作数是从 0 ~ 99 共一百个，当数字达到 99 时按下按键则数码管的显示变为 0，重新开始计数。

在完成这个任务的过程中学习单片机的中断技术，学习 PUSH、POP 指令和使用单片机制作外部中断计数器控制程序的编写方法与技巧、堆栈和中断。

做与学

一、连接电路，学习用单片机制作外部中断计数器的原理

单片机制作 0 ~ 99 外部中断计数器的电路如图 2-3-1 所示。其中，SB1 是计数按钮，它一端与单片机的 INT0（P3.2）端点连接，另一端与公共地端连接。

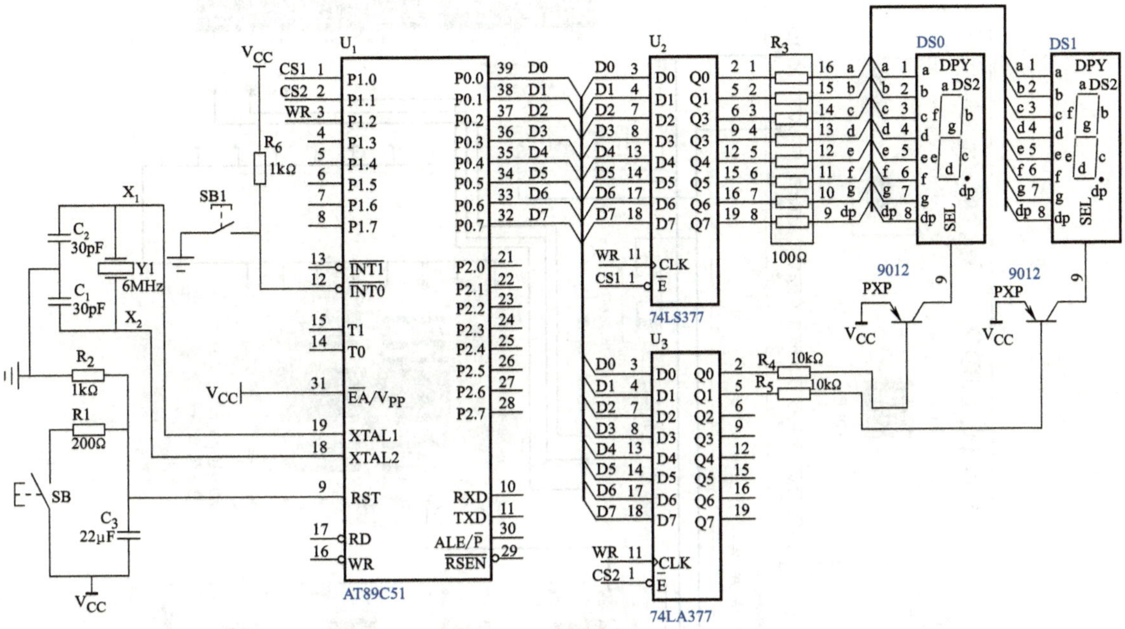

图 2-3-1　0～99 外部中断计数器电路图

在实训台上选用主机模块 MCU01、电源模块 MCU02、显示模块 MCU04 选用两只数码管 DS0 和 DS1、MCU06 指令模块中的一个独立按钮 SB1。然后，按图 2-3-2 和图2-3-3连接用单片机制作外部中断计数器的电路。

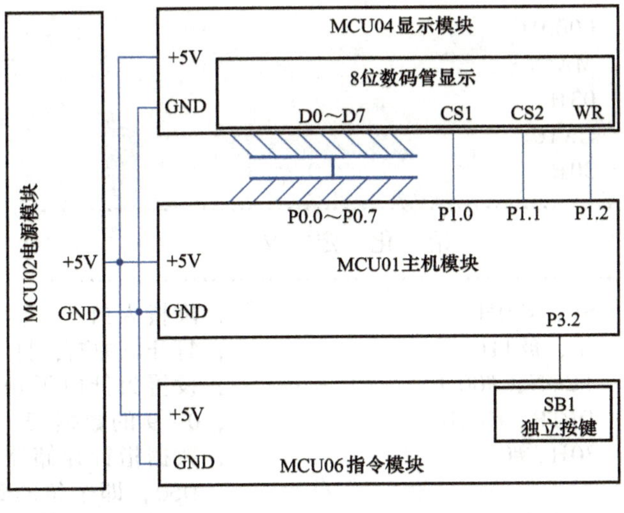

图 2-3-2　0～99 外部中断计数器硬件接线示意图

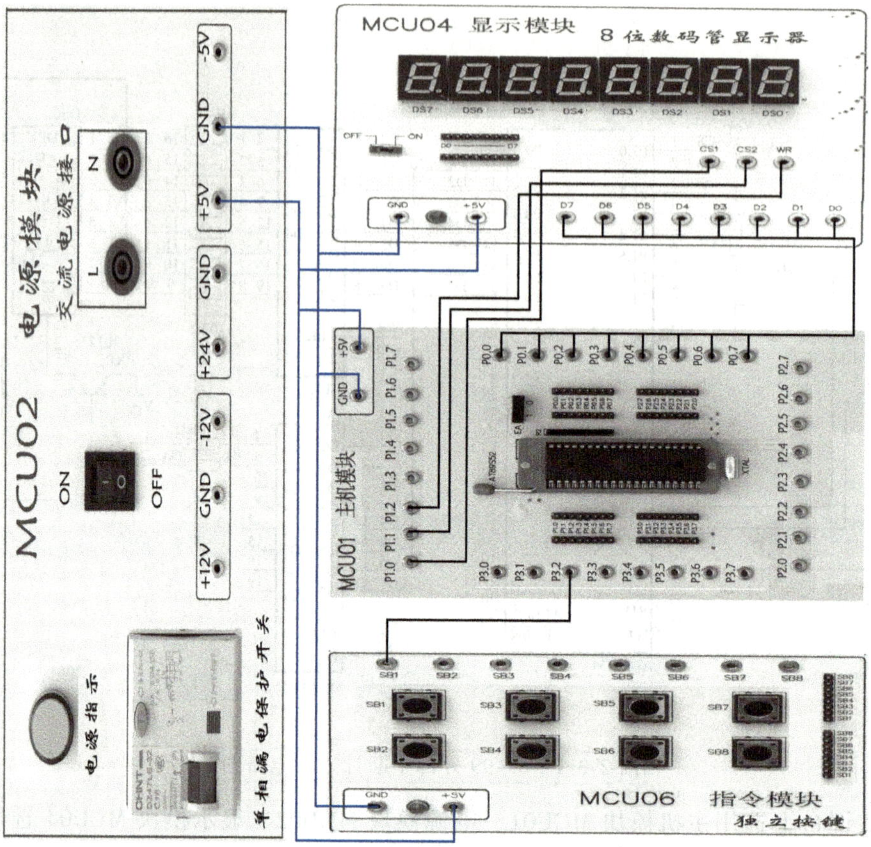

图 2-3-3　0～99 外部中断计数器实物接线图

二、编写实现 0～99 外部中断计数器的控制程序，学习相关指令

1. 程序编写

```
        ORG     0000H
        LJMP    MAIN
        ORG     03H
        LJMP    EXT0
        ORG     30H
; ………………………………………………………………………………………
;                  初 始 化 定 义
; ………………………………………………………………………………………
MAIN:   MOV     SP, #70H          ; 堆栈入口
        MOV     IE, #81H          ; 打开总中断，打开外部中断 0
        MOV     TCON, #00H        ; 设置为低电平触发
        MOV     DPTR, #TAB        ; 0～9 的数据表
        MOV     30H, #0           ; 数据指针存储器 30H，存放数码管
                                  DS0，即个位的数据指针
        MOV     31H, #0           ; 数据指针存储器 31H，存放数码管
                                  DS1，即十位的数据指针
```

```
; ……………………………………………………………………………………
;                    主 程 序
; ……………………………………………………………………………………
MAIN1:   MOV     R0, #30H           ; 将数据指针存储器的首地址给 R0
         MOV     R1, #11111110B     ; 位码的第一个数据放入 R1 中
         LCALL   XS                 ; 调用显示子程序
         JMP     MAIN1              ; 无条件跳转

; ……………………………………………………………………………………
;                 显 示 子 程 序
; ……………………………………………………………………………………
XS:      MOV     A, @ R0
         MOVC    A, @ A + DPTR
         MOV     P0, A
         CLR     P1.0
         CLR     P1.2
         SETB    P1.2
         SETB    P1.0
   ///////////////////////////////////////
         MOV     P0, R1
         CLR     P1.1
         CLR     P1.2
         SETB    P1.2
         SETB    P1.1
         LCALL   DELAY
   ///////////////////////////////////////
         MOV     P0, #0FFH
         CLR     P1.1
         CLR     P1.2
         SETB    P1.2
         SETB    P1.1
   ///////////////////////////////////////
         MOV     A, R1
         RL      A
         MOV     R1, A
         INC     R0
         CJNE    R0, #32H, XS
         RET

; ……………………………………………………………………………………
;            外 部 中 断 子 程 序
; ……………………………………………………………………………………
```

```
EXT0:     PUSH    ACC                         ; 入栈保护 ACC
          JNB     P3.2, $                     ; 判断按键是否放开
          INC     30H                         ; 个位加 1
          MOV     A, 30H
          CJNE    A, #10, EXT0_R              ; 判断个位是否加到 10
          INC     31H                         ; 十位加 1
          MOV     30H, #0                     ; 个位清 0
          MOV     A, 31H
          CJNE    A, #10, EXT0_ R             ; 判断十位是否加到 10
          MOV     31H, #0                     ; 十位清 0
EXT0_ R:  POP     ACC
          RETI
; ……………………………………………………………………
;                      显  示  子  程  序
; ……………………………………………………………………
DELAY:    MOV     R7, #5
D1:       MOV     R6, #255
          DJNZ    R6, $
          DJNZ    R7, D1
          RET
; ……………………………………………………………………
;                        数  据  表
; ……………………………………………………………………
TAB:      DB      0C0H, 0F9H, 0A4H, 0B0H, 099H        ; 0~9 数据表
          DB      092H, 082H, 0F8H, 080H, 090H
          END
```

2. 控制程序的分析

本程序分为初始化定义程序、主程序、子程序（包含显示、延时）和中断子程序 4 个部分。

初始化定义程序：规定了单片机复位后一些寄存器、I/O 口、堆栈地址等的初始状态；程序中首先定义了堆栈入口地址，其次定义了各控制寄存器的状态。

主程序：程序的核心。本任务的主程序在不断地调用显示子程序。通过这种不间断的调用，使数码管保持常亮，并能实时显示当前记录的个数。可见，其主要作用是将各个子程序有机的组合起来。

子程序：将经常用到的程序组成一个程序块，通过主程序调用它们。这样会使程序更加简洁、明了。本程序中的显示子程序用于驱动两位数码管动态显示按钮按下的计数值。延时子程序起到延长数码管点亮时间的作用。

中断子程序：它是一种特殊的子程序，不能由主程序直接调用，而是通过专门的通道进入程序并运行。本任务的中断子程序完成按钮按下的计数工作，且计数值最大为

99，当超过计数最大值时重新计数。当按键被按下后，单片机会自动在主程序中设置一个断点，并从主程序跳转去执行中断子程序。当中断程序结束时，单片机再跳回到断点去继续执行主程序。

如图2-3-4a、b所示为主程序和中断子程序的流程图。其中，主程序是独立的，与中断子程序流程图是不相连的，它只负责控制显示数码管的内容。中断子程序的流程图中，当按键被按下后单片机转向执行该中断子程序。首先个位的数据指针30H加1，并判断是否加到10，如果没有则跳出中断返回主程序；如果个位等于10则将十位加1，同时也判断是否加到10，当十位也加到10时，则超过了数码管的计数范围，此时将个位、十位的数据指针都清零。

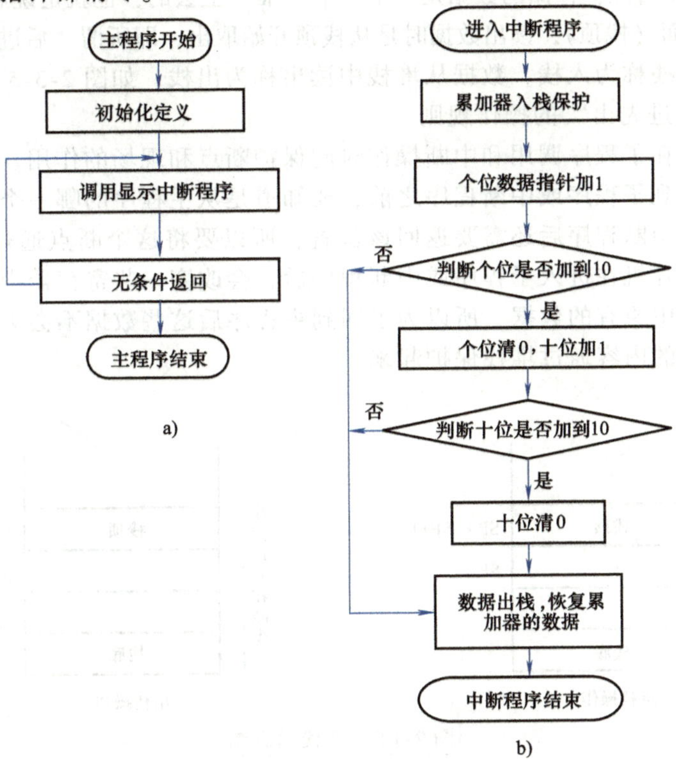

图2-3-4 程序流程图

a）主程序流程图 b）中断子程序流程图

3. 指令说明

1）进栈指令PUSH。

格式： PUSH 操作数

功能：把内部RAM低128单元或专用寄存器中的内容写入栈顶单元。

例如：PUSH A ；把累加器A的内容写入栈顶单元保存

2）出栈指令POP。

格式： POP 操作数

功能：把栈顶单元的内容送入内部RAM低128单元或专用寄存器。

例如：POP A ；把栈顶单元的内容传送到累加器 A

堆栈操作实际上是通过堆栈指示器 SP 进行读写的操作。

多学一点

一、堆栈与堆栈操作

堆栈是一种执行“后进先出”算法的数据结构，这种数据结构在计算机中常常使用。通俗地说，堆栈是在内存区开辟出来的具有“后进先出”特点的存储区域。这个堆栈区读写数据的过程有如下特点：存储的数据是一个一个“堆”上去的，也就是说后“堆”（存）的数据存储在最上面（栈顶），读出数据时是从栈顶开始取出，即所谓“后进先出”。

数据写入堆栈称为入栈，数据从堆栈中读出称为出栈，如图 2-3-5 所示。堆栈的最大特点就是“后进先出”的操作规则。

堆栈主要是在子程序调用和中断操作时起保护断点和现场的作用。保护断点是指单片机从主程序跳到子程序或中断程序之前，要知道是从主程序的哪一个地方跳出的，在运行完子程序或中断程序后还需要返回该位置，所以要将这个断点通过堆栈保存起来。保护现场是指单片机在进入子程序或中断程序后，会改变一些寄存器中的内容，这样会破坏这些寄存器中原有的数据，所以为了回到主程序后这些数据不会丢失，就需要把各有关寄存器单元的内容通过堆栈保护起来。

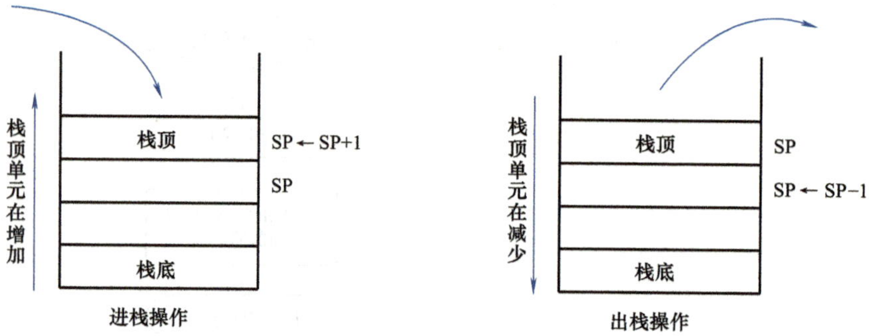

图 2-3-5 堆栈示意图

二、堆栈指针 SP

单片机中规定，堆栈要由一个专门的寄存器（SFR）来进行管理，以实现数据的“后进先出”，这个寄存器被称为堆栈指针 SP。在数据的进栈和出栈操作时，单片机系统会自动改变堆栈指针的内容。堆栈指针 SP 一直存放的是堆栈的栈顶地址，当系统进行进栈、出栈操作时，栈顶单元发生变化，堆栈指针内容也将自动加 1 或减 1。堆栈的工作原理如图 2-3-5 所示。

需要说明的是，在单片机复位时，SP 的值是固定的，自动定义为 07H。

三、中断

日常生活中有很多中断的例子，如当你在家看书时突然电话铃响了，于是先在书上做一个记号，然后到电话机旁，拿起电话与对方谈话，此时门铃突然又响起，你让通话对方稍等一下，去门口开门，并与来访者谈话，谈话结束后关好门，回到电话机旁与通话方继续通话，通话结束后挂断电话，回来看书，并从做记号的地方继续向下读。

这是一个典型的中断事件，并且在第一个中断事件中还嵌套了另外一个中断事件。首先从看书到接电话，这是一次中断过程，而从打电话到开门与来访者交谈，又是一次中断过程，即为中断嵌套。中断嵌套示意图如图 2-3-6 所示。

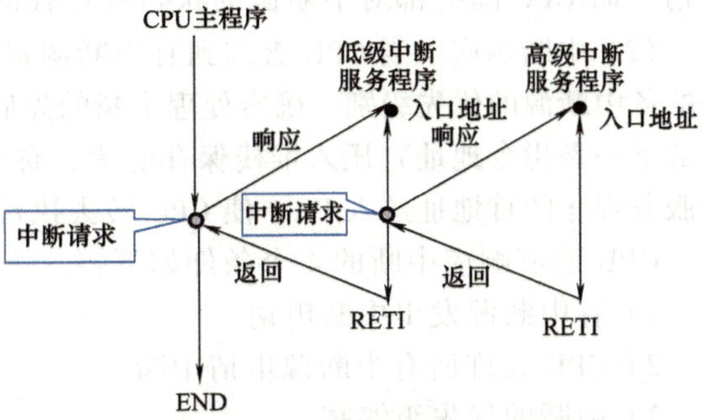

图 2-3-6　中断嵌套示意图

中央处理器（CPU）正执行程序的过程中，突然发生了某一事件或特殊请求，CPU 停止现行程序的运行，转向对这一事件或特殊请求的处理，处理结束后再返回现行程序的间断处，继续执行原中断的程序，这个过程就称为中断。这里 CPU 转去执行的程序就叫中断服务程序。

对单片机而言，中断是单片机系统实时处理内部或外部事件的一种内部机制，是 CPU 对系统发生的某个事件做出的一种反应。

1. 中断源及其分类

能够产生中断请求的外部和内部事件称为中断源。

AT89C51 单片机有三类共 5 个中断源，它们分别是两个外部中断、两个定时中断和一个串行中断。

1）外部中断：由外部事件引起的中断信号。AT89C51 有两个外部中断端口，分别是“外部中断 0”和“外部中断 1”，由芯片引脚 INT0（P3.2）和 INT1（P3.3）引入。

请求外部中断的方式可以是电平方式或脉冲方式，通过设置有关寄存器进行选择。

2）定时中断：由内部定时器/计数器中断源程序产生，属于内部中断。当定时器/计数器发生溢出时，以溢出信号作为中断请求。单片机内部有两个定时器/计数器，与两个定时中断分别对应。

3）串行中断：由内部串行口中断源程序产生，属于内部中断。当串行口接收或发送完串行数据时，就会自动向 CPU 发出串行口中断请求。

2. 中断优先级别

当几个中断源同时向 CPU 申请中断处理或 CPU 正在处理某中断申请时，又有另一个中断源申请中断，CPU 必须区分哪个中断源优先级更高，以进行优先处理，这就是中断优先级别。

中断优先的三原则：一是低优先级中断请求不能打断高优先级的中断程序，即高优先级中断程序正在运行时，不响应低优先级的中断请求；二是同级中断不能嵌套，中断是谁先请求先响应谁；三是若没有特别设定，则各个中断的优先级是相同的。单片机默认由高到低级别的顺序如下：外部中断 0、定时中断 0、外部中断 1、定时中断 1、串行中断。

3. 中断的处理过程

中断的处理过程包括中断请求、中断响应、中断处理和中断返回这 4 项内容。

（1）中断请求　当中断源的中断申请标志状态为 1 时，即向 CPU 发出中断请求或申请。而 CPU 随时都对中断源的状态进行查询和区分处理。

（2）中断响应　当 CPU 查询到有中断源提出中断请求后，根据事先软件和硬件设置好的各中断源的优先级别，确定处理中断的先后顺序，同时把程序计数器 PC 的值（应执行的下一条指令地址）压入堆栈保存起来，称为保护断点。接着将要处理的中断源的中断服务程序的首地址送入 PC，使 CPU 转去执行中断服务程序，进行相应的中断处理。

CPU 能够响应中断的 4 个条件如下：

1）有中断源发出中断申请。

2）CPU 允许所有中断源申请中断。

3）中断的优先级够高。

4）当前正在执行的指令执行完毕，且不是特殊指令（如 RETI 或对 IE、IP 进行操作等）。

（3）中断处理（中断服务）　从入口地址开始执行，直到遇到返回指令 RETI 为止，这个过程称为中断处理。中断处理过程如图 2-3-7 所示。

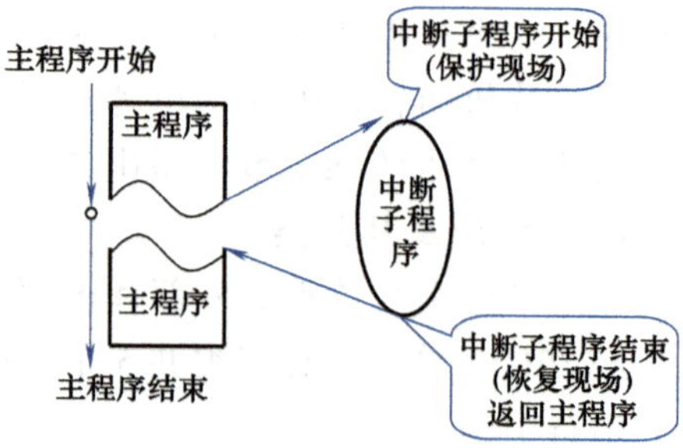

图 2-3-7　中断处理过程示意图

中断处理的 3 个过程如下：

1）保护现场。把相关寄存器、标志位的内容压入堆栈进行保护，同时关闭中断。这个内容由用户完成。

2）中断处理。CPU 执行中断源的中断服务程序。在执行中断服务程序的过程中，允许比正在处理的中断程序级别更高的中断源提出中断请求。

3）恢复现场。中断服务结束后，将中断处理前压入堆栈的相关寄存器、标志位的内容恢复到原有的寄存器和存储器单元中。在恢复现场后，CPU 应立即开中断，以便再次响应请求的中断。这个内容也是由用户完成。

（4）中断返回　当 CPU 执行到中断服务程序的最后一条指令 RETI 时，硬件自动将存放在堆栈中的断点地址弹出装入 PC，使 CPU 继续执行原来被中断的程序。

4. 中断服务入口地址区

AT89C51 单片机内部程序存储器的 0003H ~ 002AH 是中断入口地址区域，是专门用于保存中断服务程序的地址。中断服务入口地址区分 5 个入口并对应着 5 个中断源，具体如下：

```
0003H ~ 000AH        ；外部中断 0 的中断地址区
000BH ~ 0012H        ；定时器/计数器 0 的中断地址区
0013H ~ 001AH        ；外部中断 1 的中断地址区
001BH ~ 0022H        ；定时器/计数器 1 的中断地址区
0023H ~ 002AH        ；串行中断地址区
```

中断响应后，系统按中断源的种类，自动转到各中断入口区的首地址去执行程序。因此用户编程时，应该把中断服务程序放入相应的区域。例如，本任务中外部中断0的服务程序就应放进入口地址为0003H的单元区，即

```
          ORG     00H
          LJMP    MAIN
          ORG     03H
EXT0:     PUSH    ACC              ；中断程序放这里
          ……
EXT0_ R:  POP     ACC
          RETI
          ORG     30H
MAIN:     MOV     SP, #70H         ；这是主程序
          ……
```

但由于每个中断源对应的入口区域只有8个单元，欲存放中断服务程序的全部指令是不可能的。所以，一般采用在中断入口地址区首地址存放一条转向中断服务程序的无条件转移指令，以便中断响应后，通过中断地址区转去执行中断服务程序。例如，本任务程序中所看到的程序就是这样编写的：

```
        ORG     03H     ；外部中断0入口首地址
        LJMP    EXT0    ；无条件转向标号EXT0（中断服务程序第一条指令）
        ORG     30H
```

各个中断源是否发出中断申请，是用中断申请标志位的状态来通知CPU的，这些中断申请标志位集中安排在定时器控制寄存器（TCON）和串行口控制寄存器（SCON）中。另外，CPU是否允许中断和对中断优先权的管理分别用中断允许寄存器（IE）、中断优先寄存器（IP）进行控制。TCON、SCON、IE和IP这4个特殊的寄存器统称为中断系统控制寄存器。

（1）定时器控制寄存器（TCON） TCON用于保存外部中断申请，是定时器的计数溢出中断申请的标志。它的8位及功能见表2-3-1。

表2-3-1 TCON寄存器的8位及功能

TF1	TR1	TF0	TR0	IE1	IT1	IE0	IT0
定时器1中断申请标志位		定时器1中断申请标志位		外部中断1中断申请标志位	外部中断触发方式	外部中断0中断申请标志位	外部中断触发方式

1）TF1/TF0：定时器T1/T0溢出中断申请标志位。T1/T0定时和计数发生溢出时由硬件置1。CPU响应中断后，由硬件将其清0。

2）TR1/TR0：定时器启动位。

3）IE1/IE0：外部中断INT1/INT0的中断申请标志。有外部中断请求时IE1/IE0置1；无请求时IE1(IE0)=0。

4）IT1/IT0：为外部中断 INT1/INT0 的触发方式。IT1/IT0 = 1，下降沿触发中断申请；IT1/IT0 = 0，低电平触发中断申请。

说明：TCON 中的 TF1、TF0、IE1、IE0 置 1 不是由程序来设置的，而是由单片机根据具体情况由硬件自动设置。

（2）串行口控制寄存器（SCON） SCON 是单片机的一个可进行位寻址的专用寄存器，用于串行数据通信的控制。单元地址为 98H，位地址为 98H ~ 9FH。它的位及功能见表2-3-2。其中，TI 和 RI 是中断申请标志位。

表 2-3-2 SCON 寄存器的位及功能

SM0	SM1	SM2	REN			TI	RI
						串口发送中断请求标志位	串口接收中断请求标志位

1）TI/ RI：当串口发送/接收完一帧后，中断申请标志位由硬件置 1，向 CPU 申请中断。

2）其余位作用不在本任务中介绍。

（3）中断允许控制寄存器（IE） 在单片机的中断系统中，中断的允许或禁止是由可进行位寻址的 8 位寄存器 IE 进行控制的。IE 地址为 0A8H。它的位及功能见表2-3-3。

表 2-3-3 IE 寄存器的位及功能

EA			ES	ET1	EX1	ET0	EX0
中断总控制位			串行口中断允许位	定时器 1 允许位	外部中断 1 允许位	定时器 0 允许位	外部中断 0 允许位

1）EA = 0，CPU 禁止所有中断。

2）ES、ET1、ET0、EX1、EX0 控制 5 个中断源。当某位置 1 时，CPU 允许相应的中断源申请中断；反之，则为禁止中断。

（4）优先级寄存器（IP） CPU 是按中断源的优先级响应中断的，优先级别高的中断先响应。寄存器 IP 用于控制 5 个中断源的优先级别，其各位及功能见表 2-3-4。

表 2-3-4 IP 寄存器的位及功能

—	—	—	PS	PT1	PX1	PT0	PX0
			串行口级别控制位	定时器 1 级别控制位	外部中断 1 级别控制位	定时器 0 级别控制位	外部中断 0 级别控制位

1）IP 的高 3 位不使用，可取任何值。

2）PS、PT1、PT0、PX1、PX0 控制 5 个中断源的中断优先级别，当某位置 0 时，则对应中断源的中断优先级为高级；反之，则为低级。

练习2—3

1. 什么叫中断、中断源、中断服务（处理）程序？中断的过程是什么？

2. 利用外部中断 INT0 控制流水灯。要求单片机得电后，LED 从左向右顺序点亮；

当产生外部中断时，全部LED开始闪烁，闪烁5次后，中断程序停止。

3. 利用外部中断INT1控制5位数码管，实现对“学号与日期”的切换。要求单片机得电后，5位数码管显示日期09-22；当产生外部中断时，5位数码管显示学号11013，显示一段时间后中断程序停止。

4. 什么叫中断入口地址？分别有哪些入口地址？

5. 中断系统控制用到哪些寄存器？分别起什么控制作用？

任务完成情况评价

考核评价见表2-3-5。

表2-3-5 考核评价表

考核内容	硬件部分				软件部分				职业操守				其他
评价	模块选择、接线工艺				程序编写、运行调试				安全、协助、文明操作				
	优	良	中	差	优	良	中	差	优	良	中	差	
综合评分													
任务点评													

注：在“优、良、中、差”下面的框中用“√”选择评价等级。

任务四 制作0～10s定时器

任务描述

日常生活中人们常常会遇到一些要定时开机或关机的设备，此时利用定时器就可以实现智能控制，如定时加热电热水器。如果一直开着热水器会不停地加热，既不安全而且又费电，现在有了微电脑定时开关，可以按照要求定时加热。

本任务利用单片机内部定时器和中断技术，实现0～10s的定时功能，定时时间用两只数码管显示，当定时时间到达10s时LED0点亮（模拟被控制的器件）。

在完成任务中学习用单片机制作定时器的电路原理、单片机内部定时器/计数器及其控制寄存器TMOD和TCON的功能和使用方法以及用单片机制作定时器控制程序的编写方法。

做与学

一、连接电路，学习0～10s定时器的原理

单片机制作0～10s定时器的电路如图2-4-1所示。

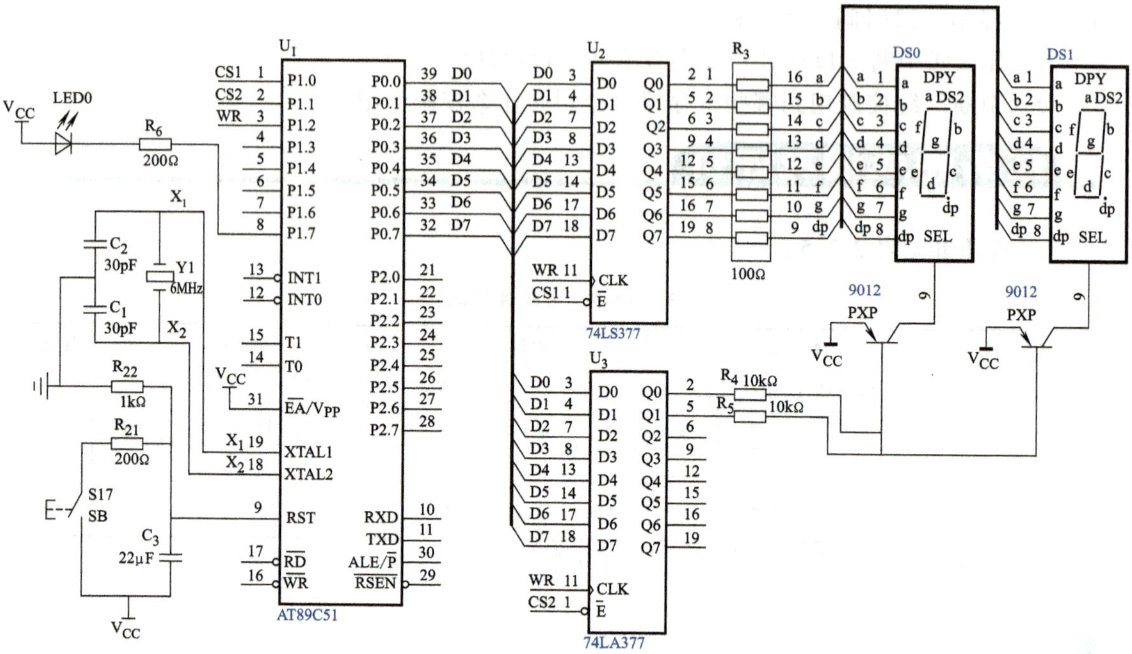

图 2-4-1　单片机制作 0～10s 定时器电路图

在实训台中选用主机模块 MCU01、电源模块 MCU02、显示模块 MCU04 中选用两只数码管及 LED0，按如图 2-4-2 和图 2-4-3 所示连接定时器电路。

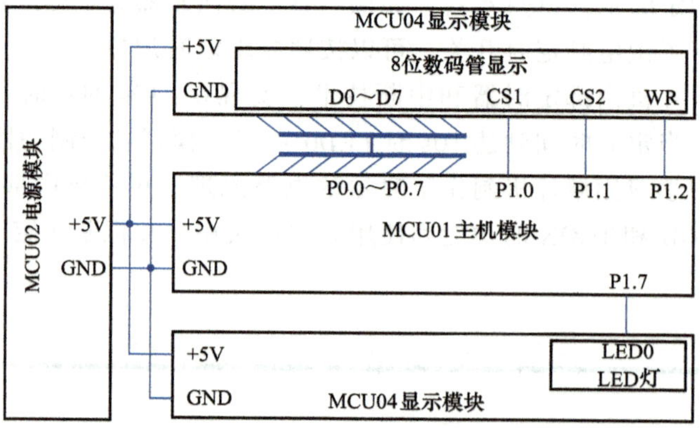

图 2-4-2　单片机制作 0～10s 定时器接线示意图

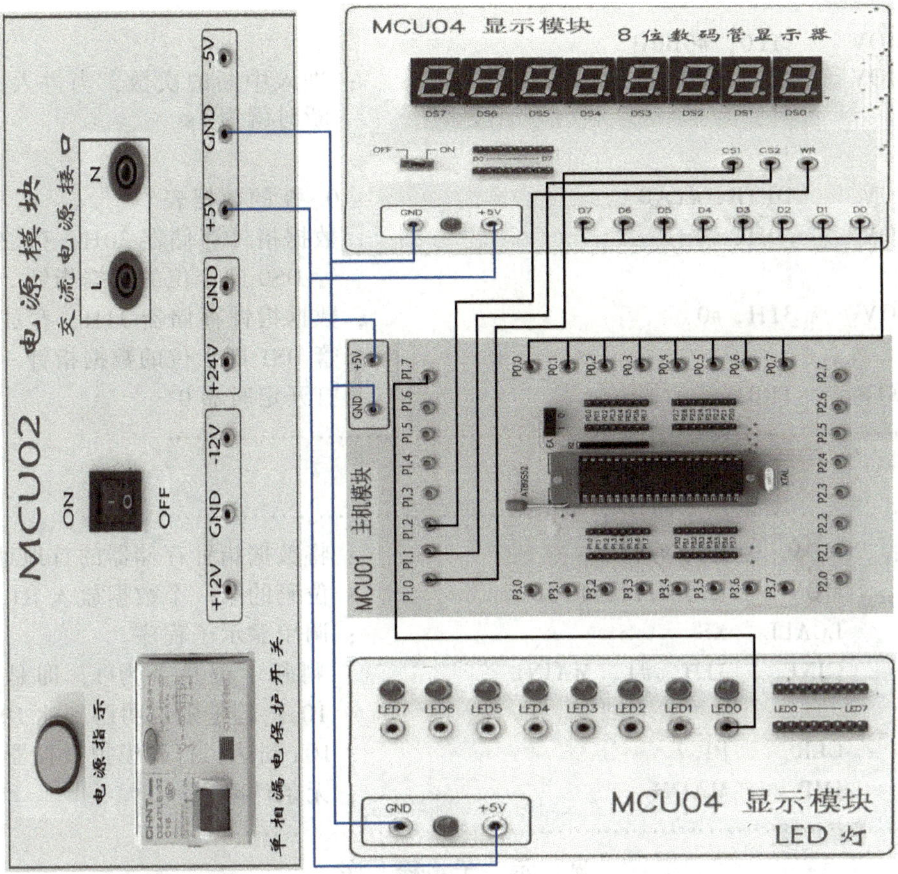

图 2-4-3 单片机制作 0 ~ 10s 定时器实物接线图

二、编写单片机制作 0 ~ 10s 定时器的程序，学习定时器的编程方法

1. 编写程序

```
        ORG     0000H
        LJMP    MAIN
        ORG     0BH
        LJMP    TIME0
        ORG     30H
;  ………………………………………………………………………………
;                    初  始  化  定  义
;  ………………………………………………………………………………
MAIN:   MOV     SP, #70H            ; 堆栈入口
        SETB    P1.7                ; 模拟被控器件为关闭状态
        MOV     IE, #82H            ; 打开总中断，打开定时器 0 中断
        MOV     TMOD, #01H          ; 使用定时器 0，工作方式为 1
        MOV     TH0, #03CH          ; 定时器 T0 定时 50ms 初值，设置
                                    ; 进入中断的时间为 50ms
```

```
    MOV     TL0, #0B0H
    MOV     R3, #20                 ; 进入中断的次数，当进入 20 次中
                                    断时就为 1s
    MOV     DPTR, #TAB              ; 0~9 的数据表
    MOV     30H, #0                 ; 数据指针存储器 30H，存放着数码
                                    管 DS0 即个位的数据指针
    MOV     31H, #0                 ; 数据指针存储器 31H，存放着数码
                                    管 DS1 即十位的数据指针
    SETB    TR0                     ; 打开定时器 0
;……………………………………………………………………………………
;                    主 程 序
;……………………………………………………………………………………
MAIN1:  MOV     R0, #30H            ; 将数据指针存储器的首地址给 R0
        MOV     R1, #11111110B      ; 位码的第一个数据放入 R1 中
        LCALL   XS                  ; 调用显示子程序
        CJNE    31H, #1, MAIN1      ; 判断十位是否为 1，即是否达到
                                    10s，若是则说明已到达 10s
        CLR     P1.7                ; 10s 到达，打开模拟被控器件
        JMP     MAIN1               ; 无条件跳回
;……………………………………………………………………………………
;                    显 示 子 程 序
;……………………………………………………………………………………
XS:     MOV     A, @R0
        MOVC    A, @A+DPTR
        MOV     P0, A
        CLR     P1.0
        CLR     P1.2
        SETB    P1.2
        SETB    P1.0
  ///////////////////////////////////////
        MOV     P0, R1
        CLR     P1.1
        CLR     P1.2
        SETB    P1.2
        SETB    P1.1
        LCALL   DELAY
///////////////////////////////////////
        MOV     P0, #0FFH
```

```
        CLR     P1.1
        CLR     P1.2
        SETB    P1.2
        SETB    P1.1
//////////////////////////////////////////
        MOV     A, R1
        RL      A
        MOV     R1, A
        INC     R0
        CJNE    R0, #32H, XS
        RET
;…………………………………………………………………………………
;                 定时器中断子程序
;…………………………………………………………………………………
TIME0:  PUSH    ACC                     ; 入栈保护ACC
        MOV     TH0, #03CH              ; 定时器再次装入预制值
        MOV     TL0, #0B0H
        DJNZ    R3, TIME0_R             ; 判断是否进入中断20次，若是则
                                          表示到达1s
        MOV     R3, #20                 ; 重新装入中断次数
        INC     30H                     ; 个位加1
        MOV     A, 30H
        CJNE    A, #10, TIME0_R         ; 判断个位是否加到10
        INC     31H                     ; 十位加1
        MOV     30H, #0                 ; 个位清0
        CLR     TR0                     ; 关闭定时器0
TIME0_R: POP    ACC
        RETI
;…………………………………………………………………………………
;                   延 时 子 程 序
;…………………………………………………………………………………
DELAY:  MOV     R7, #5
D1:     MOV     R6, #255
        DJNZ    R6, $
        DJNZ    R7, D1
        RET
;…………………………………………………………………………………
;                      数 据 表
;…………………………………………………………………………………
```

```
TAB:      DB     0C0H, 0F9H, 0A4H, 0B0H, 09    ; 0~9数据表
          DB     092H, 082H, 0F8H, 080H, 090H
          END
```

2. 控制程序的分析

定时器控制程序分为主程序、定时中断程序、显示子程序、延时子程序、数据表等几部分，其中最关键的是定时中断程序，下面对其进行详细分析。

定时中断子程序包括“判断定时时间达到否”和“中断执行”两部分内容。

（1）判断1s定时时间是否到达　当进入中断程序后，先向定时器中重新添加50ms的预置值，为下一次定时做准备，其次判断进入中断的次数，因为每次进入中断程序的时间都是50ms，当进入中断程序第20次时，说明已到达1s的时间。具体程序如下：

```
TIME0:      PUSH    ACC            ; 入栈保护ACC
            MOV     TH0, #03CH     ; 定时器再次装入预置值
            MOV     TL0, #0B0H
            DJNZ    R3, TIME0_R    ; 判断是否进入中断20次，是则表示1s到达
            MOV     R3, #20        ; 重新装入中断次数
            ……
TIME0_R:    POP     ACC
            RETI
```

（2）中断执行　是指“到达1秒后的执行部分”。这部分程序主要将数码管数据指针加1即个位加1，并判断个位是否加到10，若没有则跳出中断程序，若已加到10，则将个位清“0”，同时十位加1。这就是数码管能以1秒的间隔时间进行累加的原因。当累加达10秒后，终止定时器的计时，即结束中断。图2-4-4为定时中断子程序的流程图。

在主程序中不断的调用显示子程序，并判断着十位是否加到“1”，如果是则说明已达到10秒的定时时间，同时使控制器件变为开启状态。

多学一点

一、定时器/计数器

AT89C51单片机内部集成两个16位可编程定时器/计数器，即定时器0（T0）和定时器1（T1），可利用程序选择它是用做定时器还是计数器，另外，定时时间、计数值、工作方式、中断请求等都可通过程序设定。

1. 定时器/计数器的结构

定时器T0/T1由两个8位的专用寄存器TH0/TH1和TL0/TL1构成，其逻辑结构如图2-4-5所示。从图中可见，单片机的定时器/计数器是由T0、T1、TMOD和TCON组成。

1）计数功能：当T0或T1用做计数器时，对由单片机引脚P3.4（T0）和P3.5（T1）输入的脉冲进行计数，每输入一个外部脉冲计数器加1。

2）定时功能：通过计数器的计数来实现的，不同的是计数的脉冲是来自单片机内部，每产生一个计数脉冲，则进行累计加1。由于一个机器周期等于12个振荡脉冲周期，因此计数频率为振荡频率的1/12。如果单片机采用频率为12MHz的晶体振荡器，则计数频率为1MHz，即每微秒（μs）计数器加1。

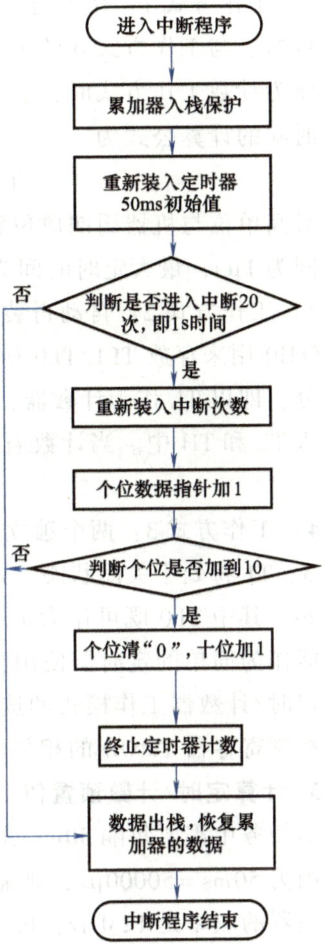

图2-4-4 定时中断子程序流程图

2. 定时/计数器工作方式

每个定时/计数器还有4种工作模式，在模式0、1和2中T0和T1的工作方式相同，模式3中两个定时器的工作方式不相同。分述各种工作方式的特点和用法。

1）工作方式0：13位定时器/计数器工作方式，由TH1/TH0的8位和TL1/TL0的低5位构成13位计数器，TL1/TL0的高3位弃之不用。在写预置值时将TL1/TL0的高3位补0。定时方式0示意图如图2-4-6所示。

作为计数工作方式时，计数值的范围是1～8192（2^{13}）；作为定时工作方式时，定时时间的计算公式为

$$(2^{13}-\text{计数初值})\times \text{机器周期}$$

时间单位与机器周期单位相同（μs）。如果晶体振荡器的频率为12MHz，则最小定时时间为1μs，最大定时时间为8192μs。

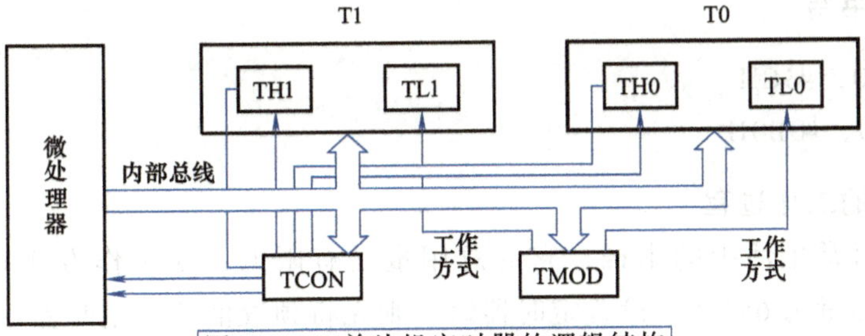

图2-4-5 单片机定时器的逻辑结构

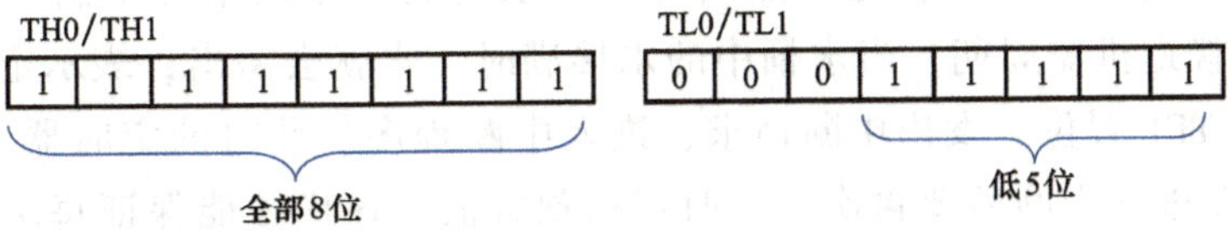

图2-4-6 定时方式0示意图

2）工作方式1：16位定时/计数器工作方式，由TL1/TL0和TH1/TH0共同构成16位计数器。与工作方式0的工作过程相似，但其计数范围大。

作为计数工作方式时，计数值的范围是1～65536（2^{16}）；作为定时工作方式时，定时时间的计算公式为

$$(2^{16}-\text{计数初值})\times\text{机器周期}$$

时间单位与机器周期单位相同（μs）。如果晶体振荡器的频率为12MHz，则最小定时时间为1μs，最大定时时间为65536μs。

3）工作方式2：自动再装入时间常数的8位计数器。由TL1/TL0构成8位计数器，TH1/TH0用来存放TL1/TL0初次置入的时间常数。这种工作方式是把16位计数器分为两部分，即以TL作为计数器，以TH作为预置值存储器，初始化时把计数器预置值分别装入TL和TH中。当计数溢出后，预置值存储器TH会由硬件自动将值传送给计数器TL。

4）工作方式3：两个独立的8位计数器且仅T0有工作方式3，如果把T1置为工作方式3，T1将处于关闭状态。这种工作方式是将T0拆分成两个独立的8位计数器TL0和TH0，其中TL0既可作为定时用，也可作为计数用，各控制位和引脚由它使用。TH0则只能作为简单的定时器使用，它借用T1的控制位TR1和TF1。

定时/计数器工作模式的选择，可通过设置控制寄存器TMOD的值来决定，具体方法见控制寄存器TMOD的相关内容。

3. 计算定时/计数预置值

本任务中需要每隔50ms进入一次中断程序，那么如何设定50ms的定时呢？

因为50ms = 50000μs，则需要定时器每隔50000μs溢出一次，由于所用单片机的晶体振荡器的频率是12MHz，机器周期为1μs，那么假设需要设定的计数预制值为X，则

$$(2^{16}-X)\times 1\mu s = 50000\mu s$$

求得的$X = 15536$，转换为二进制或十六进制数就是0011110010110000B = 3CB0H，则TH0 = 3CH，TL0 = B0H。

4. 程序的书写

```
MOV     TH0, #3CH
MOV     TL0, #0B0H
```

5. 定时器的工作过程

定时器像日常生活中的水桶，它的总用量是有限的，如工作方式0容量为8192，而工作方式1容量为65536。设置定时器时，则先将预置值装入定时器（水桶）中，然后打开定时器开关TR0/TR1，此时如同打开了水龙头开始向水桶中滴水，并且每次滴水的时间间隔就是机器周期，当水桶中的水接满时，水就会溢出，表示定时时间到，溢出标志位TF0/TF1置位，发出中断请求，进入中断程序。此时的定时器TH和TL会自动清0，所以在进入中断后要再次给定时器赋预置值，这样才能保证每次定时的时间是相同的。图2-4-7为定时器工作示意图。

二、定时/计数器的控制寄存器

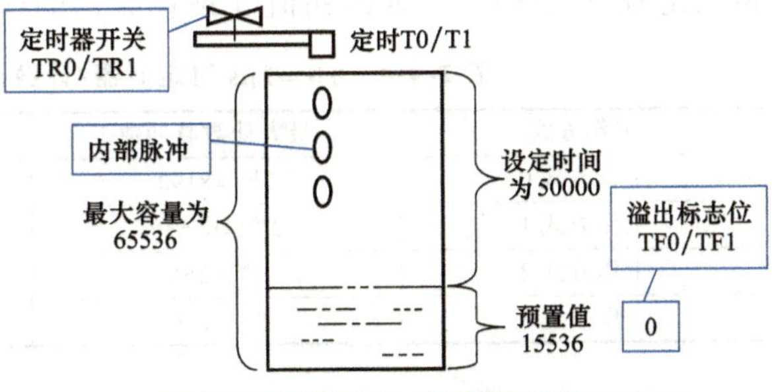

图 2-4-7 定时器工作示意图

定时器0和1有两个控制寄存器TMOD和TCON，分别用来设置各个定时器的工作方式、选择定时或计数功能、控制启动运行以及作为运行状态的标志等。控制寄存器TMOD和TCON是8位寄存器，可以由指令设置其值。当单片机系统复位时，TMOD和TCON的所有位均置为零。

（1）工作模式控制寄存器TMOD　用于设置两个定时器/计数器的工作方式。TMOD的低半字节定义定时器/计数器T0，高半字节定义定时器/计数器T1。TMOD每位的控制含义见表2-4-1。

表 2-4-1　控制寄存器TMOD每位的控制含义

GATE	$C/\overline{T}$	M1	M0	GATE	$C/\overline{T}$	M1	M0
				门控位	定时/计数方式选择位	工作方式选择位	

其中，GATE是门控位，GATE＝0则以运行控制位TR启动定时器，GATE＝1则以外部中断信号$\overline{INT1}$或$\overline{INT0}$启动定时器；$C/\overline{T}$是定时/计数方式选择位，$C/\overline{T}=0$则为定时工作方式，$C/\overline{T}=1$则为计数方式；M1/M0是工作方式选择位，设置M1和M0的值，就可设置定时/计数器不同的工作方式，具体见表2-4-2。

表 2-4-2　工作方式选择

M1	M0	工作方式	M1	M0	工作方式
0	0	方式0	1	0	方式2
0	1	方式1	1	1	方式3

（2）定时器控制寄存器TCON　主要用于控制定时/计数器的启动停止，此外还可以保存T0、T1的溢出和中断标志。TCON每位的控制含义见表2-4-3。

表 2-4-3　控制寄存器TCON每位的控制含义

TF1	TR1	TF0	TR0	IE1	IT1	IE0	IT0
T1中断请求标志或溢出标志位	定时器T1运行控制位	T0中断请求标志或溢出标志位	定时器T0运行控制位				

其中，TF1/TF0位是在T1/T0完成定时或计数时，由硬件使TF1/TF0置1；当CPU响应中断后，硬件将TF1/TF0清0；TR1/TR0位是定时/计数器的运行控制位，TR1/TR0＝1则定时器/计数器开始工作，TR1/TR0＝0则定时器/计数器停止工作。

三、定时器/计数器的最大定时/计数值

单片机以12MHz晶体振荡器为例，T0＝1μs时，定时器/计数器在不同工作方式时

最大定时/计数值、装入的初值（预置值）的计算公式等归纳见表2-4-4。

表2-4-4 T0 = 1μs 时定时器/计数器在不同工作方式下的参数

工作方式	最大计数脉冲数	最大定时时间/ms	装入初值
工作方式0	$2^{13}=8192$	8.192	8192 - 待计数值
工作方式1	$2^{16}=65536$	65.536	65536 - 待计数值
工作方式2	$2^{8}=256$	0.256	256 - 待计数值
工作方式3	$2^{8}=256$	0.256	256 - 待计数值

练习2—4

1. 利用定时器T0，工作方式0，制作0~20s的计时器。要求单片机得电后，数码管DS0、DS1显示00；1s后开始计时；20s后，LED7点亮。

2. 利用定时器T1，工作方式1，制作15~20的累加器。要求单片机得电后，数码管DS0、DS1显示15；每间隔1s数值加1；当累加到20后，再重新回到15累加。

任务完成情况评价

考核评价见表2-4-5。

表2-4-5 考核评价表

考核内容	硬件部分				软件部分				职业操守				其他
评价	模块选择、接线工艺				程序编写、运行调试				安全、协助、文明操作				
	优	良	中	差	优	良	中	差	优	良	中	差	
综合评分													
任务点评													

注：在“优、良、中、差”下面的框中用“√”选择评价等级。

项目三 单片机对键盘的控制

项目概述

人们的生活离不开时间，电子时钟是生活中很实用的计时设备，例如手机里的时间显示、电子手表的时间显示、广场电子钟的时间显示等。一般情况下，电子时钟包括时、分、秒3个部分的显示，而且这3个部分还可以分别进行调整。实际上，这些显示功能可以由单片机来实现。

本项目的内容是制作一个24h的电子时钟，并且通过对时钟、分钟、秒钟的调整，学习单片机如何控制独立按键、控制矩阵键盘，以及如何利用矩阵键盘控制数码管显示时间等内容。

学习目标

1. 掌握独立按键的控制方法，并能利用独立按键控制其他设备。
2. 了解矩阵键盘的工作原理和硬件连接方法；掌握矩阵键盘的编程方法，利用独立键盘控制数码管的显示。
3. 熟练掌握数码管的控制方法。
4. 了解电子时钟程序的编程思路，掌握时钟程序的编写方法。

任务一 独立按键控制数码管显示

任务描述

在单片机的使用和学习的过程中，必要时要进行人机交互，而完成人机交互的主要部件是键盘和显示器。键盘作为输入器件可以将操作者的指令传送给单片机，单片机可按照指令进行相应的控制；显示器则作为输出器件可将运行结果和状态显示出来。

本任务先利用4个独立按键分别控制4个数码管。当某一个按键被按下时，对应的数码管显示数字，其余数码管是熄灭，如当按下第二个按键时（即SB2），则对应的数码管 DS2 显示数字“2”，其余的熄灭。

在完成本任务的过程中要学习 JB、JNB、JBC、JC、JNC 指令的使用方法、控制独立按键的基本编程方法，以及独立按键的去抖动方法。

做与学

一、连接电路，学习独立按键控制数码管显示的原理

独立按键控制数码管显示电路如图 3-1-1 所示。图中数码管连接部分因版面有限所以用方框代替，其内部电路可参照项目二中的硬件电路。4 个独立按键 SB0、SB1、SB2、SB3 的一端与单片机的 P2 口（P2.0 、P2.1、P2.2、P2.3）相连接，另一端接“地”。当按键未被按下时，对应 P2 口端为高电平；当按下某个按键时，相应的 P2 口端为低电平。

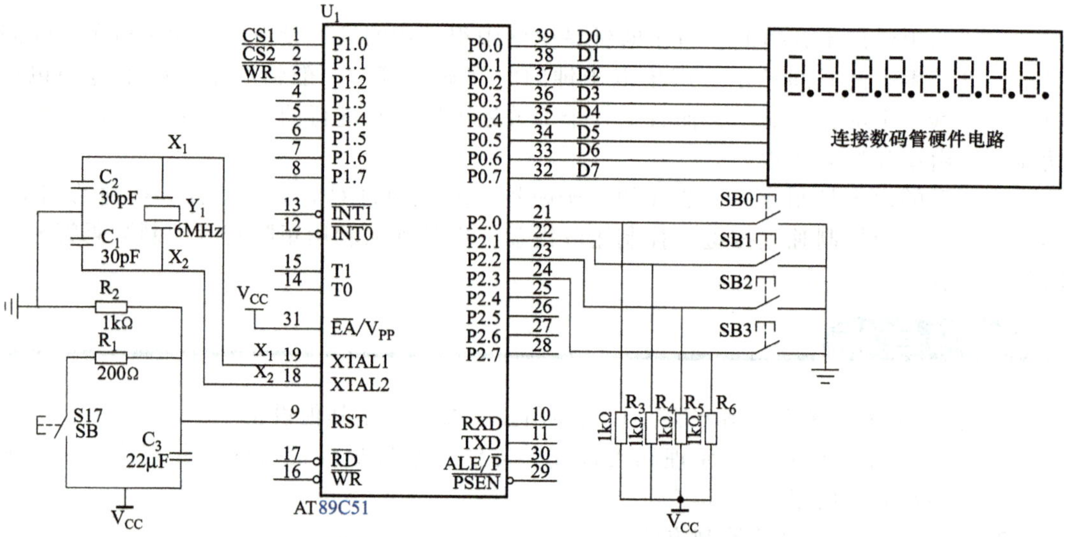

图 3-1-1　按键控制数码管显示电路图

独立按键控制数码管显示的接线示意图如图 3-1-2 所示，在实训台上选用了

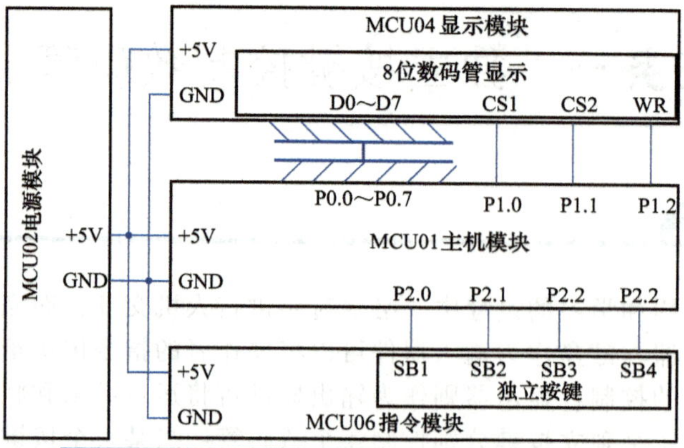

图 3-1-2　独立按键控制数码管显示接线示意图

MCU01 主机模块、MCU02 电源模块、MCU04 显示模块、MCU06 指令模块中的 4 个独立按键、万利仿真器，如图 3-1-3 所示。

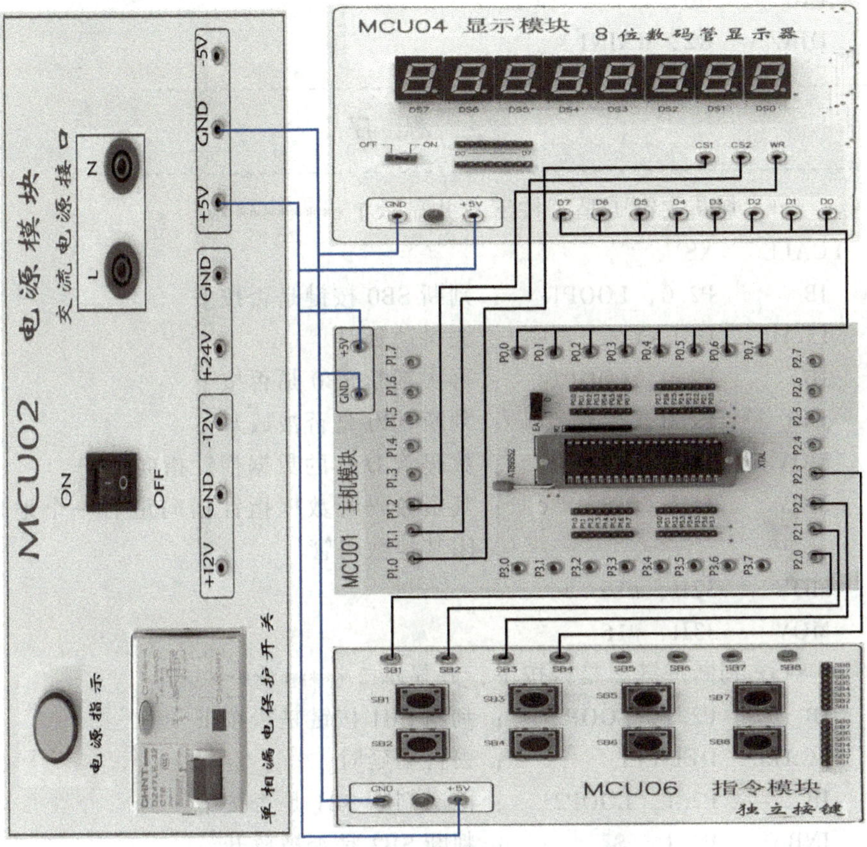

图 3-1-3　按键控制数码管显示实物接线图

二、编写独立按键控制数码管显示的程序，学习相关指令

1. 编写程序

独立按键 SB0、SB1、SB2、SB3 分别控制数码管 DS0、DS1、DS2、DS3 显示 0、1、2、3。当某一个按键被按下时，则对应的数码管显示数字，其余数码管熄灭，例如按下 SB2，则对应的 DS2 显示 2，其余的熄灭（之前亮的数码管也熄灭）。

```
        ORG     00H             ; 主程序起始地址
        LJMP    MAIN            ; 跳至主程序

; ------------------------------------------------------------
;                        初  始  化  定  义
; ------------------------------------------------------------
MAIN:   MOV     P2, #0FFH
        MOV     R2, #8
        MOV     R0, #30H
```

```
MAIN1:  MOV    @R0, #16      ; 将数码管数据指针指向最后一个地址，即关闭全
                             部数码管
        INC    R0
        DJNZ   R2, MAIN1
   ; ----------------------------------------------------------
   ;                          主  程  序
   ; ----------------------------------------------------------
   ; ********* 判断按键 1 是否按下，并显示 1 **********
LOOP:  LCALL   XS
        JB     P2.0, LOOP1   ; 判断 SB0 按键是否按下
        LCALL  DELAY1        ; 去抖动延时
        JB     P2.0, LOOP1   ; 再次判断 SB0 是否按下
        JNB    P2.0, $       ; 判断 SB0 是否被放开
        MOV    30H, #1       ; 数码管 DS0 的数据指针指向 1
        MOV    31H, #16      ; 其余数码管数据指针指向最后一个地址，即关
                             闭其他数码管
        MOV    32H, #16
        MOV    33H, #16
   ; ********* 判断按键 2 是否按下，并显示 2 **********
LOOP1:  JB     P2.1, LOOP2   ; 判断 SB1 按键是否按下
        LCALL  DELAY1        ; 去抖动延时
        JB     P2.1, LOOP2   ; 再次判断 SB1 是否按下
        JNB    P2.1, $       ; 判断 SB2 是否被放开
        MOV    30H, #16
        MOV    31H, #2
        MOV    32H, #16
        MOV    33H, #16
; ********* 判断按键 3 是否按下，并显示 3 **********
LOOP2:  JB     P2.2, LOOP3
        LCALL  DELAY1
        JB     P2.2, LOOP3
        JNB    P2.2, $
        MOV    30H, #16
        MOV    31H, #16
        MOV    32H, #3
        MOV    33H, #16
; ********** 判断按键 4 是否按下，并显示 4 ************
LOOP3:  JB     P2.3, LOOP
```

```
        LCALL   DELAY1
        JB      P2.3, LOOP
        JNB     P2.3, $
        MOV     30H, #16
        MOV     31H, #16
        MOV     32H, #16
        MOV     33H, #4
        LJMP    LOOP
    ; ------------------------------------------------------------
    ;                       显 示 子 程 序
    ; ------------------------------------------------------------
XS:     MOV     R0, #30H
        MOV     R1, #0FEH
        MOV     DPTR, #TAB
XS1:    MOV     A, @R0
        MOVC    A, @A+DPTR
        MOV     P0, A
        CLR     P1.0
        CLR     P1.2
        SETB    P1.2
        SETB    P1.0
////////////////////////////////////////
        MOV     P0, R1
        CLR     P1.1
        CLR     P1.2
        SETB    P1.2
        SETB    P1.1
        LCALL   DELAY
////////////////////////////////////////
        MOV     P0, #0FFH
        CLR     P1.1
        CLR     P1.2
        SETB    P1.2
        SETB    P1.1
////////////////////////////////////////
        MOV     A, R1
        RL      A
```

```
        MOV     R1, A
        INC     R0
        CJNE    R0, #34H, XS1
        RET
;-----------------------------------------------------
;                   延 时 子 程 序
;-----------------------------------------------------
DELAY:  MOV     R5, #255
        DJNZ    R5, $
        RET
;-----------------------------------------------------
;                      数 据 表
;-----------------------------------------------------
TAB:    DB  0C0H, 0F9H, 0A4H, 0B0H, 99H, 92H, 82H, 0F8H
        DB  80H, 90H, 88H, 83H, 0C6H, 0A1H, 86H, 8EH, 0FFH
;-----------------------------------------------------
;                 去 抖 动 延 时 程 序
;-----------------------------------------------------
DELAY1: MOV     R6, #50
D1:     MOV     R7, #255
        DJNZ    R7, $
        DJNZ    R6, D1
        RET
        END
```

2. 控制程序的分析

控制程序由主程序、显示子程序、延时子程序、去抖动延时子程序等组成。主程序流程图如图 3-1-4 所示。

主程序中“判断按键是否被按下”利用的是“扫描查询法”，即在主程序中不断地扫描 4 个按键，同时利用位转移指令（JB 指令）判断按键的电平变化情况。当某一个按键被按下时，该按键对应的 P2 口就变为低电平，此时将对应数码管的数值改变。

“去抖动延时程序”的作用是为了消除因按键的抖动而带来的误操作（按键抖动的原因会在后面介绍）。编程思想如下：当程序判断出有按键被按下后，首先进入这段延时去抖动子程序，其次延时去抖动过后还要判断按键是否被放开，如果没有放开则一直停留在判断语句，直到按键被放开再执行后面的语句。判断按键是否放开的目的是防止按键按下后，系统迅速执行后面的程序。因为单片机运行速度是微秒级的，执行这些指令只需要几十微秒的时间，但人们手按下按键再释放的时间则是毫秒级或秒级别的，虽然人们认为只按下按键一次并且速度很快，但对于单片机来说已经过了一个十分漫长的时间，在这段时间单片机已将程序运行了几百至上千遍了。因此，为了能很好地利用按

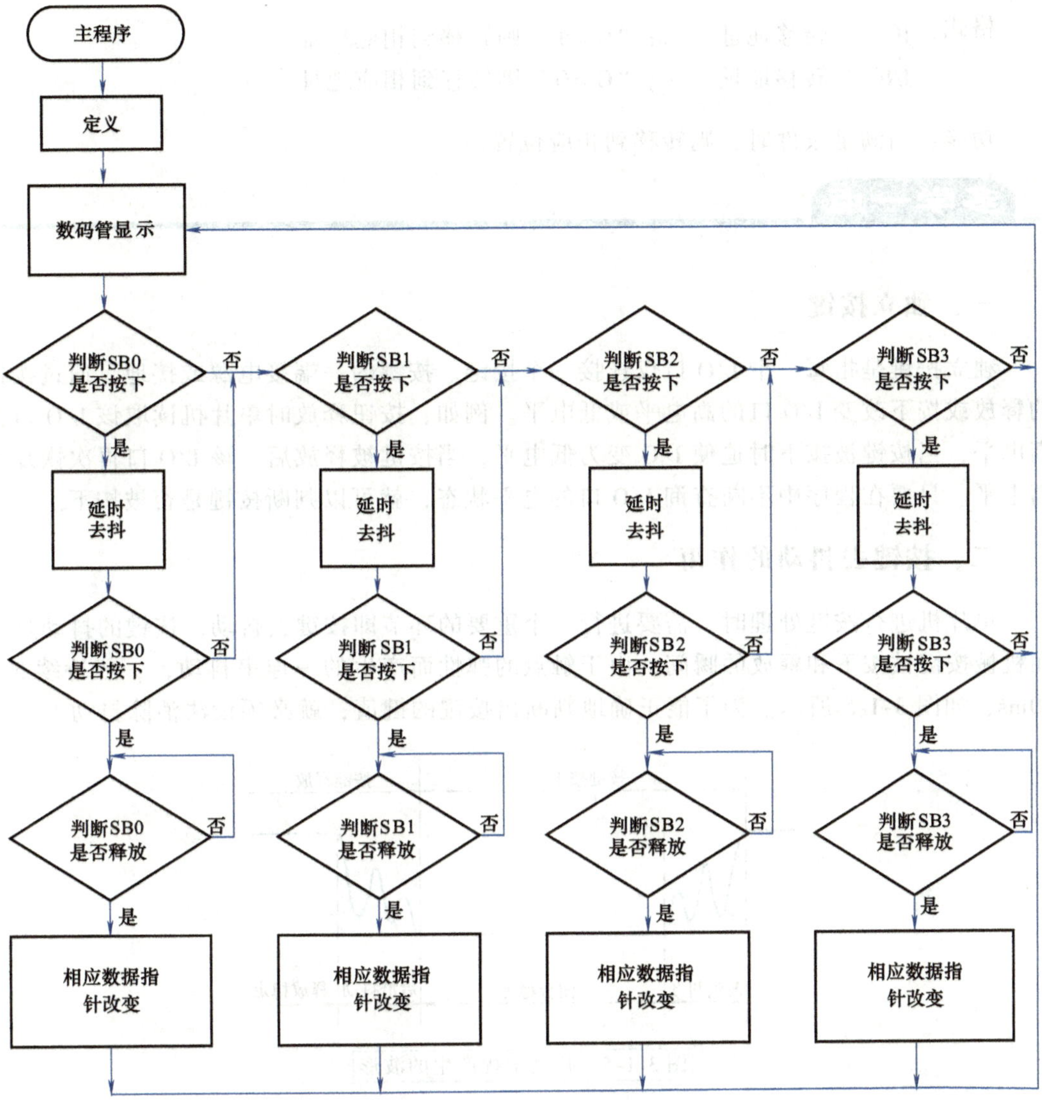

图 3-1-4　主程序流程图

键控制程序，在程序中增加了判断按键是否释放的指令。

3. 指令说明

1）以位状态为条件的转移指令。

格式：JB　bit，转移地址　；位状态为“1”则转移到相应地址

JNB　bit，转移地址　；位状态为“0”则转移到相应地址

JBC　bit，转移地址　；位状态为“1”则转移到相应地址，并使该位清 0

功能：以上 3 条都是当位满足条件时，程序就跳转到相应位置。

2）以 C 状态为条件的转移指令。

格式：JC　　转移地址　　；“C = 1”则转移到相应地址

　　　JNC　转移地址　　；“C = 0”则转移到相应地址

功能：当满足条件时，则转移到相应位置。

多学一点

一、独立按键

独立按键是指每一个 I/O 口仅连接一个按键。按键的一端接电源或接地，通过按钮的释放或按下改变 I/O 口的高电平或低电平。例如，按钮释放时单片机读取该 I/O 口为高电平，当按键被按下时迫使 I/O 变为低电平，当按键被释放后，该 I/O 口再次恢复为高电平。只要在程序中不断查询 I/O 口的电平状态，就可以判断按键是否被按下。

二、按键去抖动的作用

单片机进行按键处理时，需要进行一个重要的环节即按键去抖动。按键的抖动是指在机械按键被按下和释放的瞬间，由于触点的弹性而产生的一连串抖动，一般持续 5 ~ 10ms，如图 3-1-5 所示。为了能正确地判断出按键的键值，就必须设法消除抖动。

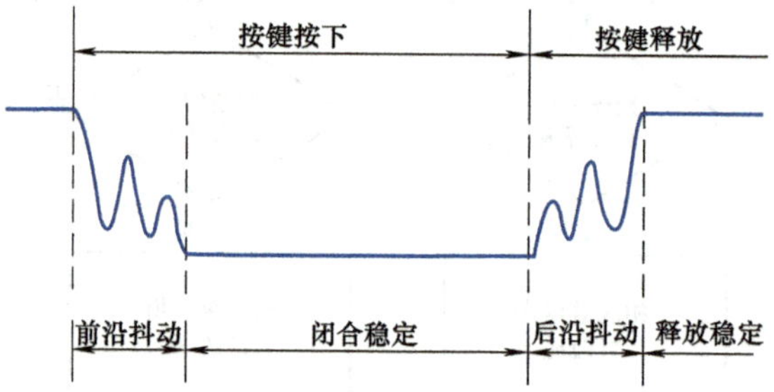

图 3-1-5　抖动干扰产生的波形

去除抖动的方法有硬件去抖动和软件去抖动两种。硬件消除抖动就是在硬件电路中对按键的抖动做处理，这样势必会增加成本。软件的去除抖动其实不是真正去除抖动，而是利用延时时间避开抖动，等按键稳定后再做处理。例如，在程序中判断 SB0 按键是否被按下时，先判断 I/O 是否为低电平，当有低电平出现时立即调用延时程序，延时 10 ~ 20ms 避开抖动时间，延时过后再次查询 I/O 口，如果仍然为低电平则说明按键确实被按下，则让数码管显示数字；如果为高电平则说明是一个误操作，系统不做响应。

练习3—1

1. 利用按键 SB1、SB2、SB3、SB4 分别控制数码管 DS1、DS3、DS5、DS7 显示字符 A、H、P、C。

2. 利用独立按键控制数码管显示数字累加。具体要求如下：

① 独立按键 SB1 为启动按键，SB2 为停止按键。

② 单片机上电后，数码管 DS0、DS1 显示 00；当按下启动按键 SB1 后，数码管开始以 1s 为单位累加；当加到 99 后，数码管自动回 00，再重新累加。

③ 当停止按钮按下时，数码管停止累加，并显示 00，然后等待再次启动。

任务完成情况评价

考核评价见表 3-1-1。

表 3-1-1 考核评价表

<table>
<tr><td>考核内容</td><td colspan="4">硬件部分</td><td colspan="4">软件部分</td><td colspan="4">职业操守</td><td>其他</td></tr>
<tr><td rowspan="3">评价</td><td colspan="4">模块选择、接线工艺</td><td colspan="4">程序编写、运行调试</td><td colspan="4">安全、协助、文明操作</td><td rowspan="3"></td></tr>
<tr><td>优</td><td>良</td><td>中</td><td>差</td><td>优</td><td>良</td><td>中</td><td>差</td><td>优</td><td>良</td><td>中</td><td>差</td></tr>
<tr><td></td><td></td><td></td><td></td><td></td><td></td><td></td><td></td><td></td><td></td><td></td><td></td></tr>
<tr><td>综合评分</td><td colspan="4"></td><td colspan="4"></td><td colspan="4"></td><td></td></tr>
<tr><td>任务点评</td><td colspan="13"></td></tr>
</table>

注：在“优、良、中、差”下面的框中用“√”选择评价等级。

任务二 4×4 矩阵键盘控制数码管

任务描述

在单片机的使用和学习过程中，运用 4×4 矩阵键盘作为主控板的应用越来越广泛。4×4 矩阵键盘的优点是硬件连接方便、程序简单、可靠性高。

本任务就是利用 4×4 键盘来控制数码管显示不同的内容，掌握单片机如何控制矩阵键盘、如何利用矩阵键盘控制数码管显示的内容、如何将 4×4 矩阵键盘改为 3×3 矩阵键盘。

在完成本任务的过程中学习 XCH、XCHD、SWAP、ANL、ORL、XRL 指令的使用方法和 4×4 矩阵键盘程序编写的基本方法。

做与学

一、连接电路，学习 4×4 矩阵键盘控制数码管显示的原理

4×4 矩阵键盘控制数码管电路图如图 3-2-1 所示。其中，数码管连接部分因版面有限所以用方框代替，其内部电路可参照项目二中的硬件电路。4×4 矩阵键盘与单片

机的 P2 口相连接，低 4 位连接矩阵的列，高 4 位连接矩阵的行。

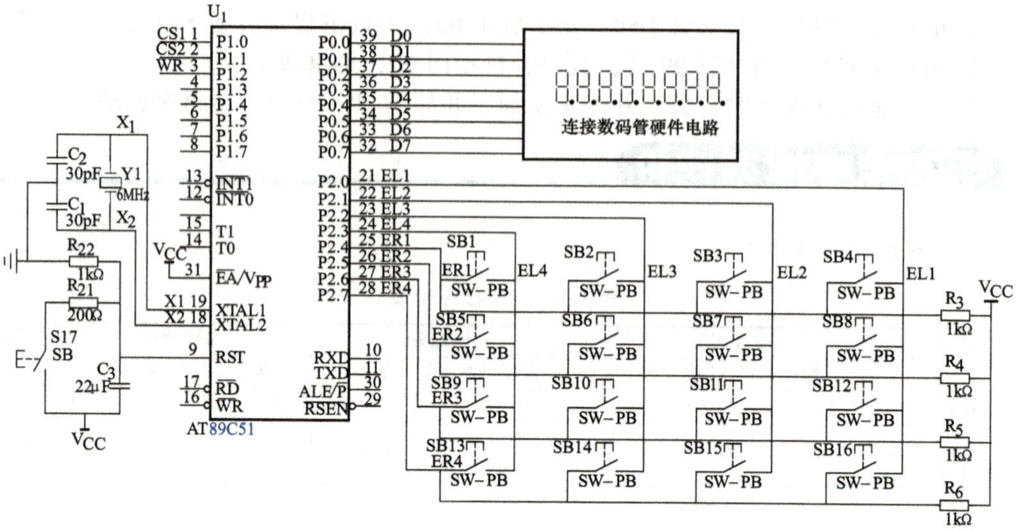

图 3-2-1　4×4 矩阵键盘控制数码管电路图

4×4 矩阵键盘控制数码管显示的接线示意图如图 3-2-2 所示，硬件连接电路如图 3-2-3 所示，在实训台上选用了 MCU01 主机模块、MCU02 电源模块、MCU04 显示模块、MCU06 指令模块中的 4×4 独立按键、万利仿真器。

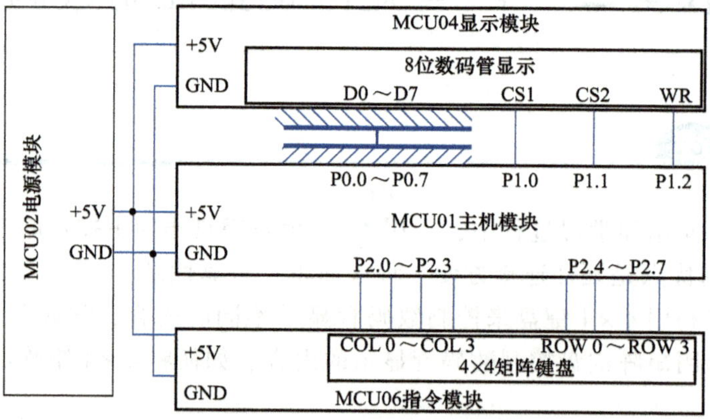

图 3-2-2　4×4 矩阵键盘控制数码管接线示意图

二、编写 4×4 矩阵键盘控制数码管的程序，学习相关指令

1. 编写程序

当矩阵键盘中的某一个键被按下后，数码管 SD0 显示相应的数字或字符。当按下另一个键时，数码管原先显示的内容向左移动，而刚刚按下的按键值显示在 SD0 中。

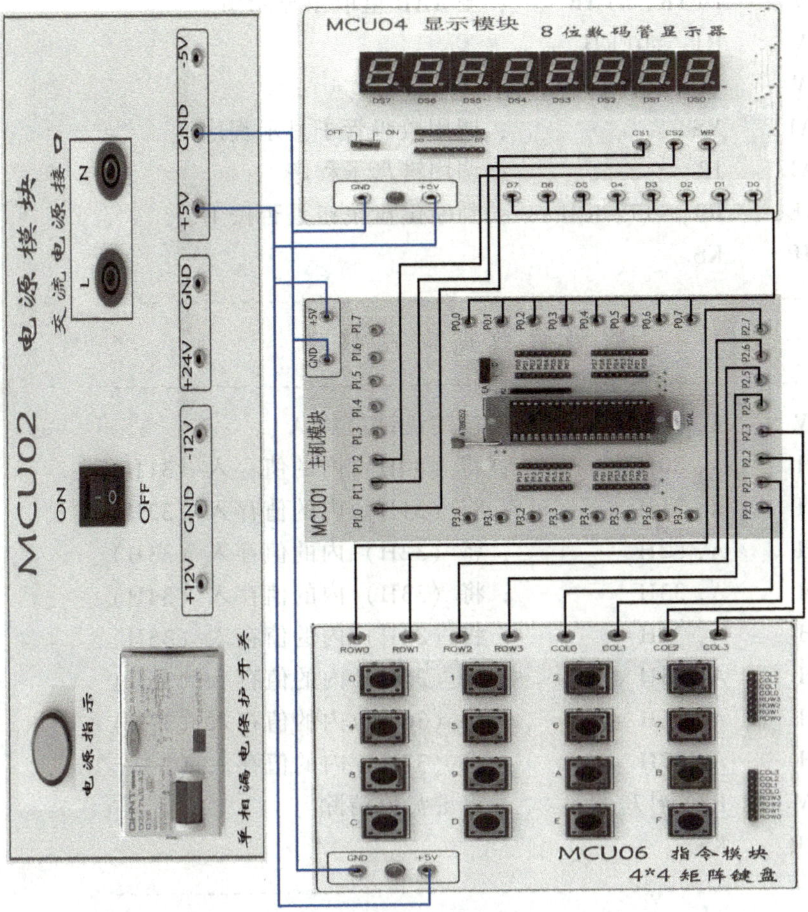

图 3-2-3　4×4 矩阵键盘控制数码管实物接线图

```
        ORG     00H             ；主程序起始地址
        LJMP    ST              ；跳至主程序
;------------------------------------------------
;               初  始  化  定  义
;------------------------------------------------
ST：    MOV     R2，#8
        MOV     R0，#30H
S1：    MOV     @R0，#00H
        INC     R0
        DJNZ    R2，S1
        MOV     R3，#17
;------------------------------------------------
;                  主  程  序
;------------------------------------------------
```

```
KS:     MOV     DPTR, #TAB        ; 至 TAB 里取出显示值
        MOV     R1, #0FEH
        MOV     R0, #30H
        LCALL   XS                ; 调用数码管子显示程序
        LCALL   JP                ; 调用键盘子程序
        CJNE    R3, #17, KS1      ; 判断键盘按钮是否按下?
        LJMP    KS
    ; ----------------------------------------------------
    ;              数 码 管 数 据 向 左 移 动
    ; ----------------------------------------------------
KS1:    MOV     A, R3             ; 按键盘键值给 A
        XCH     A, 30H            ; 将 (30H) 内的值存入 (31H)
        XCH     A, 31H            ; 将 (31H) 内的值存入 (32H)
        XCH     A, 32H            ; 将 (32H) 内的值存入 (33H)
        XCH     A, 33H            ; 将 (33H) 内的值存入 (34H)
        XCH     A, 34H            ; 将 (34H) 内的值存入 (35H)
        XCH     A, 35H            ; 将 (35H) 内的值存入 (36H)
        XCH     A, 36H            ; 将 (36H) 内的值存入 (37H)
        XCH     A, 37H            ; 将 (37H) 内的值存入 (A)
        MOV     R3, #17           ; 将键盘值清除
        LJMP    KS
    ; ----------------------------------------------------
    ;                 显 示 子 程 序
    ; ----------------------------------------------------
XS:     MOV     A, @R0
        MOVC    A, @A+DPTR
        MOV     P0, A
        CLR     P1.0
        CLR     P1.2
        SETB    P1.2
        SETB    P1.0
////////////////////////////////////////
        MOV     P0, R1
        CLR     P1.1
        CLR     P1.2
        SETB    P1.2
        SETB    P1.1
        LCALL   DELAY
```

```
////////////////////////////////////////
        MOV     P0, #0FFH
        CLR     P1.1
        CLR     P1.2
        SETB    P1.2
        SETB    P1.1
////////////////////////////////////////
        MOV     A, R1
        RL      A
        MOV     R1, A
        INC     R0
        CJNE    R0, #38H, XS
        RET
    ; ----------------------------------------------------------
    ;                    延 时 子 程 序
    ; ----------------------------------------------------------
DELAY:  MOV     R5, #255
        DJNZ    R5, $
        RET
    ; ----------------------------------------------------------
    ;                  数 码 管 数 据 表
    ; ----------------------------------------------------------
TAB:    DB  0C0H, 0F9H, 0A4H, 0B0H, 99H, 92H, 82H, 0F8H
        DB  80H, 90H, 88H, 83H, 0C6H, 0A1H, 86H, 8EH
    ; ----------------------------------------------------------
    ;                   键 盘 子 程 序
    ; ----------------------------------------------------------
JP:     MOV     40H, #0          ; 取码指针
        MOV     41H, #0          ; 按键未按下时的初值
        MOV     42H, #0FEH       ; 扫描初值，将第 1 列清零
        MOV     43H, #4          ; 扫描 4 列
        MOV     A, 42H           ; 把扫描值传给 A
   JP1  MOV     P2, A            ; 扫描值输出至 P2 口
        MOV     41H, A           ; 存入 41H，以判断按键是否放开
        LCALL   DELAY            ; 延时
        MOV     A, P2            ; 读 P2 口的值
        MOV     44H, #4          ; 扫描 4 行
        ANL     A, #0F0H         ; 屏蔽低 4 位，保留高 4 位（即保留行）
```

```
JP2:    JB      ACC.4, JP3      ；判断是否有按钮按下？若无跳至 JP3；若有则
                                  顺序执行
        MOV     DPTR, #JPB      ；数据指针到 JPB
        MOV     A, 40H          ；取码指针载入寄存器
        MOVC    A, @A+DPTR      ；至 JPB 取码
        MOV     R3, A           ；将按键值存入 R3
DD:     MOV     R1, #0FEH
        MOV     R0, #30H
        MOV     DPTR, #TAB
        LCALL   XS              ；调用数码管显示子程序
        MOV     A, P2           ；读入 P2 口的值
        XRL     A, 41H          ；与上次读入值（即扫描初值）作比较
        JNZ     DD              ；ACC=0，即两值相等，表示按钮已放开
        JMP     JPH             ；调到结束处
JP3:    INC     40H             ；将取码指针加 1
        RR      A               ；将按键值右移一位，扫描下一行
        DJNZ    44H, JP2        ；判断 4 行是否扫描完毕
        MOV     A, 42H          ；扫描值载入
        RL      A               ；将扫描值左移一位，扫描下一列
        MOV     42H, A          ；将新的扫描存回扫描寄存器
        DJNZ    43H, JP1        ；判断 4 列是否扫描完毕
JPH:    RET                     ；结束
    ;---------------------------------------------------------
    ;                   键   盘   键   码
    ;---------------------------------------------------------
JPB:    DB      0, 1, 2, 3
        DB      4, 5, 6, 7
        DB      8, 9, 10, 11
        DB      12, 13, 14, 15
        END
```

2. 控制程序的分析

矩阵键盘控制数码管的程序由主程序、显示和延时子程序、数码管数据向左移动子程序和键盘（扫描）子程序等组成。

主程序在不断地调用键盘扫描和数码管显示子程序，并扫描键盘中是否有按钮按下？当按键值 R3≠17 时，说明有按键被按下，此时转入运行数码管数据指针左移程序，利用数据交换指令将数据指针向下一个数码管移动。这里注意的是，从键盘程序中得到的按键值 R3，是利用查表后得到的数码管数据指针，再由数码管显示子程序把数据指针转变为数码管显示的数据。

键盘子程序是利用列扫描的方法得到键盘值。键盘可以划分为两组，低 4 位为列组，高 4 位为行组。首先设置第一列 EL1 为低电平，然后判断各行的数据是否也变为低电平，如果其中有低电平，说明在第一列的中有某一键被按下。例如，在图 3-2-4 所示电路中 S4 键被按下，则单片机的 P2.5 口被置低电平。如果都没有低电平，则开始扫描第二列，同样判断第二列中各行的数据是否为低电平；若无，则扫描下一列，依此类推。

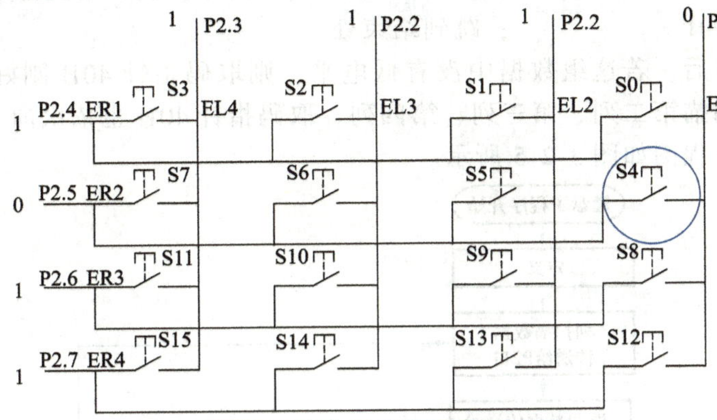

图 3-2-4　4×4 矩阵键盘示意图

键盘子程序中判断行的方法是将 P2 口的数据取出传送给累加器 A，利用逻辑与指令屏蔽列的数据；再判断 ACC.4，即第一行是否为低电平，如果不为低电平则取码指针 40H 加 1；然后 ACC 右移，将第二行的数据移动到 ACC.4 中作判断，依此类推。

```
        MOV     A, P2           ; 读 P2 口的值
        MOV     44H, #4         ; 扫描 4 行
        ANL     A, #0F0H        ; 屏蔽低 4 位，保留高 4 位，即保留行
JP2:    JB      ACC.4, JP3      ; 判断是否有按键按下？若无跳至 JP3，有则顺序
                                  执行
        ……
JP3:    INC     40H             ; 将取码指针加 1
        RR      A               ; 将按键值右移一位，扫描下一列
        DJNZ    44H, JP2        ; 判断 4 列是否扫描完毕
```

运行上述程序段后，若这组数据中有低电平，则取码指针 40H 中的数据利用查表程序得到数码管的数据指针，并传送给 R3。

```
JP2:    JB      ACC.4, JP3      ; 判断是否有按键按下？若无跳至 JP3，有则顺序
                                  执行
        MOV     DPTR, #JPB      ; 数据指针到 JPB
        MOV     A, 40H          ; 取码指针载入寄存器
        MOVC    A, @A+DPTR      ; 至 JPB 取码
        MOV     R3, A           ; 将按键值存入 R3
```

```
DD:  MOV    R1, #0FEH
     MOV    R0, #30H
     MOV    DPTR, #TAB
     LCALL  XS              ; 调用数码管显示子程序
     MOV    A, P2           ; 读入 P2 口的值
     XRL    A, 41H          ; 与上次读入值（即扫描初值）作比较
     JNZ    DD              ; ACC =0，则两值相等，表示按钮已放开
     JMP    JPH             ; 跳到结束处
```

运行上述程序后，若这组数据中没有低电平，则取码指针 40H 刚好加了 4 次，之后用同样的方法扫描第二列、第三列、第四列，取码指针 40H 也依次向下不断地累加。

键盘子程序流程图如图 3-2-5 所示。

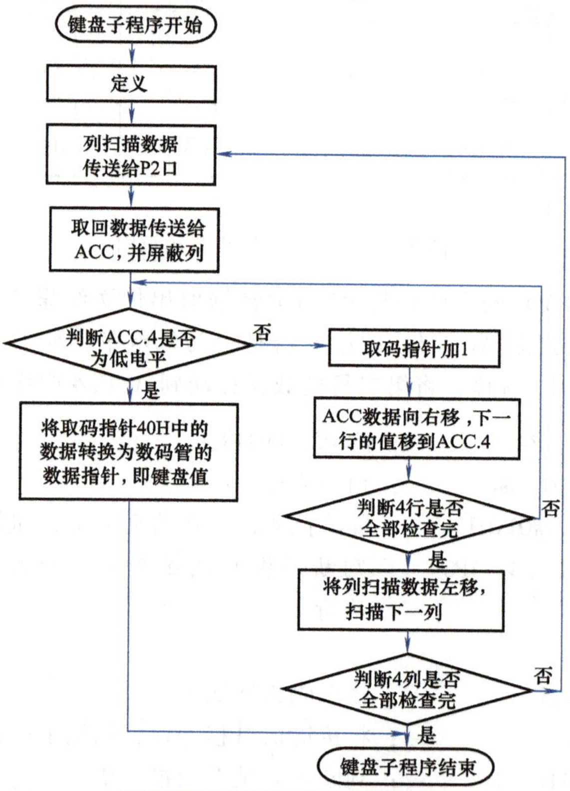

图 3-2-5 键盘子程序流程图

3. 指令说明

（1）数据交换指令

1）整字节交换指令。

格式：XCH 累加器 ACC，操作数 2

功能：在内部 RAM 单元与累加器 A 之间进行数据交换。

例如：A =01H、R0 =03H，运行该指令 XCH A，R0 后，A =03H、R0 =01H。

在程序中使用这条指令将键盘值顺序交换，30H 的数据先交还给 A，再由 A 交换给

31H，这样就相当于将30H中的数据移入31H中。依此类推可以使键盘输入的值依次向下一个数码管转移，图3-2-6为数码管数据移动示意图。

```
MOV    A, R3     ; 按键盘键值给 A
XCH    A, 30H    ; 将（30H）内的值存入（31H）
XCH    A, 31H    ; 将（31H）内的值存入（32H）
XCH    A, 32H    ; 将（32H）内的值存入（33H）
XCH    A, 33H    ; 将（33H）内的值存入（34H）
XCH    A, 34H    ; 将（34H）内的值存入（35H）
XCH    A, 35H    ; 将（35H）内的值存入（36H）
XCH    A, 36H    ; 将（36H）内的值存入（37H）
XCH    A, 37H    ; 将（37H）内的值存入（A）
```

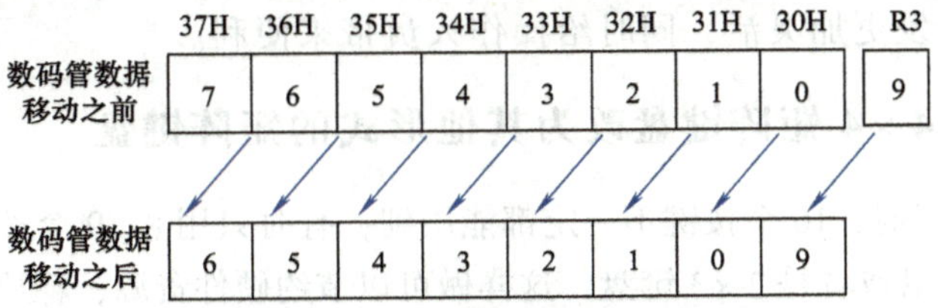

图3-2-6 数码管数据移动示意图

2）半字节交换指令。

格式：XCHD A，@Ri

功能：字节单元与累加器A之间进行低4位的半字节数据交换。

例如：30H＝0FEH、A＝01H、R1＝30H，运行该指令后A＝0EH、30H＝F3H。

3）累加器高低半字节交换指令。

格式：SWAP A

功能：累加器A高4位与低4位之间进行数据交换。

例如：A＝01H，运行该指令后A＝10H。

（2）逻辑运算指令

1）逻辑与运算指令。

格式：ANL 操作数1，操作数2

功能：操作数1和操作数2进行逻辑与运算。逻辑与运算规则是有0为0，全1为1。

例如：A＝0FH、R0＝F3H，运行该指令后A＝03H。

在程序中使用这条指令可将列数据屏蔽。

2）逻辑或运算指令。

格式：ORL 操作数1，操作数2

功能：操作数1和操作数2进行逻辑或运算。逻辑或运算规则是有1为1，全0为0。

例如：A＝08H、R0＝F3H，运行该指令后A＝FDH。

3）逻辑异或运算指令。

格式：XRL 操作数1，操作数2

功能：操作数 1 和操作数 2 进行逻辑异或运算。逻辑异或运算规则是相同为 0，相异为 1。

例如：A = 0FH、R0 = F3H，运行该指令后 A = FBH。

多学一点

一、按键键值的改变

4×4 键盘按键的排列可以由编程人员自行设定，具体方法是将按键数据表 TAB 中的内容改变，就可以改变按键的排列顺序，即

TAB：0，1，2，3，4，5，6，7，8，9，A，B，C，D，E，F

改变为 TAB：F，E，D，C，B，A，9，8，7，6，5，4，3，2，1，0

这样不仅使软件开发更加灵活，同时给操作人员带来便利。

二、如何把 4×4 矩阵键盘改为其他形式的矩阵键盘

在完成一个项目时，16 个按键不一定都能用到，有时只用 8、9 个按键，这时可将 4×4 键盘转变为 3×3 键盘或者是 2×3 键盘，这样做可以节约硬件资源，释放更多的 I/O 口。

程序的改写如下：

```
/******* 3×3 键盘子程序 ******/
JP:     MOV     40H, #0
        MOV     41H, #0
        MOV     42H, #0FEH
        MOV     43H, #3            ; 扫描 3 行
        MOV     A, 42H
JP1:    MOV     P2, A
        MOV     41H, A
        LCALL   DE
        MOV     A, P2
        MOV     44H, #3            ; 扫描 3 列
        ANL     A, #0F0H
JP2:    JB      ACC.4, JP3
        MOV     DPTR, #JPB
        MOV     A, 40H
        MOVC    A, @A+DPTR
        MOV     R3, A              ; 现按键值存入 R3
        ……                         ; 之后与 4×4 键盘的程序一样
JPH:    RET                        ; 结束
JPB:    DB  0, 1, 2, 3, 4, 5, 6, 7, 8, 9
```

练习3—2

1. 利用 4×4 键盘控制数码管显示字符。要求键盘控制一个数码管 DS0；单片机上电后数码管显示 0；当按下键盘的某个键时数码管显示相应的字符；键盘的排列顺序如图 3-2-7 所示。

2. 利用 4×4 键盘控制 LED 闪烁。要求单片机上电后 LED 为熄灭状态；当按下 A 键时 LED0 闪烁，闪烁 5 次后停止并熄灭；键盘的排列顺序如图 3-2-7 所示。

1	2	3	A
4	5	6	B
7	8	9	C
E	0	F	D

图 3-2-7　键盘的排列顺序

任务完成情况评价

考核评价见表 3-2-1。

表 3-2-1　考核评价表

考核内容	硬件部分				软件部分				职业操守				其他
评价	模块选择、接线工艺				程序编写、运行调试				安全、协助、文明操作				
	优	良	中	差	优	良	中	差	优	良	中	差	
综合评分													
任务点评													

注：在“优、良、中、差”下面的框中用“√”选择评价等级。

任务三　制作 24h 可调时钟

任务描述

首先，制作一个 24h 可调时钟，要利用 4×4 键盘对时间进行调节。设置键盘中有效按键为 13 个，各个按键的位置如图 3-3-1 所示。0～9 按键作为数字键盘用于设定时间；A 为启动按键，用于启动 24 小时电子时钟工作；B 为停止按键，用于停止时钟工作，屏幕清零；C 为分钟设定按键，用于设定分钟；D 为小时设定按键，用于设定小时。

0	1	2	3
4	5	6	7
8	9	A	B
C	D	E	F

图 3-3-1　按键位置示意图

其次，用 8 位数码管显示时间。数码管的初始状态如图 3-3-2 所示。左边两位为小时显示，显示范围为 00～23；

中间两位为分钟显示，显示范围为00～59；右边两位为秒钟显示，显示范围为00～59。

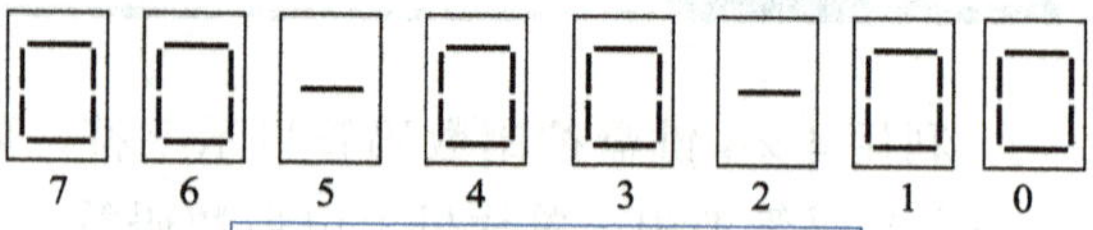

图 3-3-2 数码管的初始状态

第三，时间的调整。当按下小时设定键时，则进入小时的设定状态，此时按下一次数字键盘，则小时的个位变更相应数字，原先的个位移到十位，原先的十位取消；当按下分钟设定键或按下开始按键后结束对小时的设定。当按下分钟设定键时，则进入分钟的设定状态，此时按下一次数字键盘则分钟的个位变更相应数字，原先的个位移到十位，原先的十位取消，当按下小时设定键或按下开始按键后结束对分钟的设定。

第四，操作错误限制。当小时或分钟设定值超过最大值时，此时按下启动按键，时钟不启动，需要再次重新设定时间，直到设定时间在允许范围内，按下启动按键，时钟才开始正常工作。

本任务是利用矩阵键盘制作24h可调时钟，通过该任务的学习可以灵活运用矩阵键盘，并能与数码管综合运用；通过程序的编写和学习，理解编程思路；复习和巩固定时器中断的使用方法，并熟练掌握。

在完成本任务的过程中要学习ADD、ADDC、SUBB、MUL、DIV指令的使用方法和电子计时器的制作方法。

做与学

一、连接电路，学习制作24h可调时钟的原理

本任务的电路原理图、电路模块及硬件接线图如图3-2-1、图3-2-2、图3-2-3所示。

二、编写制作24h可调时钟的程序，学习相关指令

1. 编写程序

制作24h可调时钟，并且可以利用4×4键盘对小时、分钟进行设定，当按下启动键后，数码管显示的时间开始以1s为单位，正计时。当按下停止键后，数码管停止计时，并且时间显示00-00-00。

```
        ORG     00H                 ; 主程序起始地址
        LJMP    ST                  ; 跳至主程序
        ORG     0BH                 ; 定时器0中断起始地址
        LJMP    TS0                 ; 跳至定时器中断子程序
;  ----------------------------------------------------------
;                  初  始  化  定  义
;  ----------------------------------------------------------
ST:     MOV     TMOD, #01H          ; 定义定时器工作方式为1
        MOV     TH0, #3CH           ; 定义计时初始值
        MOV     TL0, #0B0H
        MOV     IE, #82H            ; 定时器0中断使能
        MOV     SP, #70H            ; 设置堆栈在70H
        MOV     R7, #20             ; 中断20次（即1s）
        MOV     R3, #17             ; 将键盘按键指针清除
        MOV     R2, #10             ; 将显示寄存器30H～3AH清0
        MOV     R0, #30H
```

```
S1:     MOV     @R0, #00H
        INC     R0
        DJNZ    R2, S1
        MOV     32H, #10        ; 使数码管 DS2 位显示 "-"
        MOV     35H, #10        ; 使数码管 DS5 位显示 "-"
        CLR     TR0             ; 关定时器
    ; ----------------------------------------------------------------
    ;                  主 程 序
    ; ----------------------------------------------------------------
KS:     LCALL   XS              ; 调用数码管子显示程序
        LCALL   JP              ; 调用键盘子程序
    ; ----------------------------------------------------------------
    ;            判 断 按 键 程 序
    ; ----------------------------------------------------------------
        CJNE    R3, #13, KS1    ; 判断调小时按键有无按下
        MOV     R3, #17         ; 将按键值清除
        LCALL   TXS             ; 调用调小时程序
KS1:    CJNE    R3, #12, KS2    ; 判断调分钟按键有无按下
        MOV     R3, #17         ; 将按键值清除
        LCALL   TFZ             ; 调用调分程序
KS2:    CJNE    R3, #11, KS3    ; 判断清 0 按键有无按下
        JMP     ST              ; 跳至起始处
KS3:    CJNE    R3, #10, KS     ; 判断计时按键有无按下
        SETB    TR0             ; 开定时器
        MOV     R3, #17         ; 将按键值清除
KS4:    LCALL   XS
        LCALL   JP
        CJNE    R3, #11, KS4    ; 判断清 0 按键有无按下
        JMP     ST              ; 跳至起始处
    ; ----------------------------------------------------------------
    ;            调 整 小 时 子 程 序
    ; ----------------------------------------------------------------
TXS:    LCALL   XS              ; 调用数码管显示子程序
        LCALL   JP              ; 调用键盘子程序
        CJNE    R3, #12, X1     ; 判断调分钟按键有无按下
        LJMP    X6
X1:     CJNE    R3, #11, X2     ; 判断清 0 按键有无按下
        LJMP    TXH
```

```
X2:   CJNE    R3, #10, X3     ; 判断计时按键有无按下
      LJMP    X6
X3:   CJNE    R3, #9, X4      ; 判断所按下的按键值是否小于或等于 9
      LJMP    X5              ; 等于 9 则跳至 X5
X4:   JC      X5              ; 小于 9 则 C=0, 跳至 X5
      LJMP    TXS             ; 大于 9 则跳至 TXS
X5:   MOV     A, 36H          ; 将个位给 A
      XCH     A, 37H          ; 个位和十位的数据交换
      MOV     36H, R3         ; 将键盘按键值给个位
      MOV     R3, #17         ; 将按键值清除
      LJMP    TXS
X6:   MOV     A, 37H
      MOV     B, #10
      MUL     AB
      ADD     A, 36H
      CJNE    A, #23, X7      ; 判断所调的时间是否大于或等于 23, 是则跳回重
                                新调节, 否则跳至结束处
      LJMP    TXH
X7:   JNC     TXS             ; 大于或等于 23 时, C=0, 则跳回重新调节, 小
                                于 23 时, C=1, 则跳至返回主程序处
TXH:  RET
 ;--------------------------------------------------------
 ;               调 整 分 钟 子 程 序
 ;--------------------------------------------------------
TFZ:  LCALL   XS              ; 调用数码管显示子程序
      LCALL   JP              ; 调用键盘子程序
      CJNE    R3, #13, F1     ; 判断调小时按键有无按下
      LJMP    F6
F1:   CJNE    R3, #11, F2     ; 判断清 0 按键有无按下
      LJMP    TFH
F2:   CJNE    R3, #10, F3     ; 判断计时按键有无按下
      LJMP    F6
F3:   CJNE    R3, #9, F4      ; 判断所按下的按键值是否小于或等于 9
      LJMP    F5              ; 等于 9 则跳至 F5
F4:   JC      F5              ; 小于 9 则 C=0, 跳至 F5
      LJMP    TFZ             ; 大于 9 则跳至 TFZ
F5:   MOV     A, 33H          ; 将个位给 A
      XCH     A, 34H          ; 将个位数据与十位数据交换
      MOV     33H, R3         ; 将键盘按键值给个位
      MOV     R3, #17         ; 将按键值清除
      LJMP    TFZ
```

```
F6:   MOV    A, 34H
      MOV    B, #10
      MUL    AB
      ADD    A, 33H
      CJNE   A, #59, F7      ; 判断所调的时间是否大于或等于59，是则跳回重
                             新调节，否则跳至返回主程序处
      LJMP   TFH
F7:   JNC    TFZ             ; 大于或等于59时，C=0，则跳回重新调节，小
                             于59时，C=1，则跳至返回主程序处
TFH:  RET
  ; ----------------------------------------------------------
  ;          数 码 管 显 示 子 程 序
  ; ----------------------------------------------------------
XS:   MOV    R1, #0FEH
      MOV    R0, #30H
      MOV    DPTR, #TAB
XS1:  MOV    A, @R0
      MOVC   A, @A+DPTR
      MOV    P0, A
      CLR    P1.0
      CLR    P1.2
      SETB   P1.2
      SETB   P1.0
////////////////////////////////////////
      MOV    P0, R1
      CLR    P1.1
      CLR    P1.2
      SETB   P1.2
      SETB   P1.1
      LCALL  DELAY
////////////////////////////////////////
      MOV    P0, #0FFH
      CLR    P1.1
      CLR    P1.2
      SETB   P1.2
      SETB   P1.1
////////////////////////////////////////
      MOV    A, R1
      RL     A
```

```
        MOV     R1, A
        INC     R0
        CJNE    R0, #38H, XS1
        RET
DELAY:MOV       R5, #255        ; 延时程序
        DJNZ    R5, $
        RET
TAB:    DB 0C0H, 0F9H, 0A4H, 0B0H, 99H, 92H, 82H, 0F8H, 80H, 90H,
        0BFH, 0FFH
    ; ---------------------------------------------------------
    ;                   键 盘 子 程 序
    ; ---------------------------------------------------------
JP:     MOV     40H, #0         ; 取码指针
        MOV     41H, #0         ; 按键未按下时的初值
        MOV     42H, #0FEH      ; 扫描初值
        MOV     43H, #4         ; 扫描 4 行
        MOV     A, 42H          ; 将扫描值给 A
JP1:    MOV     P2, A           ; 扫描值输出至 P2 口
        MOV     41H, A          ; 存入 41H，以判断按键是否放开
        LCALL   DELAY           ; 延时
        MOV     A, P2           ; 读入 P2 口的值
        MOV     44H, #4         ; 扫描 4 列
        ANL     A, #0F0H        ; 保留低 4 位的值
JP2:    JB      ACC.4, JP3      ; 判断是否有按键按下，无跳至 JP3，有顺序执行
        MOV     DPTR, #JPB      ; 数据指针到 JPB
        MOV     A, 40H          ; 取码指针载入寄存器
        MOVC    A, @A+DPTR      ; 至 JPB 取码
        MOV     R3, A           ; 将按键值存入 R3
DD:     LCALL   XS              ; 调用数码管显示
        MOV     A, P2           ; 读入 P2 口的值
        XRL     A, 41H          ; 与上次读入值（即扫描初值）作比较
        JNZ     DD              ; ACC=0，则两值相等，表示按钮已放开
        JMP     JPH             ; 调到结束处
JP3:    INC     40H             ; 将取码指针加 1
        RR      A               ; 将按键值右移一位，扫描下一列
        DJNZ    44H, JP2        ; 判断 4 列扫描完了没有
        MOV     A, 42H          ; 扫描值载入
        RL      A               ; 将扫描值左移一位，扫描下一行
        MOV     42H, A          ; 存回扫描寄存器
        DJNZ    43H, JP1        ; 判断 4 行扫描完了没有
JPH:    RET                     ; 结束
JPB:      DB  0, 1, 2, 3, 4, 5, 6, 7, 8, 9, 10, 11, 12, 13, 14, 15
```

```
;----------------------------------------------------------------
;                     定 时 中 断 子 程 序
;----------------------------------------------------------------
TS0:    PUSH    PSW
        PUSH    ACC
        DJNZ    R7, TSH          ; 判断1s时间到了没有，到了就顺序执行，反之跳到
                                   TSH结束
        MOV     R7, #20
        INC     30H              ; 秒钟个位加1
        MOV     A, 30H
        CJNE    A, #10, TSH      ; 判断10s时间到了没有，到了就顺序执行，反之跳到
                                   TSH结束
        MOV     30H, #0          ; 将个位清0
        INC     31H              ; 秒钟十位加1
        MOV     A, 31H
        CJNE    A, #6, TSH       ; 判断1min时间到了没有，到了就顺序执行，反之跳
                                   到TSH结束
        MOV     31H, #0          ; 将十位清0
        INC     33H              ; 分钟个位加1
        MOV     A, 33H
        CJNE    A, #10, TSH      ; 判断10min时间到了没有，到了就顺序执行，反之
                                   跳到TSH结束
        MOV     33H, #0          ; 将个位清0
        INC     34H              ; 分钟十位加1
        MOV     A, 34H
        CJNE    A, #6, TSH       ; 判断1h时间到了没有，到了就顺序执行，反之跳到
                                   TSH结束
        MOV     34H, #0          ; 将十位清0
        MOV     A, 37H
        CJNE    A, #2, TS2       ; 判断一天时间到了没有，到了就顺序执行，反之跳
                                   到TSH结束
        MOV     A, 36H
        CJNE    A, #3, TS2
        MOV     36H, #0          ; 将时间清为0，准备下一次计时
        MOV     37H, #0
        LJMP    TSH
TS2:    INC     36H
        MOV     A, 36H
```

```
        CJNE    A, #10, TSH      ; 判断10h时间到了没有，到了就顺序执行，反之
                                   跳到TSH结束
        MOV     36H, #0          ; 将个位清0
        INC     37H              ; 将小时十位加一
TSH:    MOV     TH0, #03CH       ; 定时器再次装入预置值
        MOV     TL0, #0B0H
        POP     ACC
        POP     PSW
        RETI
        END
```

2. 控制程序的分析

24h可调时钟控制程序分为时间调整程序和时间运行程序两大部分。

（1）时间调整程序　时间调整程序主要是通过判断按键值来确定程序如何运行，主程序要判断按键是否为调时、调分、停止及运行按键，每一个功能按键的动作都要调用相应的子程序。

调时子程序与调分钟子程序基本相同，这里只介绍调时子程序。

调时子程序开始要再次判断按键值是否为功能键，且判断按键是否小于或等于9。因为键盘中还有两个按键“E”、“F”没有使用，它们的键值为14、15，所以要判断是否小于或等于9，若是则说明所按下的按键为数字键。完成上述功能的程序如下：

```
TXS:    LCALL   XS              ; 调用数码管显示子程序
        LCALL   JP              ; 调用键盘子程序
        CJNE    R3, #12, X1     ; 判断调分钟按键有无按下
        LJMP    X6
X1:     CJNE    R3, #11, X2     ; 判断清0按键有无按下
        LJMP    TXH
X2:     CJNE    R3, #10, X3     ; 判断计时按键有无按下
        LJMP    X6
X3:     CJNE    R3, #9, X4      ; 判断所按下的按键值是否小于或等于9
        LJMP    X5              ; 若等于9则跳至X5
X4:     JC      X5              ; 若小于9则C=0，跳至X5
        LJMP    TXS             ; 若大于9则跳至TXS
        ……
        RET
```

然后，当程序判断按下的按键为数字键时，就把键值传送给时钟的个位，并且原先的个位向十位移动。程序编写如下：

```
X5:     MOV     A, 36H          ; 把个位值传送给A
        XCH     A, 37H          ; 个位和十位的数据交换
        MOV     36H, R3         ; 把键盘按键值传送给个位
        MOV     R3, #17         ; 把按键值清除
```

最后要注意调“时”子程序中还必须进行如下设置：当按下计时键后，做一个24h（0～23h）的最大限制比较，即数码管显示值不能超过23。标号“X6”的指令为判断程序，先将“37H”的值乘10，再加上“36H”的值，判断是否小于或等于23。若是则开始计时，否则继续进行小时调整。这样就保证了设定时间在24h之内。调整分钟也用同样的方法，只是将数值与59比较。

```
X2:   CJNE  R3, #10, X3    ; 判断计时按键有无按下
      LJMP  X6
X6:   MOV   A, 37H
      MOV   B, #10
      MUL   AB
      ADD   A, 36H
      CJNE  A, #23, X7     ; 判断所调的时间是否大于或等于23，若是则跳回重新调
                           节，否则跳至结束处
      LJMP  TXH
X7:   JNC   TXS            ; 大于或等于23时，C=0，则跳回重新调节，小于23
                           时，C=1，则跳至结束处
TXH:  RET
```

调时子程序的流程如图3-3-3所示。

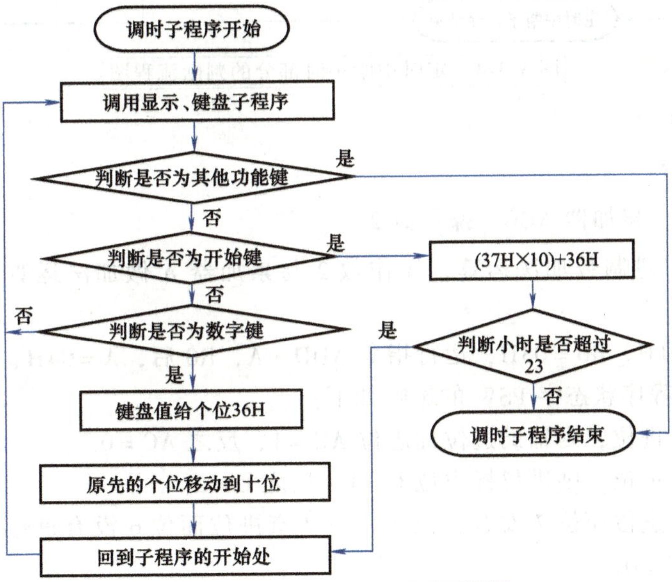

图3-3-3 调时子程序的流程图

（2）时间运行程序 时间运行程序与本项目任务二的10s计时编程思路相同，但本例的定时中断子程序中的数值判断更为复杂。这里以判断24h为例说明。判断是否到达24h，首先要看的是十位是否到达2，如果十位未达到2，说明还不到20小时，此时无须判断个位，个位只需正常累加即可；如果十位为2时，则要开始判断个位是否累加到

3，因为该程序是先判断后累加，所以在进入中断程序前数码管显示的就已经是23h，当进入中断后则说明要变换到24h，此时就应该将小时的各个位全部变为0，因此判断的个位应是3。

定时中断小时部分的判断流程图如图3-3-4所示。（本程序的写法比较烦琐，目的主要是为了读者能更好地掌握单片机的运用。其他较简单的方法可在互联网上查找和学习。）

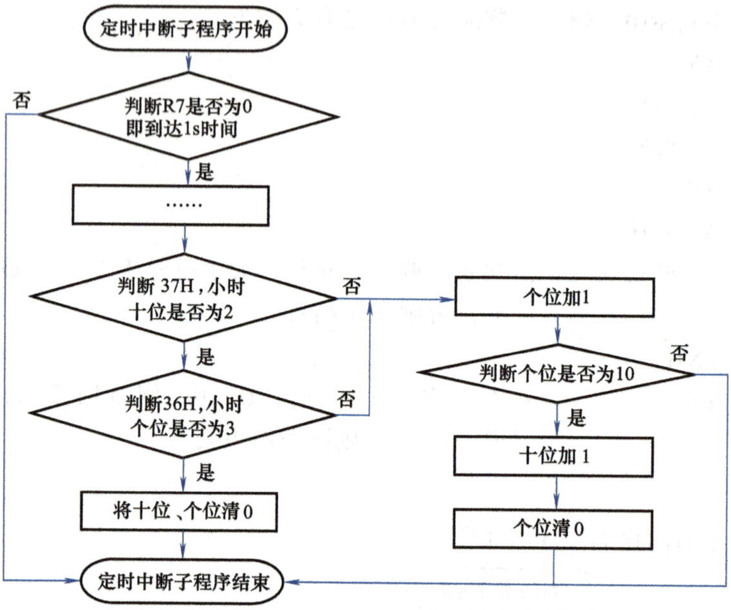

图3-3-4 定时中断小时部分的判断流程图

3. 指令说明

1）加法指令。

格式：ADD 累加器ACC，操作数2

功能：8位二进制数加法运算，操作数2与累加器A做加法运算，结果送回累加器A。

例如：A=01H、R0=03H，运行指令ADD A，R0后，A=04H、R0=03H。

加法指令对程序状态字PSW的影响如下：

① 若位3有进位，则辅助进位标志位AC=1，反之AC=0。

② 若位7有进位，则进位标志位C=1，反之C=0。

③ 若位6有进位而位7没有进位或者位7有进位而位6没有进位，则溢出标志位OV=1，反之OV=0。

2）带进位加法指令。

格式：ADDC 累加器ACC，操作数2

功能：进位标志位C参与加法运算，因此带进位加法的运算是3个数相加，结果送回累加器A。

例如：C=1、A=01H、R1=03H，运行指令ADDC A，R1后，A=05H、R1=

03H、C = 0。

3）带借位减法指令。

格式：SUBB 累加器 ACC，操作数 2

功能：从累加器 A 中减去不同寻址方式的操作数以及进位标志 C 状态，其差再送回累加器 A。减法运算只有带借位的减法，而没有不带借位的减法。

例如：C = 1、A = 08H、R1 = 02H，运行指令 SUBB A，R1 后，A = 05H、R1 = 02H，C = 0。

减法指令对程序状态字 PSW 的影响如下：① 若位 3 有借位，则辅助进位标志位 AC = 1，反之 AC = 0。② 若位 7 有借位，则进位标志位 C = 1，反之 C = 0。

③ 若位 6 有借位而位 7 没有借位或者位 7 有借位而位 6 没有借位，则溢出标志位 OV = 1，反之 OV = 0。

4）乘法指令。

格式：MUL AB

功能：将累加器 A 和寄存器 B 中的两个无符号 8 位数相乘，所得 16 位乘积的低 8 位字节放在 A 中，高 8 位字节放在 B 中。

例如：A = 20H、B = 35H，运行指令 MUL AB 后得到的结果是（06A0H），即 A = A0H、B = 06H。

乘法指令对程序状态字 PSW 的影响：① 进位标志位 C 总是被清 0。② 溢出标志位与乘积有关，若 OV = 1 表示乘积超过 255，即乘积分别保存在 B 和 A 中；若 OV = 0 即表示乘积只保存在 A 中，而 B 的内容为 0。

5）除法指令。

格式：DIV AB

功能：该指令进行两个 8 位无符号数的除法运算，其中被除数置于累加器 A 中，除数置于寄存器 B 中。得出的结果，商存于 A 中，余数存于 B 中。

例如：A = 0FBH、B = 12H，运行指令 DIV AB 后得到的结果是，商是 0DH，余数是 11H，A = 0DH、B = 11H

除法指令对程序状态字 PSW 的影响：① 进位标志位 C 总是被清 0。② 溢出标志位则反映除数情况，当除数为 0 即 B = 0 时，OV = 1 表明除法没有意义，不能进行；其他情况 OV = 0 表示除法是可以正常进行。

多学一点

项目一介绍过在 AT89C51 单片机中，内部数据存储器低 128 单元中有一个特殊的区域（20H ~ 2FH）。这个区域中的单元既可以作为一般的存储器使用，进行字节操作，也可以对单元中的每一位进行位操作，因此把该区称之为位寻址区。

位寻址区共有 16 个存储单元，总计 128 位。它们都可以利用位指令独立控制每一位，使编程更方便和更灵活。例如，常把这个区域的各个位作为标志位使用，下面简单介绍其用法。

例如，编写一段程序，实现如下控制要求：一盏小灯先以亮 0.5s，熄 0.5s 的频率闪烁；当按下按键 SB1，小灯闪烁的频率变为亮 1s，熄 1s；再次按下 SB1 后，小灯回到第一种频率闪烁。如此循环，由按键切换两种闪烁方式，并且要求只能使用一个定时器。

控制程序如下：

```
;------------------------------------------------
;                 定义标志位名称
;------------------------------------------------
      DSK     BIT 20H.0    ；设置定时器标志位为 1 时，数码管以 1s 为单位
                            开始计时；为 0 时，数码管以 0.5s 为单位让数
                            码管某位闪烁
      ORG     00H          ；主程序起始地址
      LJMP    MAIN         ；跳至主程序
      ORG     0BH          ；定时器 0 中断起始地址
      LJMP    TIME0        ；跳至定时器中断子程序
;------------------------------------------------
;                 初 始 化 定 义
;------------------------------------------------
MAIN：MOV     TMOD，#01H   ；定义定时器工作方式为 1
      MOV     TH0，#3CH    ；定义计时初始值 50ms
      MOV     TL0，#0B0H
      MOV     IE，#82H     ；定时器 0 中断使能
      MOV     SP，#70H     ；堆栈在 70H
      MOV     R0，#0       ；计算闪烁次数
      MOV     R7，#10      ；中断程序运行 10 次（即 0.5s）
      MOV     R6，#20      ；中断程序运行 20 次（即 1s）
;------------------------------------------------
;                   主 程 序
;------------------------------------------------
      SETB    P0.0
      SETB    TR0          ；打开定时器，是定时器计时
      CLR     20H.0        ；设置定时器标志位为 1 时，以 1s 为单位计时，
                            为 0 时，以 0.5s 为单位计时
MAIN1：JB     P1.0，$
      JNB     P1.0，$
      CPL     20H.0
      LJMP    MAIN1
```

```
;  ---------------------------------------------------------
;                   定 时 中 断 程 序
;  ---------------------------------------------------------
TIME0:      PUSH    PSW
            PUSH    ACC
            JB      20H.0, TIME0_1      ; 判断是以1s为单位闪烁，还是以0.5s为
                                        ; 单位闪烁
            DJNZ    R7, TIME0_R         ; 判断是否计时0.5s
            MOV     R7, #10
            CPL     P0.0                ; I/O取反
            LJMP    TIME0_R
TIME0_1:    DJNZ    R6, TIME0_R         ; 判断是否计时1s
            MOV     R6, #20
            CPL     P0.0                ; I/O取反
TIME0_R:    MOV     TH0, #3CH ;         ; 定时器重新加载
            MOV     TL0, #0B0H
            POP     ACC
            POP     PSW
            RETI
            END
```

在这个小程序中，20H.0是一个标志位，它标志着小灯的两种状态，当20H.0 = 0时小灯以亮0.5s、灭0.5s的频率闪烁；当20H.0 = 1时，小灯以亮1s、灭1s的频率闪烁，而20H.0是由按键控制的。

练习3—3

1. 制作一个00～12的累加器，具体的控制要求如下：

① 单片机上电后累加器值为0，数码管显示00。② 按下1号按键后每间隔1s，累加器加1，数码管显示累加值，当累加到12后数码管自动回00，再继续加1。③ 按下2号按键后停止累加，且数码管显示00，累加器等待再次启动。（键盘的排列顺序以实训台的键盘标号为准。）

2. 制作一个00～12的计数器，具体的控制要求如下：

① 单片机上电后计数器初值为0，数码管显示00。② A号按键为累加按键，每按下一次则计数器加1，数码管显示计数值。③当计数到12，数码管显示12后，数码管自动显示00，等待下次计数。（键盘的排列顺序以实训台的键盘标号为准。）

任务完成情况评价

考核评价见表 3-3-1。

表 3-3-1　考核评价表

<table>
<tr><th>考核内容</th><th colspan="4">硬件部分</th><th colspan="4">软件部分</th><th colspan="4">职业操守</th><th>其他</th></tr>
<tr><td rowspan="3">评价</td><td colspan="4">模块选择、接线工艺</td><td colspan="4">程序编写、运行调试</td><td colspan="4">安全、协助、文明操作</td><td rowspan="3"></td></tr>
<tr><td>优</td><td>良</td><td>中</td><td>差</td><td>优</td><td>良</td><td>中</td><td>差</td><td>优</td><td>良</td><td>中</td><td>差</td></tr>
<tr><td></td><td></td><td></td><td></td><td></td><td></td><td></td><td></td><td></td><td></td><td></td><td></td></tr>
<tr><td>综合评分</td><td colspan="4"></td><td colspan="4"></td><td colspan="4"></td><td></td></tr>
<tr><td>任务点评</td><td colspan="13"></td></tr>
</table>

注：在“优、良、中、差”下面的框中用“√”选择评价等级。

项目四 单片机控制电动机

项目概述

当今，自动控制系统被广泛地应用于人类社会的各个领域中，例如家用的全自动洗衣机的进排水、洗涤和脱水的控制就是一个自动控制系统。

一般的自动控制系统主要由传感器、控制器和执行器这 3 大功能部件组成，俗称“三器”。

控制器是自动控制系统的核心。它负责对控制信号进行分析与处理、系统安全保护，并根据用户的程序（或指令）去控制整个系统按用户的要求去运行。常见的控制器有单片机、可编程序控制器（PLC）、工业 PC 等。

传感器是一种探测装置，用于探测和感受外界的信号、物理条件（如光、热、声、湿度）或化学组成（如烟雾），并将探知的信息转换为电信号，提供给控制器进行分析处理。常见的传感器有光电传感器、温度传感器、压力传感器、电容传感器、电感传感器等。

执行器是自动控制系统的执行设备，按系统输出的控制指令工作，实现系统功能。常见的执行器是各种电动机，如交流电动机、直流电动机、步进电动机、伺服电动机等。

本项目通过完成单片机控制交/直流电动机的正/反转、控制步进电动机的正/反转等任务，学习单片机控制电动机的控制电路、单片机对各种电动机的控制方法，以及用汇编语言编写程序的基本方法。

学习目标

1. 了解传感器的功能，掌握电感式传感器的使用方法。
2. 掌握交/直流电动机的运行方式及单片机控制电动机运行的原理和方法。
3. 了解步进电动机的驱动原理，掌握步进电动机的控制方法。
4. 能连接单片机控制交/直流电动机、步进电动机的电路，并编写控制程序。

任务一　控制交/直流电动机的正/反转

任务描述

连接用单片机控制交/直流电动机正/反转的电路，并按下面控制要求编写程序：使用两个电感式传感器探测金属物质，若传感器 1 探测到信号，单片机控制电动机正向转动，并保持正转运行；当传感器 2 探测到信号时，单片机控制电动机反向转动，并保持反转运行；当按下停止按钮时电动机停止运行。

在完成这个任务的过程中学习电感式传感器原理与其接线方法、单片机控制电动机正/反转电路的连接和控制程序编写的基本方法。

做与学

一、连接电路，学习单片机控制交/直流电动机正/反转原理

单片机与电感式传感器的接口电路如图 4-1-1 所示。

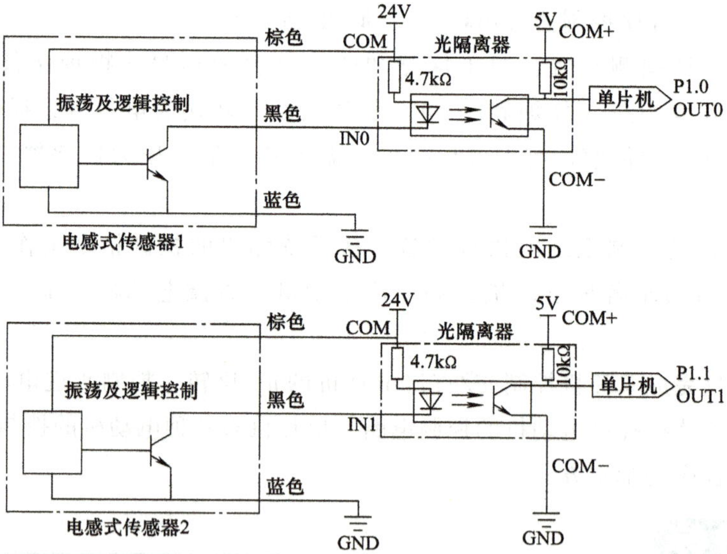

图 4-1-1　单片机与电感式传感器的接口电路

图中电感式传感器通过光隔离器与单片机 I/O 口相连接。由于传感器的工作电源和输出信号是 12 ~ 24V，而单片机 I/O 口工作电压只有 5V，如果直接将传感器的输出连接到单片机 I/O 口上，则将会有 12 ~ 24V 的电压连接到单片机而使其损坏。这里光隔离器把传感器 12 ~ 24V 的输出信号经过光/电转化为 5V 信号传送到单片机 I/O 口，从而保护单片机。在电路中，两光隔离器的输出端 OUT0、OUT1 分别接单片机的 P1.0、

P1.1 口。

选用实训台装置中的 MCU01 主机模块，MCU02 电源模块，MCU10 传感器配接模块中的电感式传感器 SQ1、SQ2 和光隔离传感器 IN0、IN1，按图 4-1-2 和图 4-1-3 所示连接单片机与电感式传感器的接口电路。

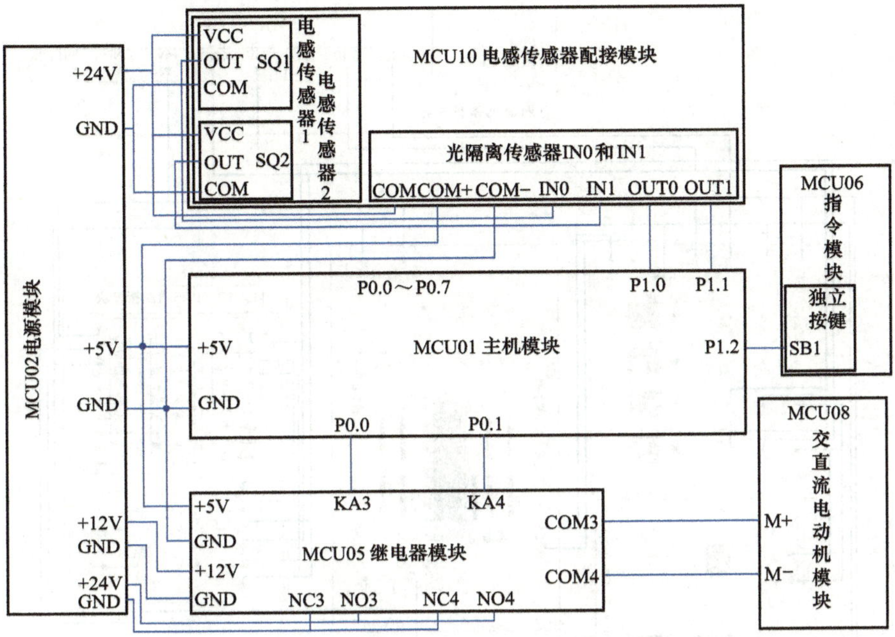

图 4-1-2 单片机与直流电动机连接的电路接线示意图

单片机与直/交流电动机的电路连接方式大同小异。由于单片机的 I/O 口一般不能直接与电动机相连，所以单片机常常通过继电器连接电动机，但对直流电动机或交流电动机的具体连接上略有差异。

1. 单片机与直流电动机的连接

单片机的 I/O 口通过继电器与直流电动机连接。本任务使用的是 24V 直流电动机，所以在单片机和电动机之间加上继电器电路，这样用单片机的低电压（5V）去控制 24V 的直流电动机。直流电动机与继电器的连接电路如图 4-1-4 所示。图中使用的是实训台的继电器模块中的继电器 KA3 和 KA4，实现对直流电动机正/反转控制。

选用实训台装置 MCU05 继电器模块中的继电器 KA3、KA4，MCU06 指令模块中独立按键 SB1，MCU08 交/直流电动机模块中的直流电动机，按图 4-1-2 和图 4-1-3 所示连接单片机控制直流电动机的电路。

具体连接方法如下：

1）将继电器控制端 KA3、KA4 接单片机的 P0.0 和 P0.1。

2）继电器 KA3 的 COM 端接到直流电动机的 M + 端，继电器 KA4 的 COM 端接到直流电动机的 M − 端。

3）继电器 KA3 和 KA4 的 NO 端都接到 24V 电源端。

4）继电器 KA3 和 KA4 的 NC 端都接到 GND 端。

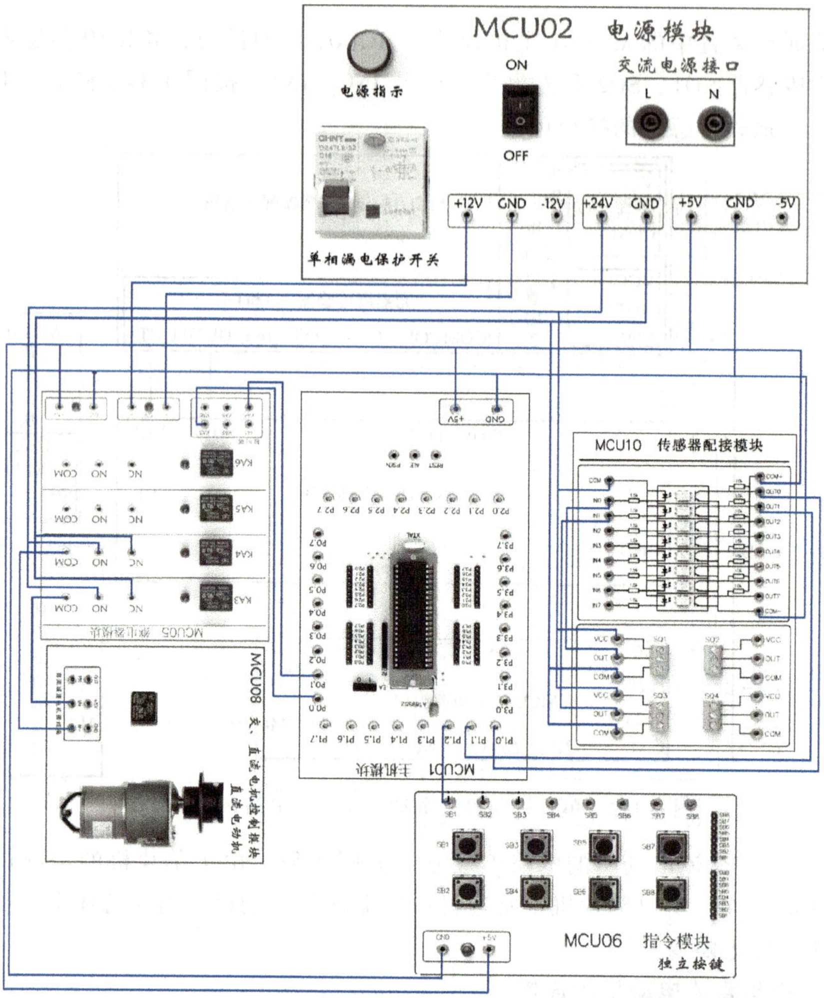

图 4-1-3　单片机与直流电动机连接电路的实物接线图

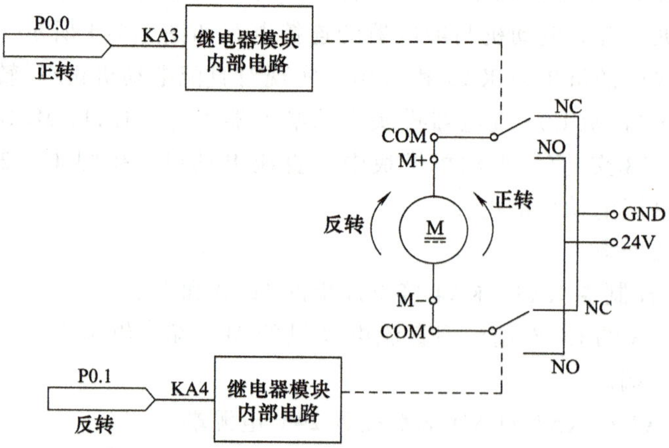

图 4-1-4　直流电动机与继电器的连接电路

这样的接法可在直流电动机变向时避免发生短路，且当两个继电器都失电时，电动机处在断电状态，并且不带电压，避免漏电。

2. 单片机与交流电动机的连接

与单片机和直流电动机连接电路一样，在单片机和交流电动机之间加继电器电路，用单片机的低电压（5V）去控制 220V 单相交流电动机。选用实训台装置中的 MCU08 交/直流电动机模块中的交流电动机，MCU05 继电器模块中的继电器 KA1、KA2，对交流电动机进行正/反转控制。交流电动机与继电器的连接电路如图 4-1-5 所示。

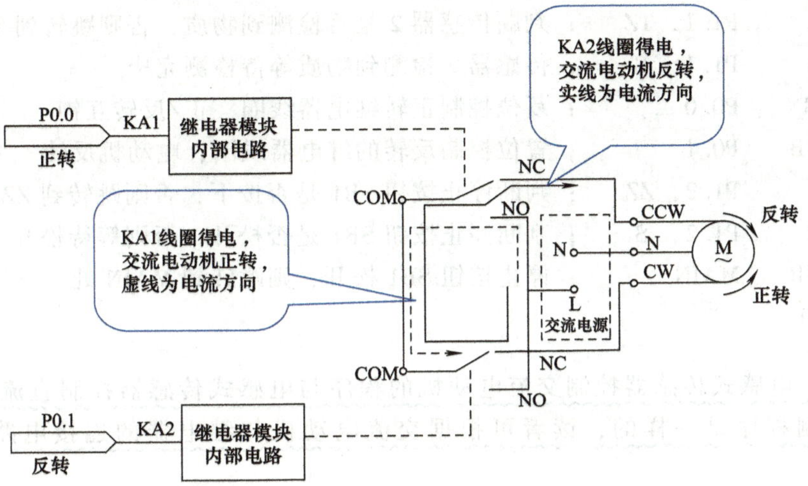

图 4-1-5　交流电动机与继电器的连接电路

具体连接方法如下：

1）将继电器控制端 KA1 接 P0.0 口，KA2 接 P0.1 口。

2）继电器 KA1 和 KA2 的 NO 端都接到交流电源 L 端。

3）继电器 KA1 的 NC 接电机模块 L（CCW 旁）；继电器 KA2 的 NC 接电机模块 L（CW 旁）。

4）继电器 KA1 的 COM 与继电器 KA2 的 COM 连接。

5）交流电动机 N 端接到交流电源 N 端。

上述的接法在交流电动机变向时，电动机的两相绕组都串接对方继电器的常闭触点进行互锁，避免发生短路现象，并且当两个继电器都失电时，电动机同样处在断电状态，并且不带电压，避免漏电现象。

二、编写电感式传感器控制直流电动机正/反转的控制程序

1. 编写程序

```
        ORG     0000H           ; 程序的开始
        LJMP    MAIN            ; 跳到标号“MAIN”处
;  ----------------------------------------------------------
;                            主  程  序
;  ----------------------------------------------------------
```

```
       ORG     0030H        ；主程序的开始
MAIN：MOV     P0，#0FFH    ；电动机初始处于停止状态
       MOV     P1，#0FFH    ；P1 口置高电平
ZZ：   JB      P1.0，FZ     ；判断传感器 1 是否检测到物质，否则跳转到 FZ
       JNB     P1.0，$      ；传感器 1 检测到物质，等待检测完毕
       CLR     P0.1         ；复位控制反转继电器线圈 KA4，正/反转的互锁，到 FZ
       SETB    P0.0         ；置位控制正转的继电器线圈 KA3，电动机正转
FZ：   JB      P1.1，TZ     ；判断传感器 2 是否检测到物质，否则跳转到 TZ
       JNB     P1.1，$      ；传感器 2 检测到物质等待检测完毕
       CLR     P0.0         ；复位控制正转继电器线圈，正/反转互锁
       SETB    P0.1         ；置位控制反转的继电器线圈，电动机反转
TZ：   JB      P1.2，ZZ     ；判断停止按钮 SB1 是否按下，否则跳转到 ZZ
       JNB     P1.2，$      ；判断停止按钮 SB1 是否松开，否则等待松开
       LJMP    MAIN         ；停止按钮 SB1 松开，则跳转到 MAIN 处
       END
```

注意：电感式传感器控制交流电动机的程序与电感式传感器控制直流电动机正/反转的控制程序是一样的，读者可根据交流电动机与继电器的连接电路自行编写程序。

2. 运行程序

开始运行程序，当两个传感器都没有检测到金属物质时，电动机是处于停止状态的；当传感器 1 检测到金属物质时，可以看到电动机朝一个方向旋转（正转）；当传感器 2 检测到金属物质时，可以看到电动机朝另一个方向旋转（反转）；当按下停止按钮 SB1 时，电动机无论正转还是反转都马上停止运行。

3. 控制程序的分析

电感式传感器控制直流电动机正/反转的程序的流程图如图 4-1-6 所示。从流程图中可见，程序中首先利用以位状态为条件的转移指令 JB 来判断传感器 1 检测到信号吗？不是则判断是传感器 2 检测到信号吗？不是则判断停止按钮按下了吗？如不是则跳转重新判断，直到有传感器检测到信号或者是停止按钮按下，就跳转到相应的处理程序。

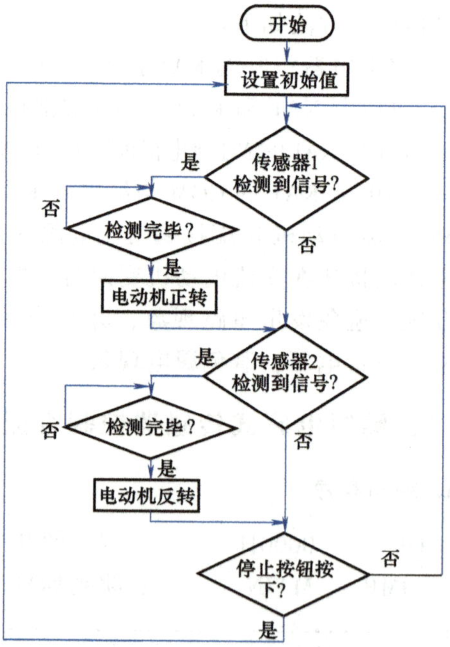

图 4-1-6　电感式传感器控制直流电动机正/反转的程序流程图

当传感器检测到金属物质，则利用 JNB 指令来判断传感器 1 和传感器 2 是否检测完毕（传感器离开被检测金属物质），如果还没有则程序“原地踏步”等待传感器离开被检测金属物质，直到被检测金属物质离开后，程序就去处理电动机的正转或者是反转，即分别利用 SETB（置位）和 CLR（复位）指令去控制继电器线圈（正转和反转线圈）的得电和失电。

多学一点

一、电感式传感器

本任务使用的电感式传感器是一种电感式接近开关，型号为 LJ12A3-4-Z/BX，如图4-1-7所示。

电感式接近开关又称无触点电子接近开关，是一种接近式传感器，主要用于对金属物质进行检测。它主要由振荡器、开关电路和放大输出电路 3 部分组成。其中，振荡器在传感器检测面产生一个高频交变磁场，当外界金属物接近这一磁场并达到感应距离时，在金属物体内产生涡流效应，导致振荡衰减并停止振荡。振荡器的振荡与停振这两种变化被后级电路转换成开关信号，经放大器放大输出。电感式传感器工作示意图如图 4-1-8 所示。

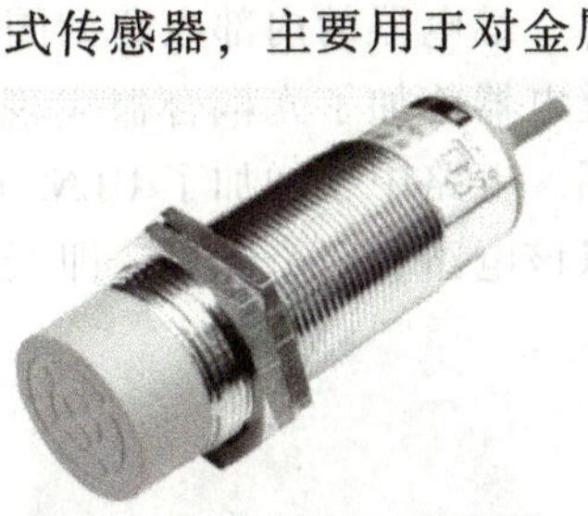

图 4-1-7　电感式传感器

电感式传感器用途广泛，可用于位置检出、高速脉冲检出、加工工件检出等，广泛用于自动化生产线、机床及各种行业的机械设备上。

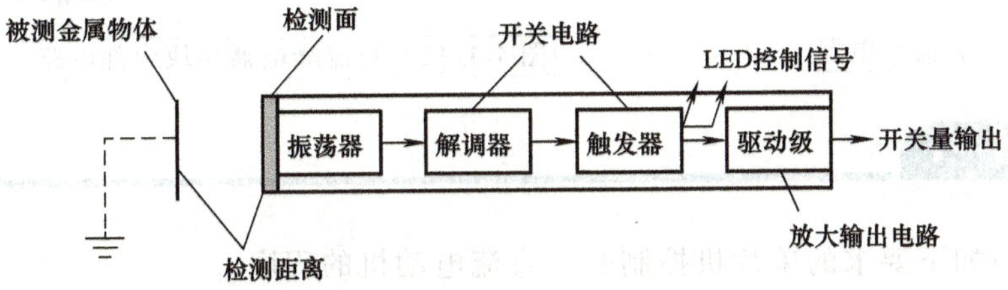

图 4-1-8　电感式传感器工作示意图

二、光耦合器

光耦合器是一种以光为介质传输电信号的“电—光—电”转换器件，又称光隔离器，如图 4-1-9 所示。光耦合器既能用于信号传送，又能起到隔离输入与输出端电路的作用，因此被广泛地应用在传输隔离等方面。

光耦合器由发光源和受光器两部分组成，发光源与受光器组装在同一密闭的壳体内，彼此间用透明绝缘体隔离。发光源的引脚为输入端，受光器的引脚为输出端。常见的发光源为发光二极管，受光器为光敏二极管、光敏晶体管等，其结构如图 4-1-10 所示。

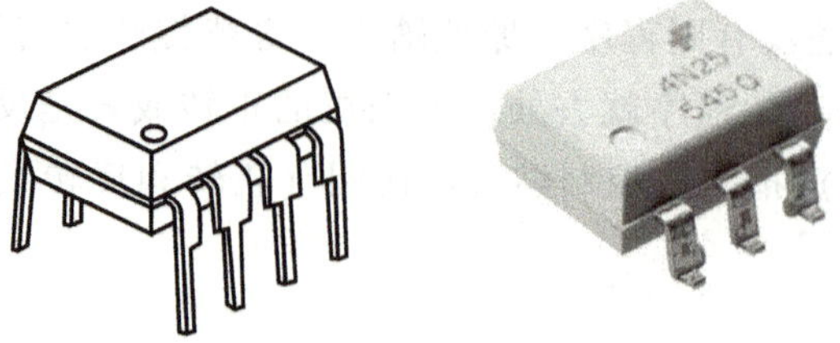

图 4-1-9 光耦合器

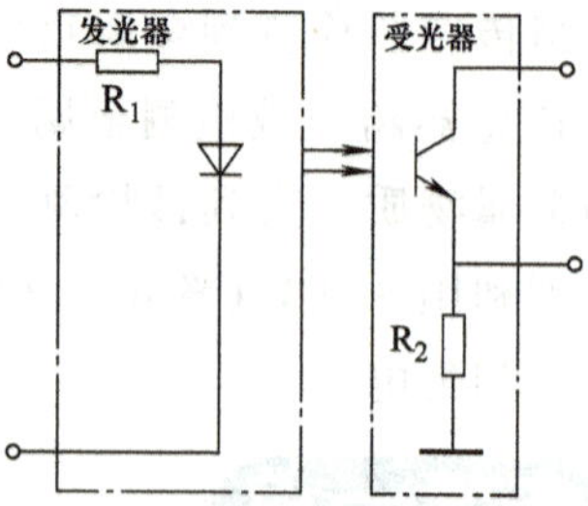

图 4-1-10 光耦合器内部结构

三、继电器

继电器是一种电子控制器件，它是能用较小的电流去控制较大电流的一种“自动开关”，如图 4-1-11 所示。在电路中可以起自动保护、自动调节、转换电路等作用。

继电器的内部电路如图 4-1-12 所示虚线部分，由于继电器的线圈电压为 12V，故继电器前加了光耦合器实现与单片机的连接，光耦合器的输出信号用来控制继电器线圈。电路中还增加了 ULN2003 进行电流放大，使继电器能输出足够大的驱动电流。所以该电路有两个优点，即低电平驱动、光电隔离。

图 4-1-11 直流继电器

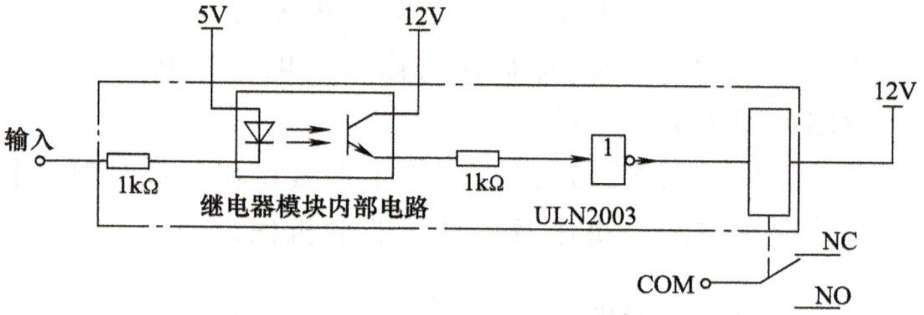

图 4-1-12 直流继电器模块内部电路

练习 4—1

分别编写如下要求的单片机控制交、直流电动机的程序：

1. 利用独立按钮 SB1 控制直流电动机的点动，当按下 SB1 时，直流电机正转运行；当松开 SB1 时，直流电机停止正转运行。

2. 利用独立按钮控制直流电动机的连续运行（SB1）、点动（SB2）和停止（SB3）。

3. 利用独立按钮控制交流电动机的正/反转，SB1 控制交流电动机的正转，SB2 控制交流电动机的反转，SB3 控制交流电动机的停止，并且正/反转可以直接切换，例如电动机正在正转时，按下反转按钮 SB2 则电动机切换为反转运行。

任务完成情况评价

考核评价见表 4-1-1。

表 4-1-1 考核评价表

考核内容	硬件部分				软件部分				职业操守				其他
评价	模块选择、接线工艺				程序编写、运行调试				安全、协助、文明操作				
	优	良	中	差	优	良	中	差	优	良	中	差	
综合评分													
任务点评													

注：在“优、良、中、差”下面的框中用“√”选择评价等级。

任务二　控制步进电动机的正/反转

任务描述

在工业控制系统中，通常要控制机械部件移动或转动，而驱动机械部件运动通常采用交流电动机、直流电动机和步进电动机等各类电动机。步进电动机主要用于对机械部件运动位置控制要求精确的场合，即有定位要求的移动或转动。如线切割的工作台拖动（定位）、包装机（定长度，即转角）、织毛机工作台（毛孔定位）、打印机打印头的拖动。由于步进电动机的转速、转角（步进角）、转向等可通过数字脉冲信号进行控制，因此，它广泛地应用于数控设备中。

本任务完成单片机的如下控制工作：按下起动按钮 SB1，步进电动机起动；通过方向按钮 SB2 改变电动机的旋转方向，每按下一次 SB2 改变一次方向；按下停止按钮 SB3 步进电动机停止旋转。

在完成这个任务的过程中学习单片机控制步进电动机的正/反转的原理和接线方法，以及该程序的基本编写方法。

做与学

一、连接电路，并学习按钮控制步进电动机的正/反转原理

按钮与单片机的 I/O 口连接电路如图 4-2-1 所示。图中，单片机的 P1.0 、P1.1 和 P1.2 口分别接独立按钮的 SB1、SB2 和 SB3。按钮 SB1 控制步进电动机的起动；按钮 SB2 控制步进电动机的旋转方向，每按下一次 SB2 改变一次方向；按钮 SB3 控制步进电动机的停止。

步进电动机、步进电动机驱动器 SJ-230M2 与单片机的接口电路如图 4-2-2 所示。驱动器 SJ-230M2 的输入端有步进脉冲信号 CP、方向电平信号 DIR 和脱机信号 FREE 这 3 个。驱动器的 OPTO 端为 3 个信号的公共正端，接在 5V 的直流电源。

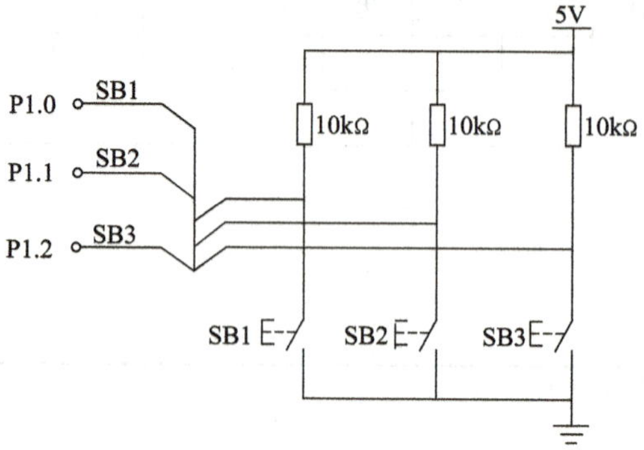

图 4-2-1　按钮与单片机的连接电路

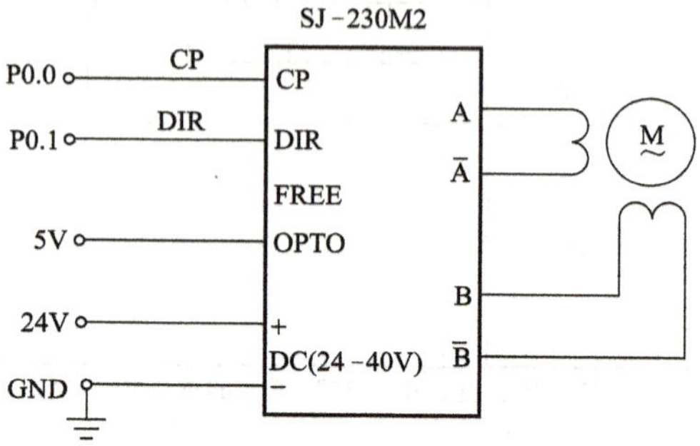

图 4-2-2　步进电动机、步进电动机驱动器与单片机接口电路

图 4-2-2 中单片机的 P0.0 口接步进电动机驱动器的 CP 端，CP 端的脉冲信号控制步进电动机的转速，驱动器 SJ-230M2 的 CP 信号为低电平有效。单片机的 P0.1 口接步进电动机驱动器的 DIR 端，控制步进电动机的转向。当 DIR 为高电平时，步进电动机是一个转向；当 DIR 为低电平时，步进电动机是另一个转向。驱动器 SJ-230M2 的电源范围是 24～40V，这里采用直流 24V 电源。

选用实训台装置中的 MCU01 主机模块、MCU02 电源模块、MCU06 指令模块中独立按钮 3 个、MCU09 步进电动机控制模块，按图 4-2-3 和图 4-2-4 所示连接单片机控制步进电动机正/反转电路。

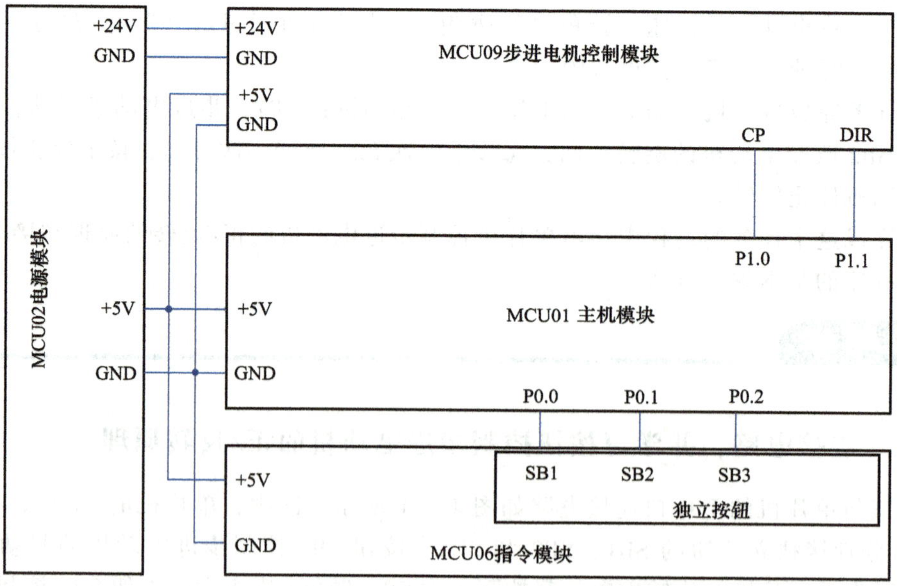

图 4-2-3　单片机与步进电动机的硬件接线示意图

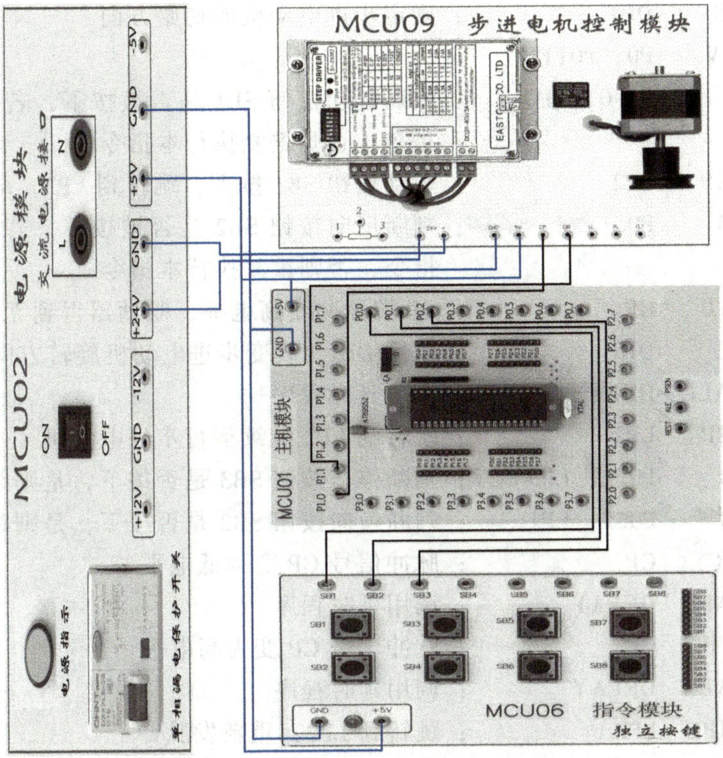

图 4-2-4 单片机与步进电动机的实物接线图

二、编写独立按钮控制步进电动机正/反转的控制程序

1. 编写程序

```
; ----------------------------------------------------------
;                      引  脚  定  义
; ----------------------------------------------------------
        CP      EQUP1.0          ; 定义脉冲输出口 CP
        DIR     EQUP1.1          ; 定义步进电动机方向控制信号 DIR
; ----------------------------------------------------------
;                    程  序  入  口
; ----------------------------------------------------------
        ORG     0000H            ; 程序的开始
        LJMP    MAIN             ; 跳到标号“MAIN”
; ----------------------------------------------------------
;                      主  程  序
; ----------------------------------------------------------
        ORG     0030H            ; 主程序的开始
MAIN:   SETB    CP               ; 步进电动机初始处于停止状态
```

```
        CLR     DIR           ；确定步进电动机的初始方向
        MOV     P0，#0FFH
LP0：   JB      P0.0，LP0     ；判断起动按钮 SB1 是否被按下，若是则执行下条
                              指令，否则重复执行本指令
        LJMP    LP2           ；起动按钮 SB1 按下，跳转到 LP2，电机起动
LP1：   JNB     P0.1，$       ；判断反向按钮 SB2 是否被按下，若是则执行下条
                              指令，否则重复执行本指令
        SETB    CP            ；CP 端脉冲变高电平，驱动器得到无效脉冲
        CPL     DIR           ；取反 DIR，改变步进电动机旋转方向
        LCALL   DELAY         ；调用延时程序
        LJMP    LP2           ；跳转到 LP2 继续运行步进电动机
LP2：   JNB     P0.2，LP3     ；判断停止按钮 SB3 是否按下，是则跳转到 LP3
        JNB     P0.1，LP1     ；判断换向按钮 SB2 是否按下，是则跳转到 LP1
        CLR     CP            ；脉冲信号 CP 变为低电平
        LCALL   DELAY         ；调用延时程序
        SETB    CP            ；脉冲信号 CP 变为高电平
        LCALL   DELAY         ；调用延时程序
        LJMP    LP2           ；跳转到 LP2，重新发脉冲
LP3：   SETB    CP            ；脉冲信号 CP 变为高电平，步进电动机停止
        MOVE    P0，#0FFH
        LJMP    LP0           ；跳转到 LP0，等待再次按下起动按钮
DELAY： MOV     R2，#0FFH     ；延时子程序
D1：    DJNZ    R2，D1
        RET
        END
```

注意：该程序没有软件限位保护，只有硬件保护。

2. 运行程序

开始运行程序后，没有按下起动按钮 SB1 时，步进电动机处于停止状态的；当按下起动按钮 SB1 时，可以看到电动机朝一个方向旋转（正转）；按下换向按钮 SB2，可以看到步进电动机朝另一个方向旋转（反转）；当步进电动机在运行期间，按下停止按钮 SB3 时，步进电动机无论是正转还是反转都马上停止运行。

3. 控制程序的分析

独立按钮控制步进电动机正/反转的程序流程图如图 4-2-5 所示。

本程序利用位状态为条件的转移指令 JB 来判断起动按钮 SB1 是否按下，若没按下则程序中利用语句“JB P1.0，LP0”使单片机一直在“原地踏步”等待 SB1 按下。直到按下 SB1，用“LJMP—LP2”语句跳转到相应的处理程序，使步进电动机朝一个方向旋转。

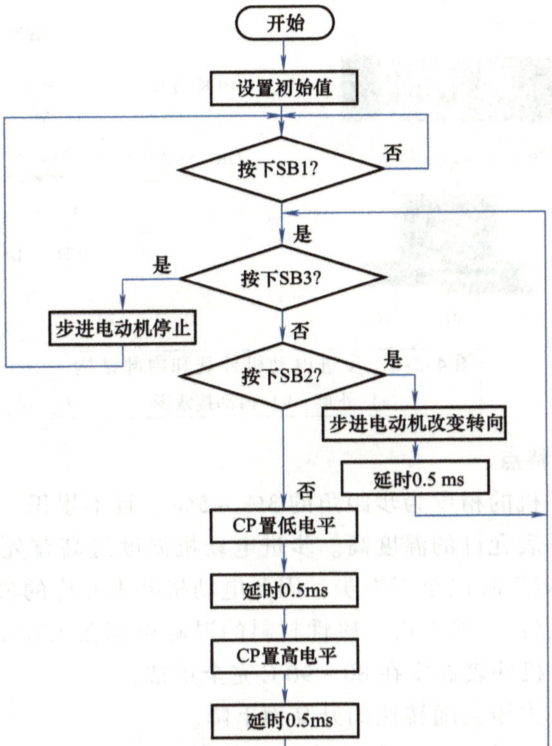

图 4-2-5 独立按钮控制步进电动机正/反转的程序流程图

当步进电动机起动后，单片机一直在执行步进电动机运行程序，就是产生 CP 脉冲程序段(利用“SETB 和 CLR”交替产生 CP 脉冲，注意需要有一定的延时)，把产生的 CP 脉冲送给步进电动机驱动器的 CP 端，让驱动器去驱动步进电动机的旋转。为了使步进电动机在运行期间可改变其旋转方向或停止其运行，在产生 CP 脉冲的程序段中还添加了判断换向按钮 SB2 和停止按钮 SB3 是否按下的指令（见指令“JNB P1.1，LP1 和 JNB P1.2，LP3”），若按钮按下则分别跳转到相应的程序段进行处理。

多学一点

一、步进电动机

步进电动机是一种将电脉冲转化为角位移的执行机构。通俗一点讲，当步进驱动器接收到一个脉冲信号，它就驱动步进电动机按设定的方向转动一个固定的角度（称步距角）。用户可以通过控制脉冲的个数来控制角位移量，从而达到准确定位的目的；另外可以通过控制脉冲的频率来控制电动机转动的速度和加速度，从而达到调速的目的。

步进电动机外观和内部结构图如图 4-2-6 所示。本任务采用的步进电动机是两相永磁感应式步进电动机，属于混合式步进电动机，型号为 42BYGH3410，其步距角为 1.8°，工作电流为 1.5A，电阻为 1.1Ω，电感为 2.2mH，静力矩为 2.1kg/cm，定位力矩为 180g/cm。

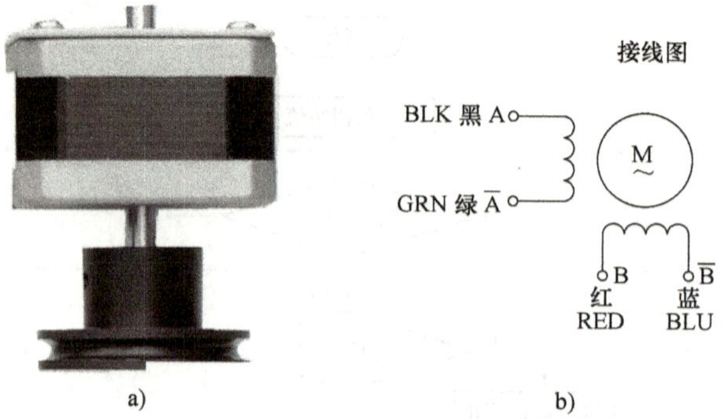

图 4-2-6　步进电动机外观和内部结构
a）外形　b）内部接线图

1. 步进电动机的特点

1）一般步进电动机的精度为步距角的 3% ~5%，且不累积。

2）步进电动机外表允许的温度高。步进电动机温度过高首先会使电动机的磁性材料退磁，从而导致力矩下降以至于失步，因此电动机外表允许的最高温度应取决于不同电机磁性材料的退磁点；一般来讲，磁性材料的退磁点都在 130℃ 以上，有的甚至高达 200℃，所以步进电动机外表温度在 80 ~90℃ 完全正常。

3）步进电动机的力矩会随转速的升高而下降。

4）步进电动机低速时可以正常运转，但若高于一定速度就无法起动，并伴有啸叫声。

2. 步进电动机的基本参数

（1）步进电动机的相数　步进电动机的相数是指电动机内部的线圈组数，目前常用的有二相、三相、四相、五相步进电动机。电动机相数不同，其步距角也不同。在没有使用细分驱动器时，可以依靠选择不同相数的步进电动机来满足对步距角的要求。如果使用细分驱动器，则“相数”将变得没有意义，用户只需在驱动器上改变细分数，就可以改变步距角。

（2）电动机固有步距角　电动机固有步距角表示控制系统每发一个步进脉冲信号，电动机所转动的角度。电动机出厂时给出了一个步距角的值，如一般二相电动机给出的值为 0.9°/1.8°（表示半步工作时为 0.9°，整步工作时为 1.8°,）三相的为 0.75°/1.5°、五相的为 0.36°/0.72° 。这个步距角可以称之为“电动机固有步距角”，它不一定是电动机实际工作时的真正步距角，真正的步距角和驱动器有关。

二、二相混合式步进电动机驱动器

虽然步进电动机已被广泛地应用，但步进电动机并不能像普通的直流电动机或交流电动机那样在常规下使用。它必须由双环形脉冲信号、功率驱动电路等组成控制系统方可使用。

由于步进电动机是一种感应电动机，其工作原理是利用电子电路，将直流电变成分时供电，多相时序控制电流，用这种电流为步进电动机供电，步进电动机才能正常工作。驱动器就是为步进电动机分时供电的多相时序控制器。

本任务使用的步进电动机驱动器型号为 SJ-230M2，以该驱动器为例说明其特点及使用方法，其外观如图 4-2-7 所示。

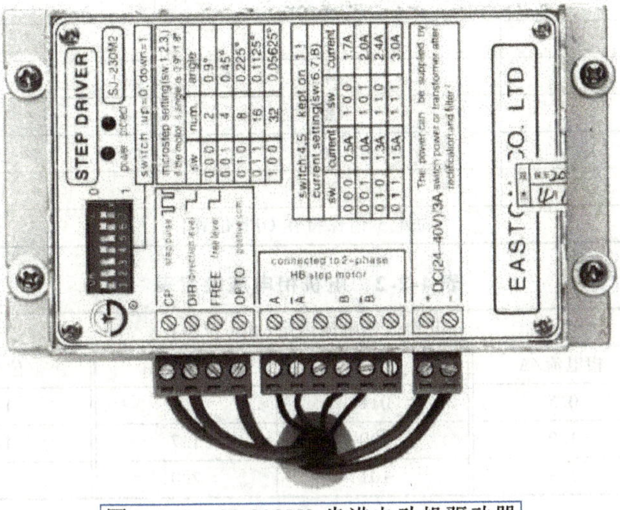

图 4-2-7　SJ-230M2 步进电动机驱动器

1. 驱动器 SJ-230M2 概述

驱动器 SJ-230M2 采用原装进口模块，实现高频斩波，细分驱动，恒流驱动，具有很强的抗干扰性，高频性能好，起动频率高，所有输入信号、控制信号与内部信号有光电隔离，电流可选（分 8 挡可调），结构简单、运行平稳、可靠性好、噪声小等优点。它可以驱动 3.0A 以下所有的 42BYG、57BYG 系列二相混合式步进电动机。

2. 细分数及相电流设定

细分功能的作用是减弱或消除步进电动机的低频振动，提高步进电动机的运转精度，减少噪声。细分的具体做法就是将原来整步触发的脉冲细分为若干个脉冲。例如 10 细分驱动即是系统每发一个脉冲，步进电动机只转动 1.8% =0.18°。用驱动器上的拔盘开关来设定细分数及相电流，根据面板的标注设定即可。用户要在控制器频率允许的情况下，尽量选用高细分数，具体设置方法见表 4-2-1、表 4-2-2 和图4-2-8、图 4-2-9。

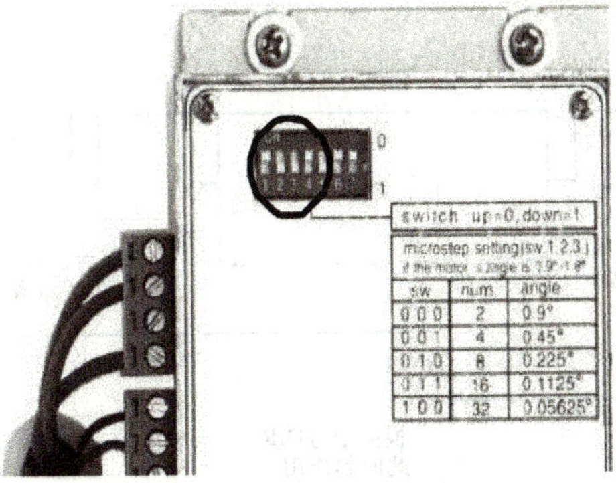

图 4-2-8　步距角细分实物图

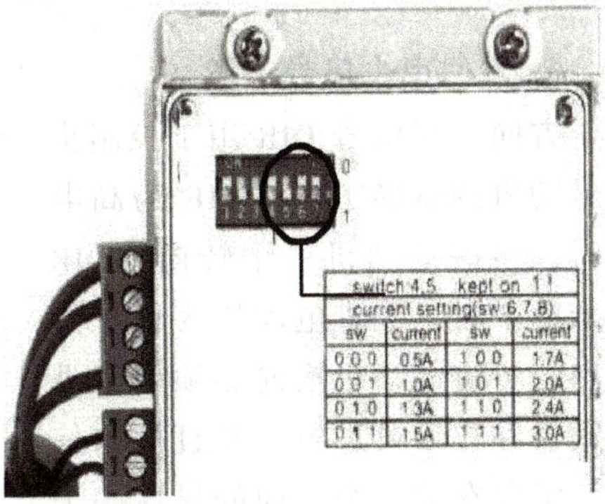

图 4-2-9　步距角电流实物图

表 4-2-1　步距角细分表

拔盘开关设定 ON = 0，OFF = 1		
细分设定（位 1、2、3）以 0.9°/1.8°电动机为例		
位 123	细分数	步距角
000	2	0.9°
001	4	0.45°
010	8	0.225°
011	16	0.1125°
100	32	0.05625°
位 4，5 请保持在 OFF 位置！		

表 4-2-2　电机相电流设定表

电动机相电流设定（位 6，7，8）					
位 678	相电流/A	位 678	相电流/A	位 678	相电流/A
000	0.5	011	1.5	110	2.4
001	1.0	100	1.7	111	3.0
010	1.3	101	2.0		

3. 步进脉冲信号 CP

步进脉冲信号 CP 用于控制步进电动机的位置和速度，也就是说，驱动器每接收一个 CP 脉冲就驱动步进电动机旋转一个步距角（细分时为一个细分步距角），改变 CP 脉冲的频率，同时改变步进电动机的转速，并且控制 CP 脉冲的个数，则可以使步进电动机精确定位，即可达到对步进电动机调速和定位的目的。SJ-230M2 驱动器的 CP 信号为低电平有效，要求 CP 信号的驱动电流为 8～15mA，对 CP 的脉冲宽度也有一定的要求，一般不小于 5μs，如图 4-2-10 所示。一般要求脉冲信号的幅值“H”的范围为 4.0～5.5V、“L”的范围为 0～0.5V；脉冲信号工作状态即占空比在 50% 或 50% 以下。

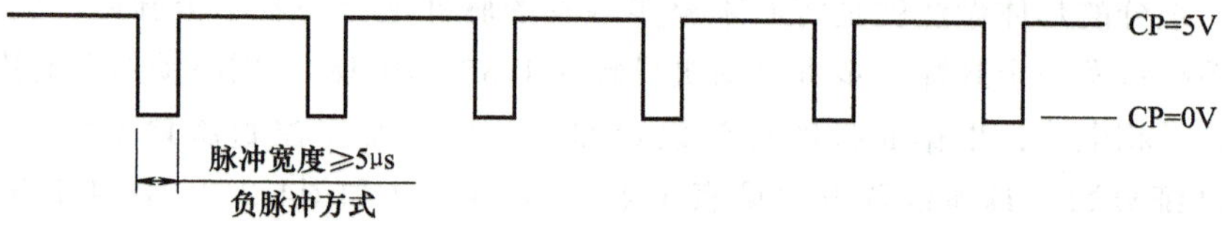

图 4-2-10　CP 脉冲信号

4. 方向电平信号 DIR

方向电平信号 DIR 用于控制步进电动机的旋转方向。DIR 为高电平时，步进电动机一个转向；DIR 为低电平时，步进电动机为另一个转向。步进电动机换向必须在步进电动机停止后再进行，并且换向信号一定要在前一个方向的最后一个 CP 脉冲结束后以及下一个方向的

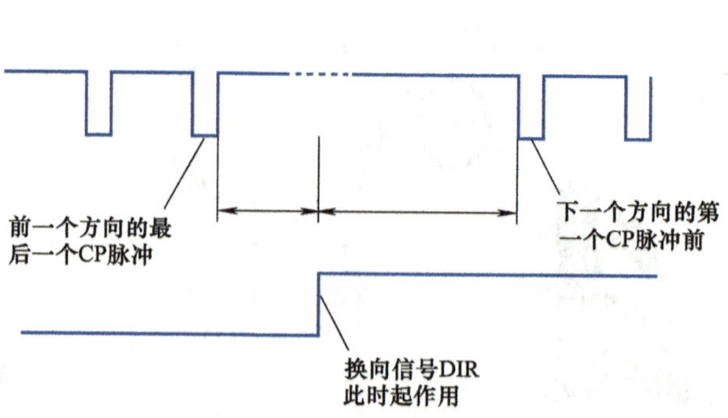

图 4-2-11　DIR 换向信号

第一个 CP 脉冲前发出，如图 4-2-11 所示。

5. 脱机电平信号 FREE

驱动器上电后，步进电动机处于锁定状态（未施加 CP 脉冲时）或运行状态（施加 CP 脉冲时），如果想手动调整步进电动机时可利用此信号。当此信号为低电平时，电动机处于自由无力矩状态；当此信号为高电平或悬空不接时，取消脱机状态（自由无力矩状态）。FREE 端是选用的，如果不需要此功能，此端不接即可。

6. 指示灯说明

驱动器 SJ-230M2 有两个指示灯，即电源指示灯（绿色）和保护指示灯（红色），驱动器加电后电源指示灯亮；如果驱动器发生保护动作，则保护指示灯亮（驱动器内部设有过流、过温等保护电路）。

练习 4—2

分别编写程序完成下列要求的单片机对步进电动机的控制：

1. 利用独立按钮 SB1 控制步进电动机的点动，按下 SB1 时，步进电动机正转运行；松开 SB1 时，步进电动机停止正转运行。

2. 利用独立按钮控制步进电动机，按下起动按钮 SB1 步进电动机开始正转运行，利用定时器 1 为步进电动机驱动器产生 CP 脉冲信号。

3. 利用独立按钮控制步进电动机的正/反转，SB1 控制步进电动机的起动，SB2 控制步进电动机的换向，SB3 控制步进电动机的停止，单片机 P0 口接步进电动机的 4 条控制线（见图 4-2-6）；通过查表方法控制步进电动机，由于使用的步进电动机是两相的，可以采用半步励磁的方法驱动步进电动机，即

$A \to A\bar{A} \to \bar{A} \to \bar{A}B \to B \to B\bar{B} \to \bar{B} \to \bar{B}A \to A$（两相通电顺序），可以给 P0 口分别送 01H→03H→02H→06H→04H→0CH→08H→09H→01H。

任务完成情况评价

考核评价见表 4-2-3。

表 4-2-3　考核评价表

<table>
<tr><td>考核内容</td><td colspan="4">硬件部分</td><td colspan="4">软件部分</td><td colspan="4">职业操守</td><td rowspan="4">其他</td></tr>
<tr><td rowspan="3">评价</td><td colspan="4">模块选择、接线工艺</td><td colspan="4">程序编写、运行调试</td><td colspan="4">安全、协助、文明操作</td></tr>
<tr><td>优</td><td>良</td><td>中</td><td>差</td><td>优</td><td>良</td><td>中</td><td>差</td><td>优</td><td>良</td><td>中</td><td>差</td></tr>
<tr><td></td><td></td><td></td><td></td><td></td><td></td><td></td><td></td><td></td><td></td><td></td><td></td></tr>
<tr><td>综合评分</td><td colspan="4"></td><td colspan="4"></td><td colspan="4"></td><td></td></tr>
<tr><td>任务点评</td><td colspan="13"></td></tr>
</table>

注：在“优、良、中、差”下面的框中用“√”选择评价等级。

项目五
制作单片机温度控制系统

项目概述

现代社会的生产生活中，如加热炉、锅炉、冷冻或冷藏库、实验室、大型商场等，常常需要对其中的环境温度进行检测和控制。由于单片机具有体积小、功能强、性价比高等特点，因此被广泛应用于其中。但是，单片机能直接处理的是数字量，而温度还有速度、压力、声音、电压、电流等是模拟量。因此，在单片机控制温度的系统中，首先要用模/数（A/C）转换器把温度这类模拟量转换成数字量，然后由单片机对其进行分析处理，最后单片机输出控制信号控制执行器工作。单片机控制温度的系统框图如图 5-0-1 所示。

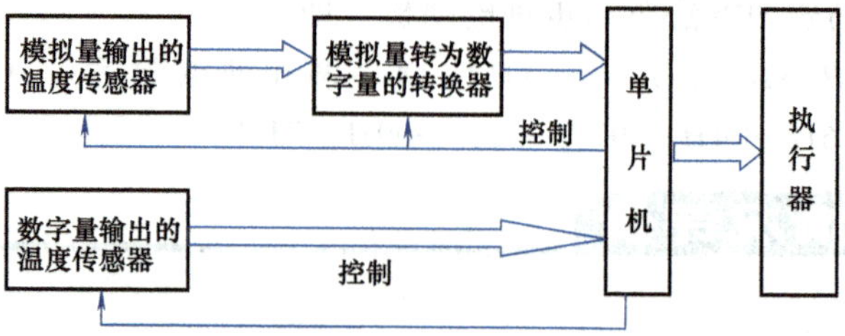

图 5-0-1　单片机控制温度的系统框图

本项目通过使用单片机控制 AD0809 对电压值进行采集并用数码管显示电压值，控制温度传感器 LM35 对室内温度进行采集并用数码管显示温度值，控制温度传感器 DS1820 对室内温度进行采集并用数码管显示温度值，学习单片机控制温度的电路的连接、单片机对 A/D 转换器件 ADC0809 和温度传感器的控制方法，以及学习用汇编语言编写其相应控制程序的方法。

学习目标

1. 掌握单片机控制温度的系统组成。

2. 掌握单片机控制电压采集系统的组成与控制程序的编写方法。

3. 掌握单片机控制温度采集系统（温度传感器 LM35、温度传感器 DS1820）的电路组成与控制程序的编写方法。

任务一 制作单片机控制的电压采集系统

任务描述

制作用单片机控制 A/D 转换器 AD0809 对电压值进行采集，并用数码管显示电压值的系统。本任务利用一个变化的电压值去模拟环境温度的变化，这个变化的电压由电位器模拟获得。由于温度和电压值是模拟量，而单片机只能处理数字量，所以在任务中使用 A/D 转换器 AD0809 把电压值（0～5V 直流电压值）转换成数字量，转换后的数据由单片机进行处理，最后单片机驱动数码管，显示电压数值。

在完成这个任务的过程中学习模/数转换器 AD0809 的原理、单片机控制电压采集控制电路的组成与连接，以及控制程序的编写方法。

做与学

一、连接电路，学习单片机控制电压采集系统的电路原理

单片机控制电压采集系统的电路原理如图 5-1-1 所示。图 5-1-1 中，单片机的 P0 口与 A/D 转换器 ADC0809 的输出口 D0～D7 直接连接；电位器（ADC/DAC 模块中的电压源）的电压值由 IN0 通道输入，这时 ADC0809 的地址输入线 A、B 和 C 直接接地；参考电压 REF + 接 5V。A/D 转换器 ADC0809 的引脚 22（ALE）与 6（START）连接在一起，在 ALE 信号的上升沿写入地址信号，在下降沿启动模/数转换，ALE 与 START 的配合如图 5-1-2 所示。检测到的电压在单片机处理后由数码管显示数值。

选用实训台装置中的 MCU01 主机模块、MCU02 电源模块、MCU04 显示模块、MCU07 ADC/DAC 模块，按图 5-1-3 和图 5-1-4 所示连接单片机控制电压采集系统电路。

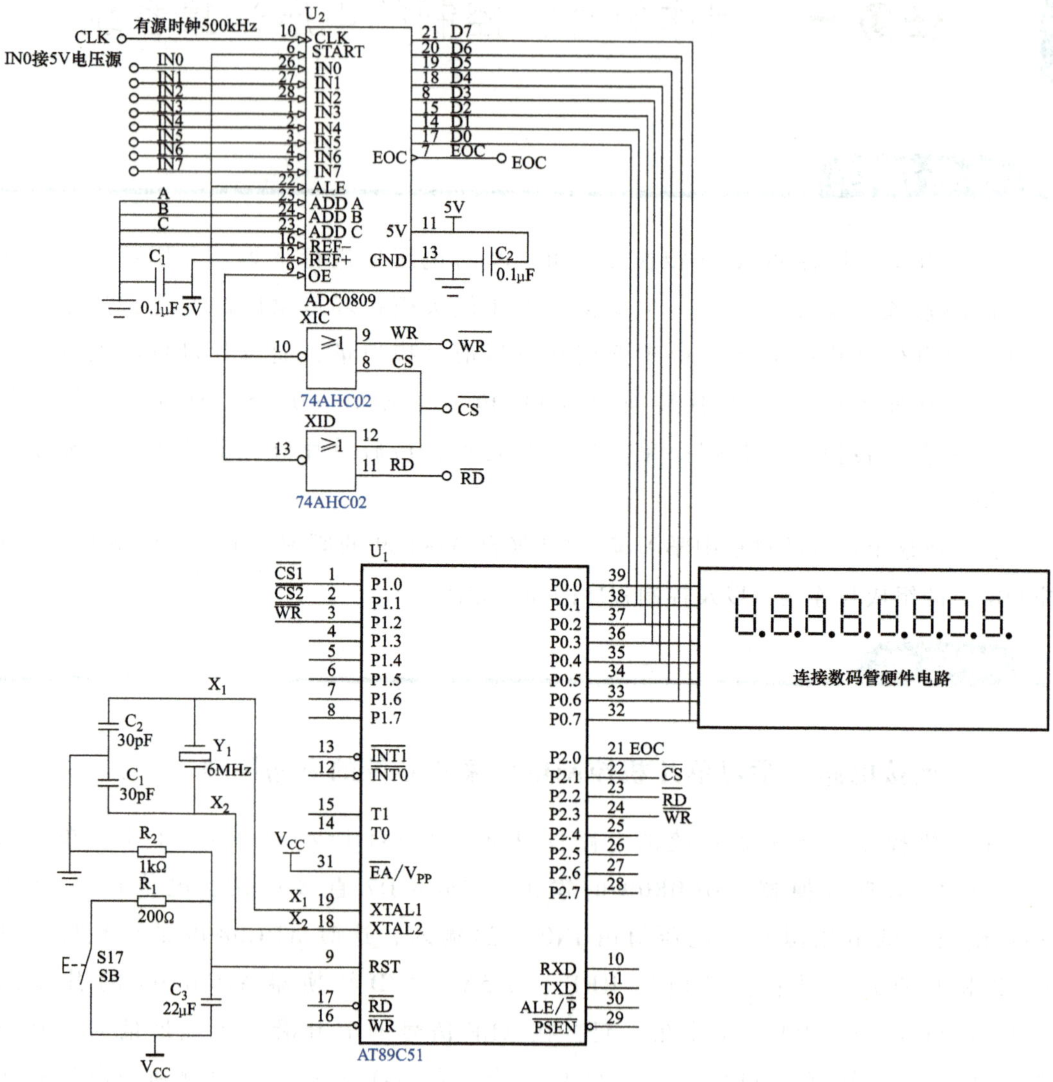

图 5-1-1 单片机控制电压采集系统的电路原理图

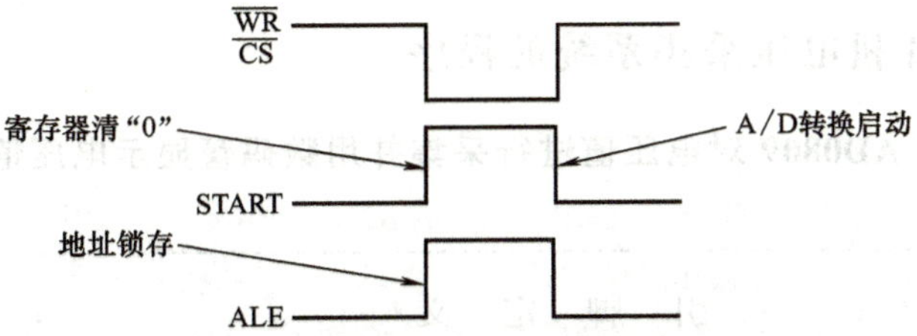

图 5-1-2　信号 ALE 与 START 的配合

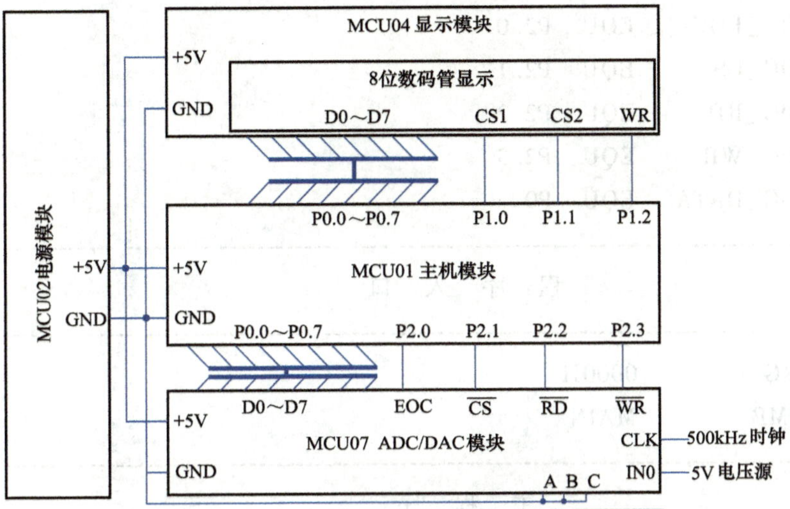

图 5-1-3　单片机控制电压采集系统的接线示意图

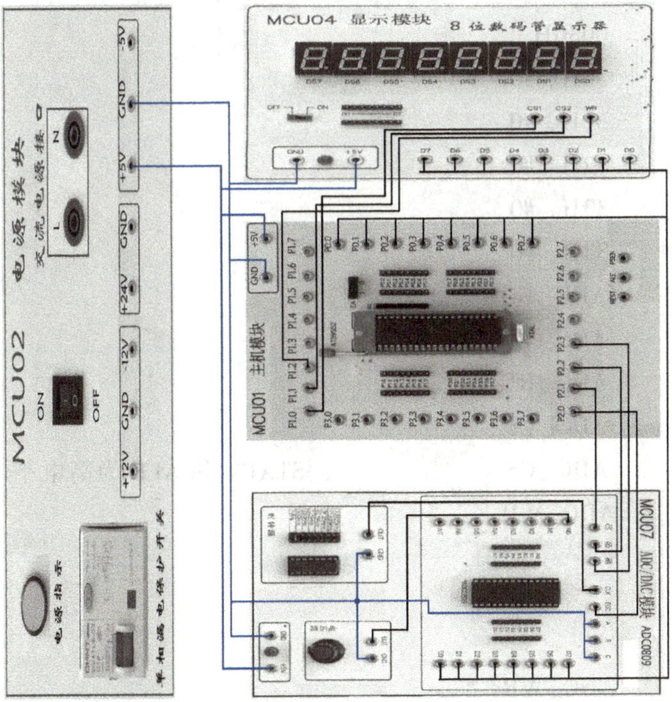

图 5-1-4　单片机控制电压采集系统的实物接线图

二、编写单片机电压采集系统的程序

1. 单片机控制 AD0809 对电压值进行采集并用数码管显示电压值的程序

```
; ---------------------------------------------------------------------
;                        引  脚  定  义
; ---------------------------------------------------------------------
        ADC_EOC     EQU   P2.0
        ADC_CS      EQU   P2.1
        ADC_RD      EQU   P2.2
        ADC_WR      EQU   P2.3
        ADC_DATA    EQU   P0
; ---------------------------------------------------------------------
;                        程  序  入  口
; ---------------------------------------------------------------------
        ORG         0000H
        AJMP        MAIN
; ---------------------------------------------------------------------
;                          主  程  序
; ---------------------------------------------------------------------
        ORG     0030H
MAIN:   MOV     30H, #0
        MOV     31H, #0
        MOV     32H, #0
        MOV     33H, #0
        MOV     34H, #0
ZhuanH: SETB    ADC_EOC
        SETB    ADC_WR
        SETB    ADC_RD
        SETB    ADC_CS
        CLR     ADC_CS                ; START 和 ALE 为高电平
        CLR     ADC_WR
        NOP
        NOP
        NOP
        SETB    ADC_WR
        SETB    ADC_CS
```

```
        NOP
WAIT:   JB      ADC_EOC, ADC
        LCALL   DISP                ; 等待转换完毕期间，要调用数码管动态显示
        LJMP    WAIT
ADC:    CLR     ADC_CS
        CLR     ADC_RD
        MOV     ADC_DATA, #0FFH     ; P0 口作输入，先写"1"
        MOV     A, ADC_DATA         ; 读 AD0809 转换后的数据到累加器
        SETB    ADC_RD
        SETB    ADC_CS
;-----------------------------------------------------------------------
;               将 ADC0809 转换后的二进制数转换为 BCD 码
;-----------------------------------------------------------------------
        CLR     C                   ; 清进位标志位
        MOV     50H, #0             ; 存储 BCD 码个位向高位进位的存储器清零
        MOV     51H, #0             ; 存储 BCD 码个位向高位进位的存储器清零
        MOV     B, #100
        DIV     AB
        MOV     32H, A              ; 暂存 BCD 码的最高位（百位）
        MOV     A, B
        MOV     B, #10
        DIV     AB
        MOV     31H, A              ; 暂存 BCD 码的次低位（十位）
        MOV     30H, B              ; 暂存 BCD 码的最低位（个位）
;-----------------------------------------------------------------------
;               将转换后的 BCD 码再转换成实际电压值
;-----------------------------------------------------------------------
        MOV     A, 30H              ; 将个位 BCD 码乘以 2
        ADD     A, 30H
        DA      A                   ; 做十进制调整
        MOV     50H, A
        ANL     50H, #0F0H          ; 存储向高位进位的数值
        ANL     A, #0FH             ; 屏蔽高 4 位，取低 4 位
        MOV     30H, A              ; 暂存 BCD 码的最低位（个位）
        MOV     A, 31H              ; 将十位 BCD 码乘以 2
```

```
        ADD     A, 31H
        DA      A               ; 做十进制调整
        MOV     51H, A
        ANL     51H, #0F0H      ; 存储向高位进位的数值
        MOV     31H, A
        ANL     31H, #0FH       ; 屏蔽高4位，取低4位
        MOV     A, 50H          ; 取出BCD码个位向十位进位的数值
        SWAP    A               ; 转换为低4字节
        ADD     A, 31H          ; 与十位BCD码相加
        DA      A
        MOV     31H, A          ; 暂存BCD码的次低位（十位）
        MOV     A, 32H
        ADD     A, 32H
        DA      A
        MOV     32H, A
        ANL     32H, #0FH       ; 屏蔽高4位，取低4位
        MOV     A, 51H          ; 取出BCD码十位向百位进位的数值
        SWAP    A               ; 转换为低4字节
        ADD     A, 32H          ; 与百位BCD码相加
        DA      A
        MOV     32H, A          ; 暂存BCD码的最高位（百位）
        LCALL   DISP            ; 调用显示子程序
        LJMP    ZhuanH          ; 调整到ZhuanH，程序开始A/D转换
; --------------------------------------------------------------------
;                       显 示 子 程 序
; --------------------------------------------------------------------
DISP:   MOV     DPTR, #TAB
        MOV     R2, #0FEH
        MOV     R0, #30H
DISP1:  MOV     P0, R2          ; 先送位码
        LCALL   WX
        MOV     A, @R0
        MOVC    A, @A+DPTR      ; 查数码管段码表
        JB      P0.2, DISP2     ; 判断数码管是否扫描到百位，为1跳
                                  转，为0显示小数点
```

```
        ORL     A, #7FH             ; 扫描到百位, 则 P1.7 置位, 数码管显示
                                    ;  小数点
DISP2:  MOV     P0, A               ; 送数码管段码
        LCALL   DX                  ; 调用段选子程序
        LCALL   delay               ; 调用延时子程序
        MOV     P0, #0FFH           ; 数码管消影
        LCALL   DX                  ; 调用段选子程序
        INC     R0                  ; 显示下个数据
        MOV     A, R2
        RL      A
        MOV     R2, A
        CJNE    A, #0EFH, DISP1     ; 只动态扫描 3 个数码管
        RET
WX:     CLR     P1.2
        CLR     P1.1
        SETB    P1.2
        SETB    P1.1
        RET
DX:     CLR     P1.2
        CLR     P1.0
        SETB    P1.2
        SETB    P1.0
        RET
;------------------------------------------------------------------
;                       延 时 子 程 序
;------------------------------------------------------------------
delay:  MOV     3FH, #255
        DJNZ     3FH, $
        RET
TAB:    DB3 fH, 06H, 5bH, 4fH, 66H, 6dH, 7dH, 07H, 7fH, 6fH
        END
```

2. 运行程序

调节电位器旋钮，一边观察数码管显示值的变化，一边用万用表直流电压 10V 挡，测量 ADC/DAC 模块中的输出电压（电压源 OUT 处），可看到数码管的显示电压值基本上与万用表的指示值一致。

3. 控制程序的分析

电位器电压的采集与显示控制的程序流程图如图 5-1-5 所示。程序主要由 3 部分组成，即启动 ADC、转换程序、数码管动态显示。

在转换程序中，先将 ADC0809 转换后的二进制数转换为 BCD 码，然后将转换后的 BCD 码再转换成实际电压值，最后送到数码管进行显示。

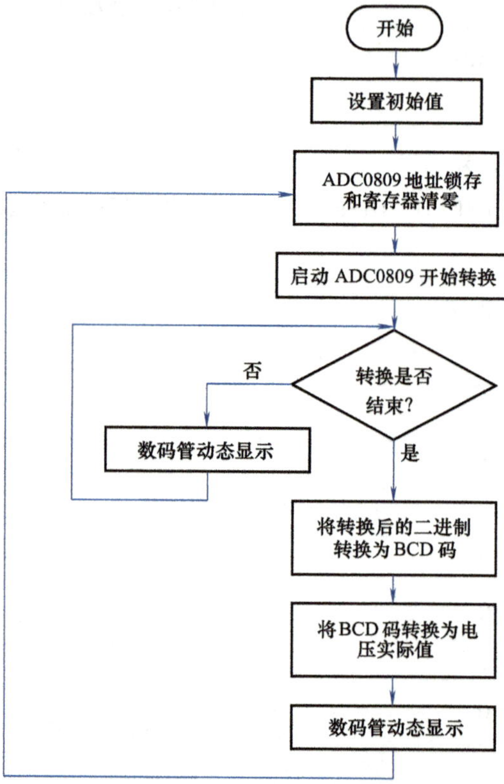

图 5-1-5　电位器电压的采集与显示控制的程序流程图

注意：程序流程图中，转换无论结束与否都有数码管进行动态显示，这是因为 ADC 转换需要时间，在转换期间最好调用数码管显示子程序，否则数码管会有闪烁现象。

多学一点

模/数转换器 ADC0809 是目前国内应用非常广泛的通用 8 位 A/D 转换器，是美国国家半导体公司的产品。

1. ADC0809 的内部逻辑结构

ADC0809 的内部逻辑结构如图 5-1-6 所示。ADC0809 由一个 8 路模拟开关、一个地址锁存与译码器、一个 8 路 A/D 转换器和一个三态输出锁存器组成。它可以和单片机接口直接连接。多路开关可选通 8 个模拟通道，允许 8 路模拟量分时输入，共用 A/D 转换器进行转换；三态输出锁器用于锁存 A/D 转换后的数字量，当 OE 端为高电平时，才可以从三态输出锁存器取走转换之后的数据。

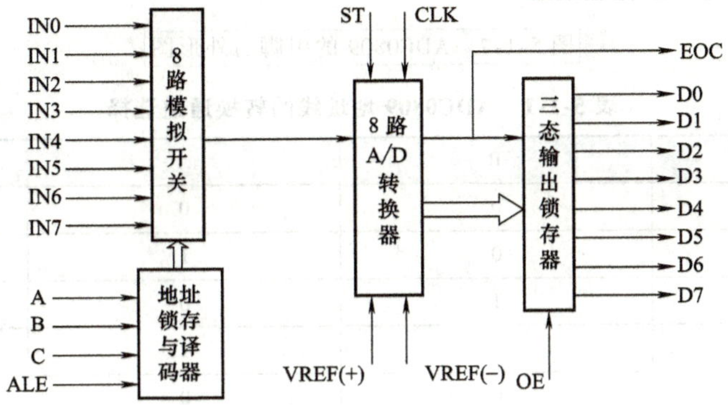

图 5-1-6　ADC0809 的内部逻辑结构

2. ADC0809 引脚功能

ADC0809 的引脚与外形图如图 5-1-7 所示，各引脚功能如下。

① D7 ~ D0：8 位数字量输出引脚。

② IN0 ~ IN7：8 位模拟量输入引脚。

③ VCC：5V 工作电压。

④ GND：地。

⑤ VREF（+）：参考电压正端。

⑥ VREF（-）：参考电压负端。

⑦ ST：A/D 转换启动信号输入端。

⑧ ALE：地址锁存允许信号输入端，高电平有效。START 和 ALE 均用于启动 A/D 转换。

⑨ EOC：ADC 转换状态输出信号引脚。未启动转换时，EOC 为高电平，启动转换后，在逐次逼近比较期间 EOC 为低电平，低电平持续时间为 A/D 转换时间，约 100μs（与时钟频率有关）。转换完毕，EOC 上跳为高电平，此信号可供 CPU 查询或向 CPU 发中断申请。

⑩ OE：输出允许控制端，用以打开三态数据输出锁存器。

⑪ CLK：时钟信号输入端，一般取 500kHz。

⑫ A、B、C：地址输入线。用于选通 IN0 ~ IN7 上的某一路模拟量输入。地址线的转换通道选择详细见表 5-1-1。

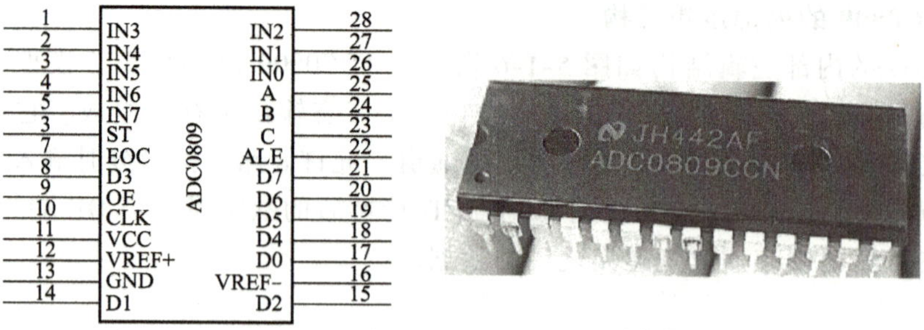

图 5-1-7　ADC0809 的引脚与外形图

表 5-1-1　ADC0809 地址线的转换通道选择

C	B	A	选择的通道
0	0	0	IN0
0	0	1	IN1
0	1	0	IN2
0	1	1	IN3
1	0	0	IN4
1	0	1	IN5
1	1	0	IN6
1	1	1	IN7

3. ADC0809 工作过程概述

ST 为转换启动信号。当 ST 为上升沿时，所有内部寄存器清零；下降沿时，开始进行 A/D 转换，在转换期间，ST 应保持低电平。EOC 为转换结束信号，EOC 为高电平表明转换结束，否则表明正在进行 A/D 转换。下面列出 ADC0809 模/数转换部分的程序：

```
ZhuanH:  SETB   ADC_EOC
         SETB   ADC_WR
         SETB   ADC_RD     ; ADC_RD =1 和 ADC_CS =1 就是 OE 为 0，
                           输出数据线呈高阻态
         SETB   ADC_CS     ; ADC_WR =1 和 ADC_CS =1 到 ADC_CS =0
                           和 ADC_WR =0 就是转换启动信号 ST 和地
                           址锁存允许信号 ALE 的上升沿，写入通道
                           地址并寄存器清“0”
         CLR    ADC_CS     ; 结合上面 ADC_CS =1 和 ADC_WR =1 形成
                           一个上升沿
         CLR    ADC_WR     ; 将 A、B、C 地址状态送入地址锁存器中
         NOP
         NOP
         NOP
```

```
        SETB    ADC_WR
        SETB    ADC_CS         ；转换启动信号 ST 和地址锁存允许信号 ALE
                               的下降沿，启动转换
        NOP
WAIT：  JB      ADC_EOC，ADC   ；等待转换结束（查询法）
        LCALL   DISP           ；等待转换完毕期间，要调用数码管动态显示
        LJMP    WAIT
```

1）ADC0809 内部带有输出锁存器，可以与 AT89C51 单片机直接相连。

2）初始化时，使 ST 和 OE 信号全为低电平。

3）将要转换的那一通道模拟量的地址送到地址锁存器中。

4）在 ST 端给出一个至少 100ns 宽的正脉冲信号。

5）是否转换完毕可以根据 EOC 信号来判断。

6）当 EOC 变为高电平时，这时给 OE 高电平，转换的数据就输出给单片机了。

如图 5-1-8 所示为 ADC0809 的查询方式。

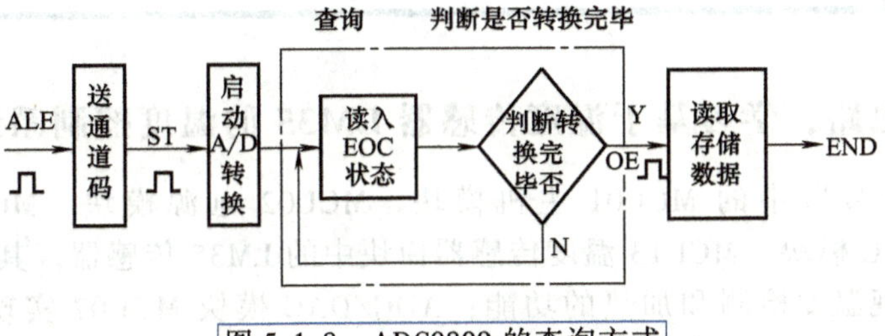

图 5-1-8 ADC0809 的查询方式

练习5—1

编写程序完成单片机对 ADC0809 的控制。把任务程序中的“将转换后的 BCD 码再转换成实际电压值”部分去掉后，下载程序并进行调试。运行程序后观察这时数码管显示什么？输入电压为 5V，经转换后输出的二进制值是不是 255（即 1111 1111）。

任务完成情况评价

考核评价见表 5-1-2。

表 5-1-2 考核评价表

考核内容	硬件部分				软件部分				职业操守				其他
评价	模块选择、接线工艺				程序编写、运行调试				安全、协助、文明操作				
	优	良	中	差	优	良	中	差	优	良	中	差	
综合评分													
任务点评													

注：在“优、良、中、差”下面的框中用“√”选择评价等级。

任务二　制作基于温度传感器 LM35 的温度控制系统

任务描述

制作用单片机控制环境温度，并用数码管显示温度值的系统。首先采用温度传感器 LM35 对室内温度进行检测，将检测获得的温度信号通过模/数转换器 AD0809 进行采集和转换，用单片机把采集的数据进行分析处理，并输出信号控制加热器工作。设置初始上电后开始加热，当温度超过 60.5℃时，停止加热；当温度下降到低于 40℃时，则开始加热，如此不断地循环。另外，用数码管显示检测到的实时温度值。

在完成这个任务的过程中学习单片机控制环境温度的系统组成、温度传感器 LM35 的工作原理和采集温度的方法，以及控制电路的连接和控制程序的编写方法。

做与学

一、连接电路，学习基于温度传感器 LM35 的温度控制系统电路原理

选用实训台装置中的 MCU01 主机模块、MCU02 电源模块、MCU04 显示模块、MCU07 ADC/DAC 模块、MCU13 温度传感器模块中的 LM35 传感器。其中，温度传感器模块 MCU13 实现温度检测和加热的功能；ADC/DAC 模块 MCU07 实现模/数转换的功能。按图 5-2-1 和图 5-2-2 所示连接基于温度传感器 LM35 的温度控制的电路。

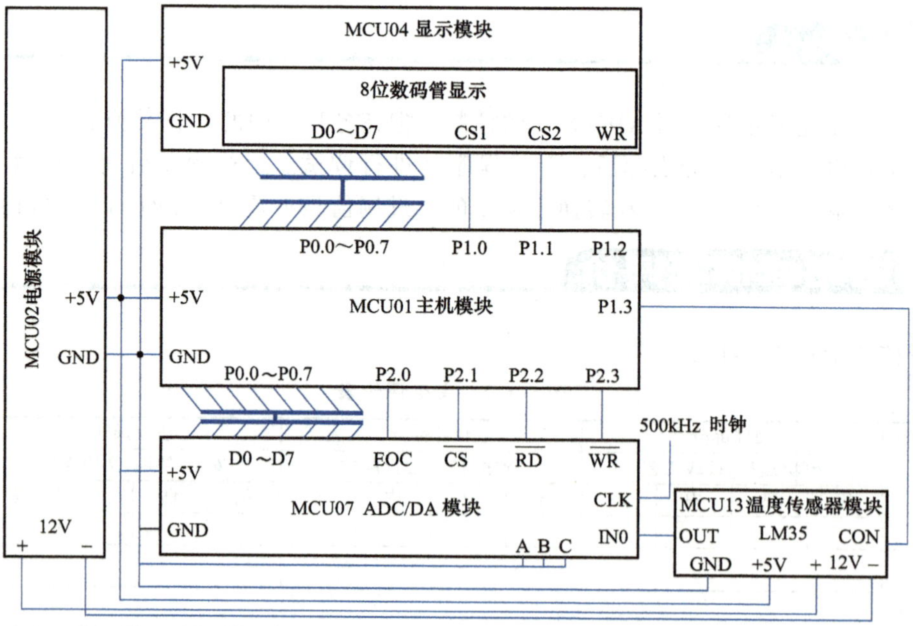

图 5-2-1　基于温度传感器 LM35 的温度控制电路接线示意图

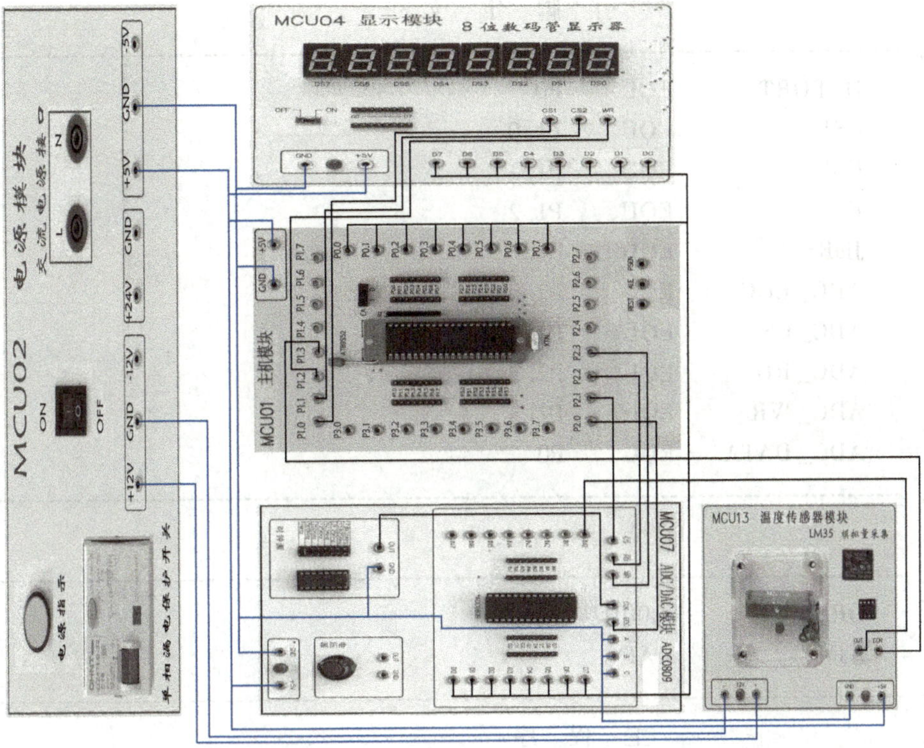

图 5-2-2　基于温度传感器 LM35 的温度控制电路实物接线图

接线图中 MCU07 ADC/DAC 模块的输出口 D0 ~ D7 与单片机的 P0 口连接，该模块的控制端 EOC、$\overline{CS}$、$\overline{RD}$、$\overline{WR}$分别接 P2.0 ~ P2.3 口；温度传感器模块 MCU13 输出（OUT）的温度信号通过 MCU07 模块的 IN0 通道输入到 A/D 转换器，该模块的发热控制端 CON 接在单片机的 P1.3 口。显示模块与单片机模块的连接已经在前面学习过，这里不再重复。

MCU13 温度传感器模块是集合了温度传感器 LM35、加热元件和电源接口的模块电路。其中，白色塑料盒的内环境用于模拟室内环境，LM35 和加热元件置于盒内；模块提供了温度输出接口 OUT 和发热元件控制接口 CON；12V 电源为 LM35 供电，5V 电源为发热元件供电。

MCU07 模块主要由 A/D 转换集成电路 AD0809 和逻辑电路组成。其中，MCU07 模块的地址端口 A、B、C 直接接地。

二、编写基于温度传感器 LM35 的温度控制系统的控制程序

1. 编写程序

基于温度传感器 LM35 的温度控制系统的程序如下：

```
; ------------------------------------------------------------------------
;                         引 脚 定 义
; ------------------------------------------------------------------------
        D_PORT          EQU     P0
        CS1             EQU     P1.0
        CS2             EQU     P1.1
        E               EQU     P1.2
        JiaRe           EQU     P1.3
        ADC_EOC         EQU     P2.0
        ADC_CS          EQU     P2.1
        ADC_RD          EQU     P2.2
        ADC_WR          EQU     P2.3
        ADC_DATA        EQU     P0
; ------------------------------------------------------------------------
;                       程 序 入 口
; ------------------------------------------------------------------------
        ORG             0000H
        AJMP            MAIN
; ------------------------------------------------------------------------
;                        主 程 序
; ------------------------------------------------------------------------
        ORG             0030H
MAIN:
        MOV             R1, #00H
        MOV             R0, #DS0
        MOV             A, #00H
MINIT:
        MOV             @R0, A
        INC             R0
        INC             R1
        CJNE            R1, #9, MINIT
MDIS:
        LCALL           ADC
        MOV             R5, #64H
MSS:
        LCALL           DISPLAY
        DJNZ            R5, MSS;
        MOV             R2, #02H              ；与60.5℃比较
        MOV             R3, #5DH
```

```
        LCALL       CMP
        JC          MSS1
        CLR         JiaRe              ；不超过 60.5℃，则加热
        AJMP        MDIS
MSS1：
        SETB        JiaRe              ；超过 60.5℃，则停止加热
        LCALL       ADC
        LCALL       DISPLAY
        MOV         R2，#01H           ；与 40.0℃比较
        MOV         R3，#90H
        LCALL       CMP
        JC          MSS1
        CLR         JiaRe              ；低于 40.0℃，则加热
        AJMP        MDIS
    ；--------------------------------------------------------------------
    ；                       显 示 子 程 序
    ；--------------------------------------------------------------------
CMP：
        CLR         C
        MOV         A，R3
        SUBB        A，46H
        MOV         A，R2
        SUBB        A，47H
        RET
DISPLAY：
        MOV         DPTR，#TAB
        MOV         R0，#03H           ；扫描 8 位数码管
        MOV         R1，#DS0           ；装入显存地址
        MOV         R2，#0FEH          ；位选
DISP：
        MOV         D_PORT，#0FFH
        CLR         E
        CLR         CS1
        CLR         CS2
        SETB        E
        SETB        CS2
        SETB        CS1
        MOV         A，@R1
```

```
        MOVC    A, @A+DPTR
        CJNE    R0, #02, DISP1
        ANL     A, #07FH
DISP1:
        MOV     D_PORT, A
        INC     R1              ; 指向下一显存
        CLR     E
        CLR     CS1
        SETB    E
        SETB    CS1
        MOV     A, R2
        MOV     D_PORT, A
        RL      A
        MOV     R2, A
        CLR     E
        CLR     CS2
        SETB    E
        SETB    CS2
        ACALL   DELAY
        DJNZ    R0, DISP
        RET
DELAY:  MOV     R7, #010H
DELY:
        MOV     R6, #020H
        DJNZ    R6, $
        DJNZ    R7, DELY
        RET
  TAB:
        DB  0C0H, 0F9H, 0A4H, 0B0H, 99H, 92H, 82H, 0F8H, 80H,
90H, 0BFH
  ; ------------------------------------------------------------------
  ;                     ADC 子 程 序
  ; ------------------------------------------------------------------
ADC:    SETB    ADC_EOC
        SETB    ADC_WR
        SETB    ADC_RD
        SETB    ADC_CS
        CLR     ADC_CS              ; START 和 ALE 为高电平
        CLR     ADC_WR
        NOP
```

```
        NOP
        NOP
        SETB    ADC_WR
        SETB    ADC_CS
        NOP
        JB      ADC_EOC, $
        CLR     ADC_CS
        CLR     ADC_RD
        MOV     ADC_DATA, #0FFH
        MOV     A, ADC_DATA
        SETB    ADC_RD
        SETB    ADC_CS
        MOV     B, #200
        MUL     AB
        MOV     44H, A
        MOV     A, B
        MOV     45H, A          ; 高位在45H，低位在44H
        ACALL   DIV4
        LCALL   HB2
        RET
DIV4:                           ; 4字节除2字节程序，R2R3R4R5/R6R7 = R4R5
        MOV     R2, #00H
        MOV     R3, #00H
        MOV     R4, 45H
        MOV     R5, 44H
        MOV     R6, #00h
        MOV     R7, #51
        MOV     A, R3
        CLR     C
        SUBB    A, R7
        MOV     A, R2
        SUBB    A, R6
        JNC     NDVE1
        MOV     B, #16
NDVL1:
        CLR     C
        MOV     A, R5
        RLC     A
```

```
        MOV     R5, A
        MOV     A, R4
        RLC     A
        MOV     R4, A
        MOV     A, R3
        RLC     A
        MOV     R3, A
        XCH     A, R2
        RLC     A
        XCH     A, R2
        MOV     F0, C
        CLR     C
        SUBB    A, R7
        MOV     R1, A
        MOV     A, R2
        SUBB    A, R6
        JB      F0, NDVM1
        JC      NDVD1
NDVM1:
        MOV     R2, A
        MOV     A, R1
        MOV     R3, A
        INC     R5
NDVD1:
        DJNZ    B, NDVL1
        CLR     F0
        MOV     47H, R4
        MOV     46H, R5
        RET
NDVE1:
        SETB    F0
        MOV     47H, R4
        MOV     46H, R5
        RET
HB2:                            ；双字节 16 进制转三字节 10 进制
        MOV     R2, 47H         ；R2R3 转 R4R5R6
        MOV     R3, 46H
        CLR     A
```

```
        MOV     R4, A
        MOV     R5, A
        MOV     R6, A
        MOV     R7, #16
HB3:
        CLR     C
        MOV     A, R3
        RLC     A
        MOV     R3, A
        MOV     A, R2
        RLC     A
        MOV     R2, A
        MOV     A, R6
        ADDC    A, R6
        DA      A
        MOV     R6, A
        MOV     A, R5
        ADDC    A, R5
        DA      A
        MOV     R5, A
        MOV     A, R4
        ADDC    A, R4
        DA      A
        MOV     R4, A
        DJNZ    R7, HB3
        MOV     A, R6
        ANL     A, #0FH
        MOV     DS0, A
        MOV     A, R6
        SWAP    A
        ANL     A, #0FH
        MOV     DS1, A
        MOV     A, R5
        ANL     A, #0FH
        MOV     DS2, A
        MOV     A, R5
        SWAP    A
        ANL     A, #0FH
```

```
        MOV     DS3, A
        MOV     A, R4
        ANL     A, #0FH
        MOV     DS4, A
        MOV     A, R4
        SWAP    A
        ANL     A, #0FH
        MOV     DS5, A
        RET
        END
```

2. 运行程序

系统加电，运行控制程序，数码管显示温度传感器 LM35 检测到的初始温度，温度低于 40℃时，单片机启动加热器，加热器工作后，室内温度逐渐上升，数码管显示的温度值随之不断地上升；当室内温度高于 60.5℃时，单片机控制加热器停止工作，室内温度逐渐下降，数码管实时显示温度值；当温度下降到 40℃以下时，又重新开始加热，重复上述工作过程。

多学一点

一、什么是温度传感器

能感受温度并转换成可用输出信号的传感器称为温度传感器。

二、温度传感器 LM35

LM35 是美国国家半导体公司生产的集成电路温度传感器系列产品之一，该器件属于电压型温度传感器，即输出电压与摄氏温度成线性比例关系。例如温度为 0 时，输出电压为 0；温度每上升 1℃，输出电压增加 10mV。LM35 在使用时无须外部校准或微调就能达到 ±1/4℃的准确度，所以在各类民用控制、工业控制、航空航天技术的温度测量和温度控制方面得到了广泛应用。

1. 技术参数

1）工作电压：直流 4～30V。
2）工作电流：小于 133μA。
3）输出电压：0～1V。
4）输出阻抗：1mA 负载时 0.1Ω。
5）精度：0.5℃精度（在 25℃时）。
6）泄漏电流：小于 60μA。
7）比例因数：线性 10.0mV/℃。
8）非线性度：±1/4℃。
9）校准方式：直接用摄氏温度校准。
10）封装：密封 TO—46 晶体管封装或塑料 TO—92 晶体管封装。

11）使用温度范围：－55～150℃。

2. LM35 的外形与引脚介绍

LM35 的外形与引脚图如图 5-2-3 所示，引脚 1 为输出引脚 V_{OUT}，引脚 4 为电源地 GND，引脚 8 为电源＋V_S，其他引脚悬空（N. C.）。

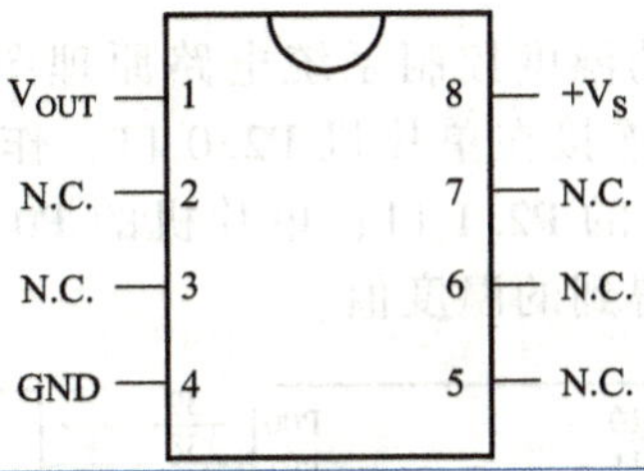

图 5-2-3　LM35 的外形与引脚图

练习5—2

使用温度传感器 LM35，编写程序完成单片机对室内温度的控制，要求在任务二程序的基础上，把温度范围保持在 0～50℃。另外，再添加一个加热指示灯。

任务完成情况评价

考核评价见表 5-2-1。

表 5-2-1　考核评价表

考核内容	硬件部分				软件部分				职业操守				其他
评价	模块选择、接线工艺				程序编写、运行调试				安全、协助、文明操作				
	优	良	中	差	优	良	中	差	优	良	中	差	
综合评分													
任务点评													

注：在“优、良、中、差”下面的框中用“√”选择评价等级。

任务三　制作基于温度传感器 DS1820 的温度控制系统

任务描述

本任务也是制作用单片机控制环境温度的系统，但系统中采用的温度传感器是 DS1820 集成电路。具体的控制功能与上一任务相同，这里不再赘述。

在完成这个任务的过程中，学习温度传感器 DS1820 原理和采集温度的方法、控制电路的连接、区分使用 LM35 与 DS1820 传感器时温控系统电路的不同、进一步熟悉温度控制系统控制程序的编写方法。

做与学

一、连接电路，学习基于温度传感器 DS1820 的温度控制系统电路原理

基于温度传感器 DS1820 的温度控制系统电路原理图如图 5-3-1 所示。电路图中温度传感器 DS1820 的输出 OUT 连接在单片机 P2.0 口，作为温度的数字量输入；传感器的加热控制端 CON 接在单片机的 P2.1 口；单片机的 P0 口连接 8 个数码管，用来实时显示温度传感器 DS1820 测量得到的温度值。

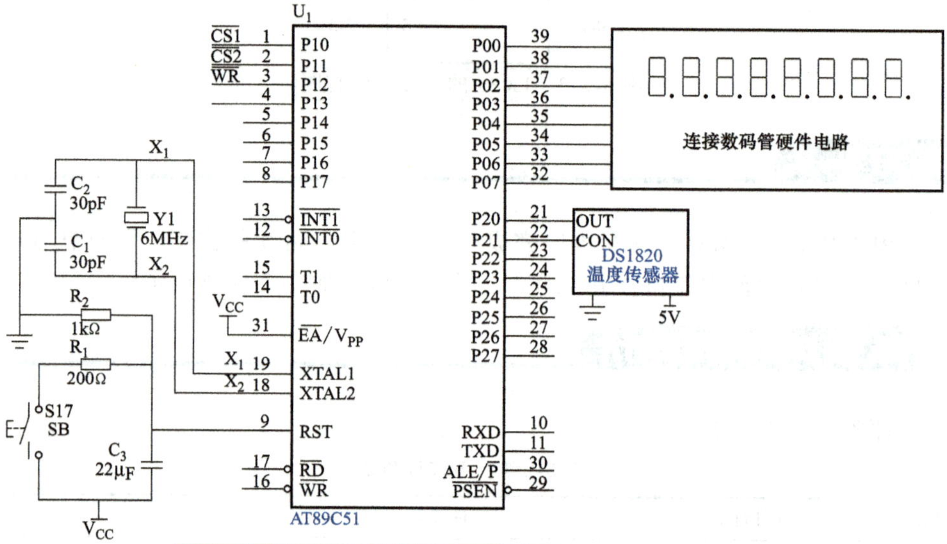

图 5-3-1　基于温度传感器 DS1820 的温度控制的原理图

选用实训台装置中的模块与任务二是相同的，不同的是在 MCU13 温度传感器模块中使用 DS1820 传感器。控制系统电路按图 5-3-2 和图 5-3-3 所示进行连接。

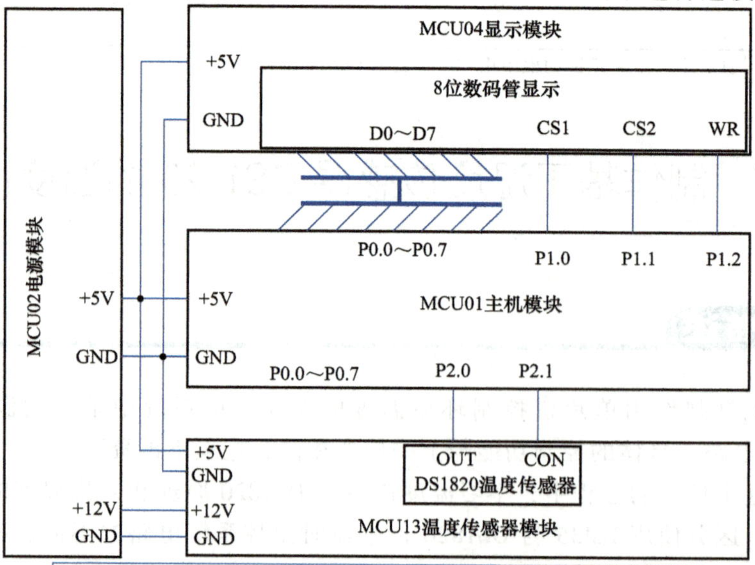

图 5-3-2　基于温度传感器 DS1820 的温度控制的接线示意图

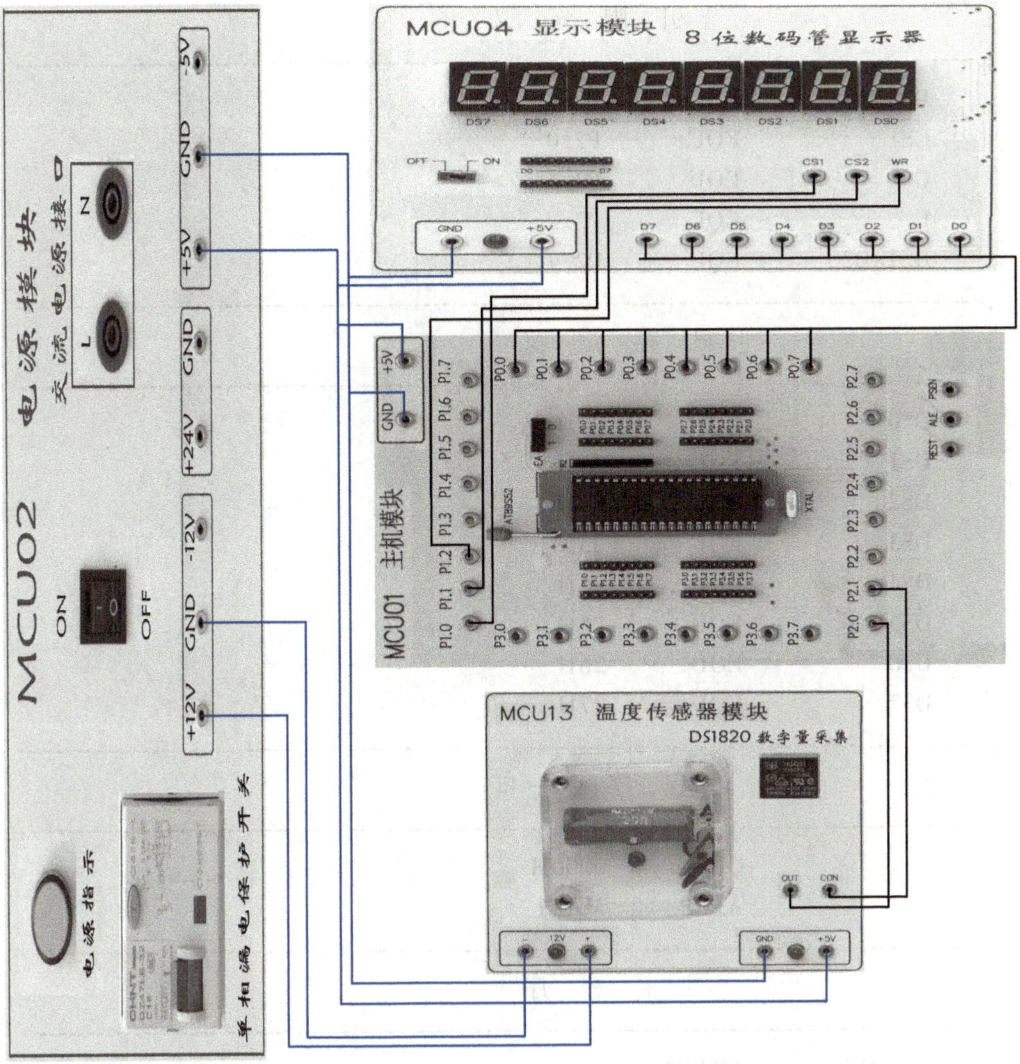

图 5-3-3　基于温度传感器 DS1820 的温度控制的实物接线图

从电路可见，基于传感器 DS1820 的温控电路比基于传感器 LM35 温控电路要简单许多，这是因为传感器 DS1820 集成了模/数转换的功能，所以采集的温度信号（数字量）可直接与单片机连接。

二、编写基于温度传感器 DS1820 的温度控制系统程序

1. 编写程序

设置初始上电后开始加热，当温度超过 60.5℃时，停止加热；当温度下降低于 40℃时，则开始加热，如此不断地循环。基于温度传感器 DS1820 的温度控制系统程序编写如下：

```
; ------------------------------------------------------------------------
;                          引  脚  定  义
; ------------------------------------------------------------------------
    D_PORT        EQU        P0
    CS1           EQU        P2.0
    CS2           EQU        P2.1
    E             EQU        P2.2
    DS18B20       EQU        P2.7
; ------------------------------------------------------------------------
;                          显  存  定  义
; ------------------------------------------------------------------------
    DS0           EQU        20H
    DS1           EQU        21H
    DS2           EQU        22H
    DS3           EQU        23H
    DS4           EQU        24H
    DS5           EQU        25H
    DS6           EQU        26H
    DS7           EQU        27H
; ------------------------------------------------------------------------
;                          程  序  入  口
; ------------------------------------------------------------------------
                  ORG        0000H
                  AJMP       MAIN
; ------------------------------------------------------------------------
;                            主  程  序
; ------------------------------------------------------------------------
        ORG       0030H
MAIN:
        MOV       R1, #00H
        MOV       R0, #DS0
        MOV       A, #00H
MINIT:                                   ; 8个显存存储器清零
        MOV       @R0, A
        INC       R0
        INC       R1
        CJNE      R1, #9, MINIT
        MOV       DS0, #01H
MDIS:
```

```
        MOV         R5, #64H
MSS:
        LCALL       DISPLAY
        DJNZ        R5, MSS;
        LCALL       DS18B20WORK
        ACALL       BINBCD1
        AJMP        MDIS
; ------------------------------------------------------------------------
;                   显 示 子 程 序
; ------------------------------------------------------------------------
DISPLAY:
        MOV         DPTR, #TAB
        MOV         R0, #04H            ; 扫描 8 位数码管
        MOV         R1, #DS0            ; 装入显存地址
        MOV         R2, #0FEH           ; 位选
DISP:
        MOV         A, @R1
        MOVC        A, @A+DPTR
        CJNE        R0, #02, DISP1
        ANL         A, #07FH
DISP1:
        MOV         D_PORT, A
        INC         R1                  ; 指向下一显存
        CLR         E
        CLR         CS1
        SETB        E
        SETB        CS1
        MOV         A, R2
        MOV         D_PORT, A
        RL          A
        MOV         R2, A
        CLR         E
        CLR         CS2
        SETB        E
        SETB        CS2
        ACALL       DELAY
        DJNZ        R0, DISP
        MOV         D_PORT, #0FFH
```

```
        CLR     E
        CLR     CS2
        SETB    E
        SETB    CS2
        RET
DELAY:
        MOV     R7, #15H
DELY:
        MOV     R6, #30H
        DJNZ    R6, $
        DJNZ    R7, DELY
        RET
TAB:    DB  0C0H, 0F9H, 0A4H, 0B0H, 99H, 92H, 82H, 0F8H, 80H, 90H, 0BFH
;----------------------------------------------------------------------
;                       初 始 化 子 程 序
;----------------------------------------------------------------------
RESETDS18B20:                   ; 初始化子程序
        CLR     DS18B20         ; 发出复位脉冲
        MOV     R0, #250        ; 计数 250 次
        DJNZ    R0, $           ; 保持低电平 500μs
        SETB    DS18B20         ; 释放总线
        MOV     R0, #35
        DJNZ    R0, $
        JNB     DS18B20, $
        SETB    DS18B20
        MOV     R0, #50
        DJNZ    R0, $
        RET
;----------------------------------------------------------------------
;                 写 命 令 到 DS1820 中 的 子 程 序
;----------------------------------------------------------------------
WRDS18B20:
        MOV     B, #08H         ; 1 字节循环写入 8 次
WR1:
        RRC     A
        CLR     DS18B20         ; 清 DS1820 总线
        NOP
        NOP
        NOP
```

```
        NOP
        NOP
        MOV     DS18B20, C      ; 将命令的低位写入 DS1820
        MOV     R0, #28         ; 延时一段时间
        DJNZ    R0, $
        SETB    DS18B20         ; 置总线为高电平
        DJNZ    B, WR1          ; 1 字节命令写完否？若没有，继续写
        RET                     ; 返回
; -----------------------------------------------------------------
;               读 DS1820 总 线 上 的 温 度 数 据
; -----------------------------------------------------------------
RDDS18B20:
        MOV     B, #08H         ; 读 1 字节数据要进行 8 次
        MOV     A, #00H
        CLR     C
RD1:
        CLR     DS18B20         ; 置总线为低电平
        NOP
        NOP
        NOP
        NOP
        SETB    DS18B20         ; 置总线为高电平
        MOV     C, DS18B20      ; 读取 1 位数据
        RRC     A
        MOV     R0, #23         ; 延时一段时间
        DJNZ    R0, $
        SETB    DS18B20         ; 总线置高电平
        DJNZ    B, RD1          ; 判断是否读取 1 字节，否则继续
                                  读取
        RET                     ; 是则返回
; -----------------------------------------------------------------
;               DS1820   工   作   子   程   序
; -----------------------------------------------------------------
DS18B20WORK:
        JNB     DS18B20, OUT    ; 总线是否有数据输出
        ACALL   RESETDS18B20    ; DS1820 初始化（复位）
        MOV     A, #0CCH        ; 跳过 ROM 的命令 CCH
        ACALL   WRDS18B20       ; 调用写 DS1820 子程序
        MOV     A, #0BEH        ; 从 RAM 中读温度数据的命令
```

```
        ACALL     WRDS18B20        ；调用写 DS1820 子程序
        ACALL     RDDS18B20        ；调用读 DS1820 子程序
        MOV       B，A             ；将读取的温度数据分别存入显示缓存
                                     DS7、DS6 中
        SWAP      A
        ANL       A，#0FH
        MOV       DS7，A
        MOV       A，B
        ANL       A，#0FH
        MOV       DS6，A
        ACALL     RDDS18B20        ；调用读 DS1820 子程序
        RL        A
        RL        A
        RL        A
        RL        A
        ADD       A，DS7
        MOV       DS7，A
        LCALL     DISPLAY
        LCALL     DISPLAY
        ACALL     RESETDS18B20
        MOV       A，#0CCH         ；跳过 ROM
        ACALL     WRDS18B20
        MOV       A，#44H          ；温度转换
        ACALL     WRDS18B20        ；调用写 DS1820 子程序
OUT：   RET
；----------------------------------------------------------------------
；              二 进 制 转 换 为 BCD 码 子 程 序
；----------------------------------------------------------------------
BINBCD1：
        MOV       A，DS7
        MOV       B，#100
        DIV       AB
        MOV       DS4，A
        MOV       A，#10
        XCH       A，B
        DIV       AB
        MOV       DS3，A
```

```
        MOV     DS2, B
        MOV     A, DS6
        MOV     DPTR, #TEMTAB
        MOVC    A, @A+DPTR
        MOV     B, #100
        DIV     AB
        MOV     A, #10
        XCH     A, B
        DIV     AB
        MOV     DS1, A
        MOV     DS0, B
        RET
;-----------------------------------------------------------------
;                       数 据 表
;-----------------------------------------------------------------
TEMTAB:
        DB      00, 06, 13, 19, 25, 31          ; 5
        DB      38, 44, 50, 56, 62, 69          ; 11
        DB      75, 81, 88, 94
        END
```

2. 程序分析

基于温度传感器 DS1820 的温度控制系统的控制程序流程图如图 5-3-4 所示。由于

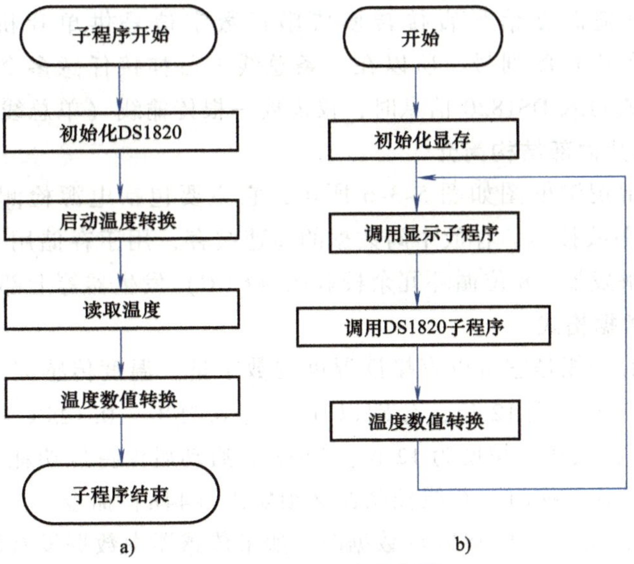

图 5-3-4 程序流程图

a) DS1820 子程序流程图 b) 主程序流程图

程序简单，这里不再说明。

多学一点

美国 DALLAS 公司生产的数字化温度传感器 DS1820 是世界上第一片支持“一线总线”接口的温度传感器，使用户可轻松地组建温度传感器检测网络，为检测系统的构建引入了全新的概念。

1. 芯片的引脚

温度传感器 DS1820 引脚如图 5-3-5 所示，其引脚接线方式与功能指标如下。

GND：地。

V_{DD}：电源电压。

DQ：数据输入/输出脚（单线接口，可作寄生供电）。

2. 温度传感器 DS1820 的特点

1）DS1820 在与微处理器连接时仅需要一条传输线即可实现两者之间的双向通信。

2）DS1820 支持多点组网功能，多个 DS1820 可以并联在唯一的三线上，实现组网多点测量。

3）DS1820 在使用中不需要任何外围元件，其传感元件及 A/D 转换电路都集成在一只形如晶体管的芯片内。

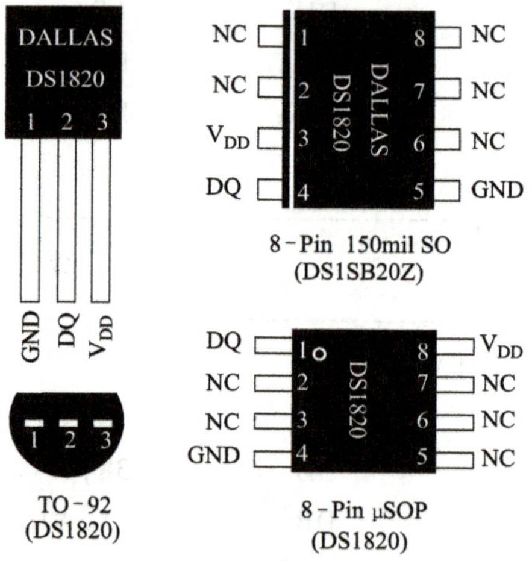

图 5-3-5 DS1820 外观与引脚图

4）温度测量范围为 -55 ~ 125℃，在 -10 ~ 85℃时，精度为 ±0.5℃。

5）DS1820 可把温度信号直接转换成串行数字信号供单片机处理。由于每片 DS1820 含有唯一的串行序列号，所以在一条总线上可挂接任意多个 DS1820 芯片。从 DS1820 读出信息或写入 DS1820 信息时，仅需要一根传输线（单总线接口）。

3. DS1820 芯片内部结构简介

DS1820 的内部逻辑框图如图 5-3-6 所示，它主要包括电源检测、温度灵敏元件、64 位激光 ROM、单线接口、存放中间数据的高速缓存，用于存储用户设定的温度上下限值的 TH 和 TL 触发器、8 位循环冗余校验码（CRC）发生器等七部分。

4. 转换后的数据格式

DS1820 的核心功能是它可以直接读温度的数字量。温度传感器的精度为用户可编程的 9 位、10 位、11 位或 12 位，分别以 0.5℃、0.25℃、0.125℃和 0.0625℃增量递增。在上电状态下，默认的精度为 12 位。DS1820 启动后保持低功耗等待状态；当需要执行温度测量和 A/D 转换时，总线控制器必须发出［44h］命令。

在转换过程中，当要对 DS1820 读数据时，如果传感器中数据没有转换完毕则返回 0，如果转换结束则返回 1，之后就可以读取所需要的温度值，这里以 12 位转化为例：用 16 位符号扩展的二进制补码读数形式提供，以 0.0625℃/LSB 形式表达，其中 S 为符号位。

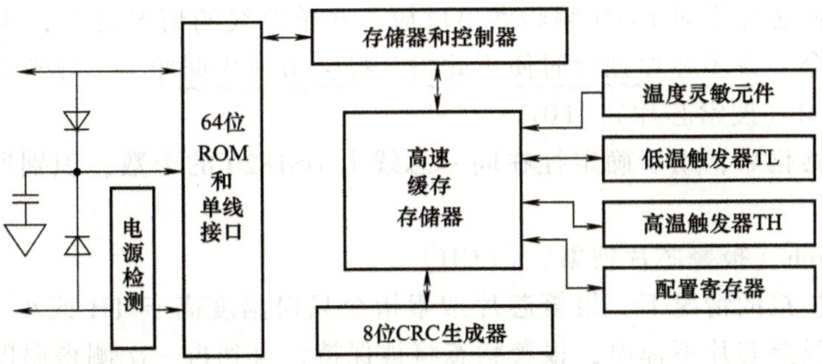

图 5-3-6　DS1820 芯片内部逻辑框图

温度寄存器格式如图 5-3-7 所示。

	bit 7	bit 6	bit 5	bit 4	bit 3	bit 2	bit 1	bit 0
LS Byte	2^3	2^2	2^1	2^0	2^{-1}	2^{-2}	2^{-3}	2^{-4}
	bit 15	bit 14	bit 13	bit 12	bit 11	bit 10	bit 9	bit 8
MS Byte	S	S	S	S	S	2^6	2^5	2^4

图 5-3-7　温度寄存器格式

这是 12 位转化后得到的 12 位数据，存储在 DS1820 的两个 8 位的 RAM 中，二进制中的前面 5 位是符号位，如果测得的温度大于 0，则这 5 位为 0，只要将测到的数值乘以 0.0625 即可得到实际温度；如果温度小于 0，则这 5 位为 1，测到的数值需要取反加 1 再乘以 0.0625 即可得到实际温度。例如，125℃ 的数字输出为 07D0H，25.0625℃ 的数字输出为 0191H，-25.0625℃ 的数字输出为 FF6FH，-55℃ 的数字输出为 FC90H。

5. 对 DS1820 的操作命令

对 DS1820 的操作命令有初始化命令、ROM 操作命令、存储器操作命令。

1）初始化命令。

单总线上的所有处理均从初始化开始，主要是对 DS1820 进行复位。

2）ROM 操作命令。

Read ROM（读 ROM）［33H］（方括号中的为 16 进制的命令字）

这个命令允许总线控制器读取 DS1820 的 64 位 ROM。只有当总线上只存在一个 DS1820 时才可以使用此命令，如果挂接不只一个 DS1820，当通信时将会发生数据冲突。

Match ROM（指定匹配芯片）［55H］

这个指令后面紧跟着由控制器发出的 64 位序列号，当总线上有多只 DS1820 时，只有与控制发出的序列号相同的芯片才可以做出反应，其他芯片将等待下一次复位。这条指令适用于单芯片和多芯片挂接的情况。

Skip ROM（跳跃 ROM 指令）［CCH］

```
MOV      A，#0CCH      ；跳过 ROM 的命令 CCH
ACALL    WRDS18B20     ；调用写 DS1820 子程序
```

这条指令使芯片不对 ROM 编码做出反应，在单总线的情况之下，为了节省时间则可以选用此指令。在多芯片挂接时使用此指令将会出现数据冲突，导致错误出现。

Search ROM（搜索芯片）[F0H]

在芯片初始化后，用于确定挂在同一总线上 DS1820 的个数，识别所有 64 位 ROM 的地址。

Alarm Search（报警芯片搜索）[ECH]

在多芯片挂接的情况下，报警芯片搜索指令只对温度高于 TH 或小于 TL 报警的芯片做出反应。只要芯片不掉电，报警状态将被保持，直到再一次测得温度值满足不报警条件为止。

3）存储器操作命令。

Write Scratchpad（向 RAM 中写数据）[4EH]

这是向 RAM 中写入数据的指令，随后写入的两个字节的数据将会被存到地址 2（报警 RAM 之 TH）和地址 3（报警 RAM 之 TL）中。写入过程中可以用复位信号中止写入。

Read Scratchpad（从 RAM 中读数据）[BEH]

```
MOV     A, #0BEH        ; 从 RAM 中读温度数据的命令
ACALL   WRDS18B20       ; 调用写 DS1820 子程序
```

此指令将从 RAM 中读数据，从地址 0 开始，一直可以读到地址 9，完成整个 RAM 数据的读取。芯片允许在读过程中用复位信号中止读取，即可以不读取后面不需要的字节以减少读取时间。

Copy Scratchpad（将 RAM 数据复制到 EEPROM 中）[48H]

此指令将 RAM 中的数据存入 EEPROM 中，以使数据掉电不丢失。此后由于芯片忙于 EEPROM 储存处理，当控制器发送一个读时间隙时，总线上输出“0”，当储存工作完成时，总线将输出“1”。在寄生工作方式下，必须在发出此指令后立刻使用强上拉电位，并至少保持 10ms，来维持芯片工作。

Convert T（温度转换）[44H]

```
MOV     A, #44H         ; 温度转换
ACALL   WRDS18B20       ; 调用写 DS1820 子程序
```

收到此指令后芯片将进行一次温度转换，将转换的温度值放入 RAM 的第 1、2 地址中。此后由于芯片忙于温度转换处理，当控制器发一个读时间隙时，总线上输出“0”，当储存工作完成时，总线将输出“1”。在寄生工作方式下，必须在发出此指令后立刻使用强上电位，并至少保持 500ms，来维持芯片工作。

Recall EEPROM（将 EEPROM 中的报警值复制到 RAM）[B8H]

此指令将 EEPROM 中的报警值复制到 RAM 中的第 3、4 个字节里。由于芯片忙于复制处理，当控制器发一个读时间隙时，总线上输出“0”，当储存工作完成时，总线将输出“1”。另外，此指令将在芯片上电复位时被自动执行。

Read Power Supply（工作方式切换）[B4H]

此指令发出后发出读时间隙，芯片会返回它的电源状态字，“0”为寄生电源状态，“1”为外部电源状态。

练习5—3

使用单片机与DS1820温度传感器，制作一个环境温度控制系统，要求通过单片机对DS1820温度传感器输出的数据进行采集，把采集的数据进行处理后，使温度保持在40～60.5℃之间。要求上电后开始加热；若温度超过60.5℃，停止加热；若温度下降低于40℃，重新开始加热，如此不断循环。

任务完成情况评价

考核评价见表5-3-1。

表5-3-1　考核评价表

<table>
<tr><td>考核内容</td><td colspan="4">硬件部分</td><td colspan="4">软件部分</td><td colspan="4">职业操守</td><td>其他</td></tr>
<tr><td rowspan="3">评价</td><td colspan="4">模块选择、接线工艺</td><td colspan="4">程序编写、运行调试</td><td colspan="4">安全、协助、文明操作</td><td rowspan="3"></td></tr>
<tr><td>优</td><td>良</td><td>中</td><td>差</td><td>优</td><td>良</td><td>中</td><td>差</td><td>优</td><td>良</td><td>中</td><td>差</td></tr>
<tr><td></td><td></td><td></td><td></td><td></td><td></td><td></td><td></td><td></td><td></td><td></td><td></td></tr>
<tr><td>综合评分</td><td colspan="4"></td><td colspan="4"></td><td colspan="4"></td><td></td></tr>
<tr><td>任务点评</td><td colspan="13"></td></tr>
</table>

注：在“优、良、中、差”下面的框中用“√”选择评价等级。

项目六

单片机控制数/模转换器DAC0832产生锯齿波电压

项目概述

在自动控制领域中，不仅需要用到如项目五所示的对模拟量进行采集（模/数转换）的工作，还需要用一个线性增长的物理量（如电压），即模拟量来控制执行机构工作，如控制电压大小进而控制直流电动机的转速等。

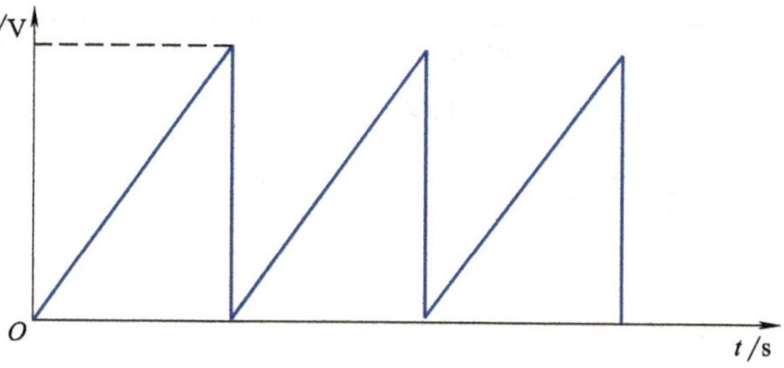

图 6-1-1　锯齿波电压波形

本项目的任务是用单片机控制数/模转换器 DAC0832 产生锯齿波电压（模拟量），并用锯齿波电压依次点亮 LED 电平指示灯。锯齿波电压波形如图 6-1-1 所示。

学习目标

1. 掌握用单片机组成模拟电压发生器的基本方法。
2. 掌握数/模转换器 DAC0832 的工作原理。
3. 了解数/模转换器 DAC0832 与单片机的接口电路，并掌握电路的连接方法。
4. 能够根据数/模转换器 DAC0832 的工作时序编写控制程序。

做与学

一、连接电路，学习用单片机控制数/模转换器 DAC0832 产生锯齿波的原理

单片机控制数/模转换器 DAC0832 产生锯齿波的电路原理图如图 6-1-2 所示。单片机的 P0 口直接连接 DAC0832 转换数据输入端口（D0 ~ D7）；单片机的 P2.7 和 P2.6 口分别接在 DAC0832 片选信号$\overline{CS}$和第 1 写信号（输入）$\overline{WR1}$上；数/模转换器 DAC0832 的 ILE 端接 5V 电源，为高电平；$\overline{WR2}$和$\overline{XFER}$端子直接接地，所以转换器 DAC 工作于直通方式。

图 6-1-2 中，DAC0832 输出是电流型的，所以电路中采用运算放大器把电流转换为电压输出。DAC0832 的引脚⑨FB（DAC0832 内部电阻）即为运算放大器的反馈电阻端。当单片

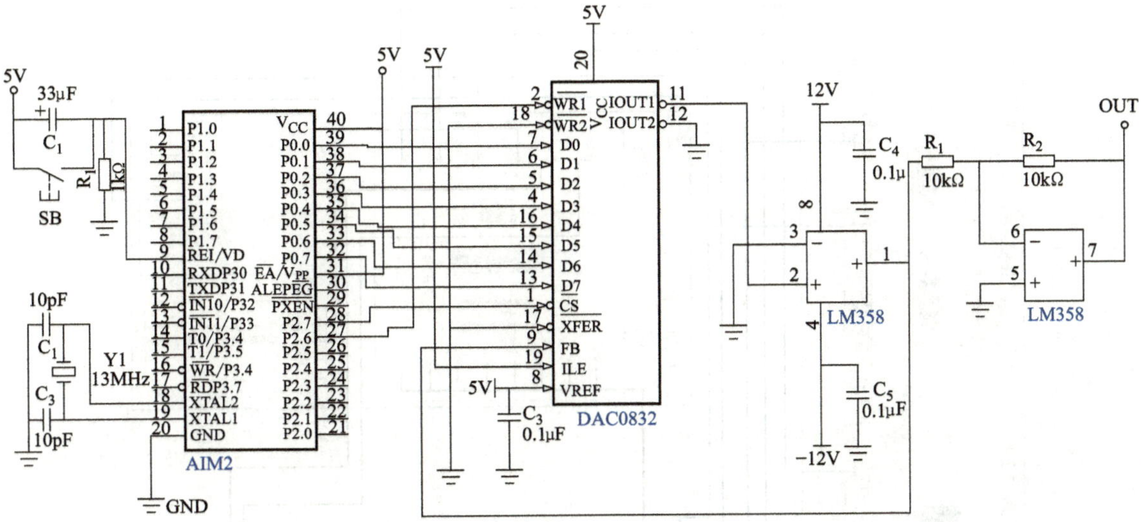

图 6-1-2　单片机控制数/模转换器 DAC0832 产生锯齿波的电路原理图

机输出的数字量范围在 00 ~ FFH 时，运算器放大的电压输出量为 0 ~ xV 或 0 ~ − xV，这种方式称单极性输出；若电压输出为 ± xV，则称为双极性输出。用户可根据实际应用的需要选择单极性输出或双极性输出。图 6-1-2 电路中用一片双运放 LM358 来实现单极性输出 OUT。

图 6-1-2 电路中，DAC0832 的连接采用了单缓冲的工作方式（DAC0832 的工作原理见后述），即芯片内的两个寄存器中有一个处于直通方式，而另一个处于受控的锁存方式。在实际应用中，输出一路或多路模拟量，但不要求同步输出的情况下，均可采用单缓冲方式。

选用实训台装置中的 MCU01 主机模块、MCU02 电源模块、MCU04 显示模块、MCU07 ADC/DAC 模块，其中 MCU07 ADC/DAC 模块使用了 DAC0832 芯片和电平指示灯，按图 6-1-3 和图 6-1-4 所示连接单片机控制数/模转换器 DAC0832 输出锯齿波的电路。

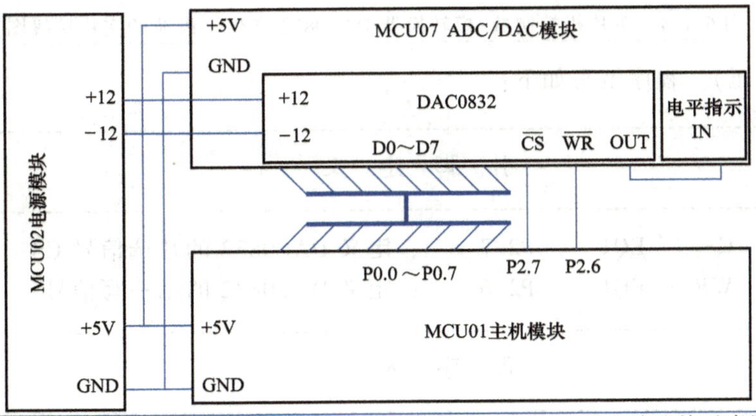

图 6-1-3　单片机控制数/模转换器 DAC0832 产生锯齿波的电路连接示意图

二、编写单片机控制数/模转换器 DAC0832 产生锯齿波的控制程序

1. 编写程序

单片机控制 DAC0832 产生锯齿波电压，并用锯齿波电压依次点亮 LED 电平指示灯

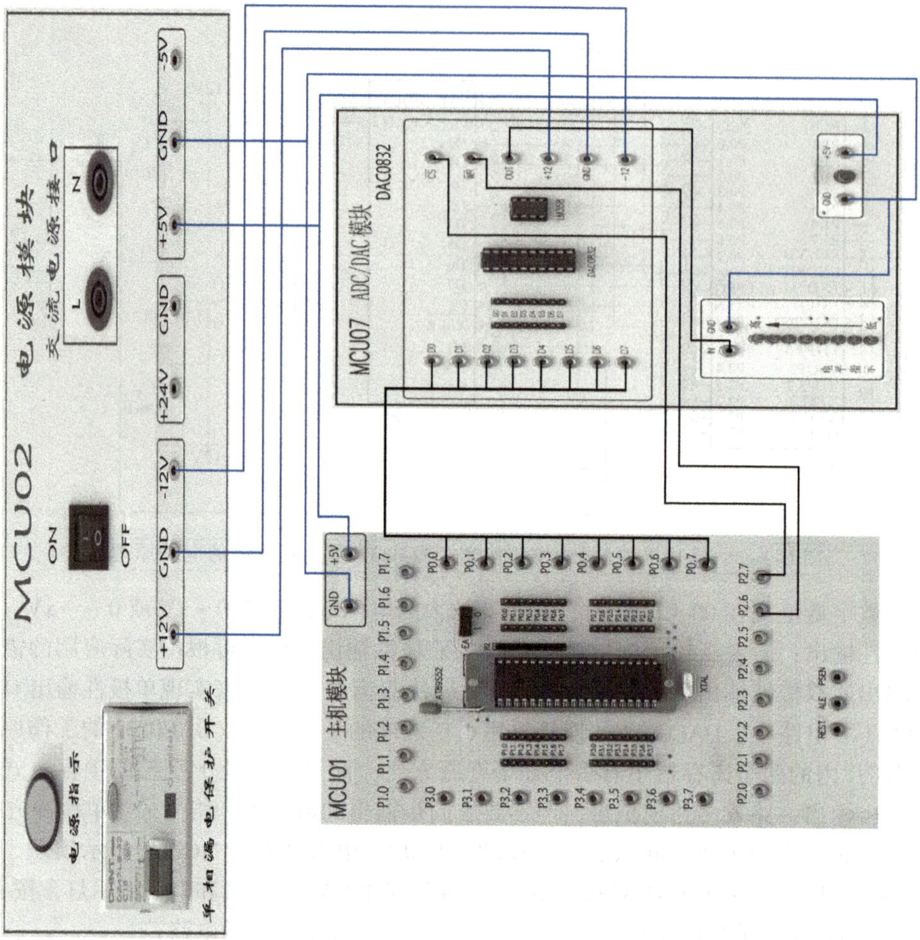

图 6-1-4　单片机控制数/模转换器 DAC0832 产生锯齿波的实物接线图

（观察锯齿电压）。程序编写如下：

```
;  ------------------------------------------------------------------------
;                              引  脚  定  义
;  ------------------------------------------------------------------------
        CS     EQU     P2.7        ；定义 DAC0832 的片选信号 CS
        WR     EQU     P2.6        ；定义 DAC0832 的第一写信号
;  ------------------------------------------------------------------------
;                              程  序  入  口
;  ------------------------------------------------------------------------
        ORG    0000H               ；程序的开始
        LJMP   MAIN                ；跳到标号“MAIN”处
;  ------------------------------------------------------------------------
;                              主  程  序
;  ------------------------------------------------------------------------
```

```
        ORG     0030H       ; 主程序的开始
MAIN:   MOV     R3, #0FFH   ; 转换初值寄存器 R3 赋初始值为 255
UP:     INC     R3          ; 转换初值 R3 加 1 变为 0
        MOV     P0, R3      ; R3 的值送到 DAC0832 数据输入端, 准备转换
        CLR     CS          ; DAC0832 片选使能
        CLR     WR          ; 数据直接通过 8 位 DAC 寄存器, 开始转换
        SETB    WR          ; 锁存输入寄存器, 待转换完毕
        SETB    CS
        ACALL   DELAY       ; 调用延时程序
        LJMP    UP          ; 跳到标号"UP"处, 重新送转换数据
DELAY:
        MOV     R1, #200    ; 延时子程序
D1:     MOV     R2, #150
D2:     DJNZ    R2, D2
        DJNZ    R1, D1
        RET
        END
```

2. 运行程序

运行控制程序后，DAC0832 产生锯齿波电压，并点亮 LED 电平指示灯。当电压较低时（大概为 0.5V），小灯全部熄灭，当电压逐渐增高时，8 个电平指示灯从低到高逐个点亮，当全部点亮时，表明产生的锯齿波已达到峰值，之后电压再次为 0V，重新开始增大，这个过程如图 6-1-5 所示。

3. 控制程序的分析

（1）DAC0832 转换时序图　当数/模转换器 DAC0832 的两个控制信号 $\overline{CS}$ 和 $\overline{WR1}$ 为低电平时，数/模转换器就开始把单片机 P0 口的数据转换为模拟量输出，它们的时序图如图 6-1-6 所示。在程序中，通过指令对 $\overline{CS}$ 和 $\overline{WR1}$ 的电平进行控制，就可以控制 DAC0832 实现数据转换。

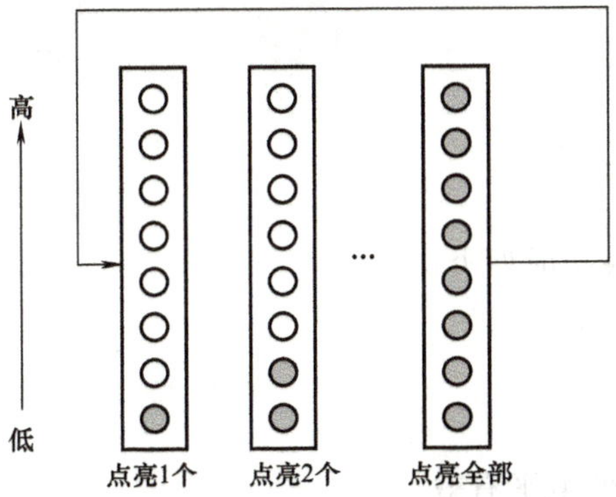

图 6-1-5　硬件效果图

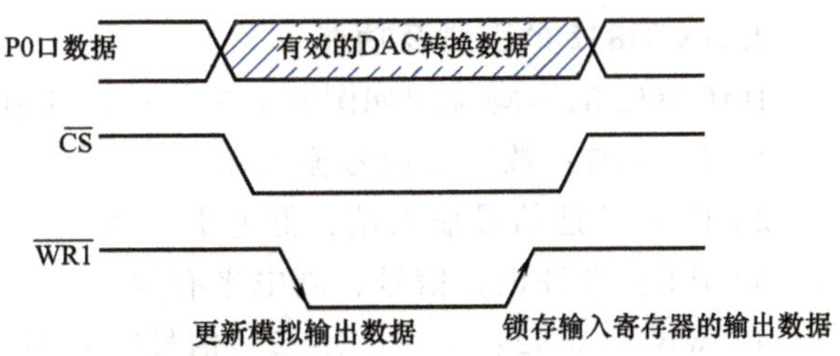

图 6-1-6　DAC0832 转换时序图

实现把单片机 P0 口的数据通过 DAC0832 转换成模拟信号的关键指令有如下五条：

```
MOV     P0, R3
CLR     CS
CLR     WR
SETB    WR
SETB    CS
```

前 3 条指令的作用是将被转换的数据传送给 P0 口，置$\overline{CS}$和$\overline{WR1}$端为低电平。由于 DAC0832 电路中 ILE 端固定接高电平，$\overline{WR2}$和$\overline{XFER}$固定接低电平，则 DAC0832 将单片机 P0 口的数据直接传送到芯片内的输入寄存器，再直通 DAC 寄存器，到达 DAC 转换器的输入端，开始转换数据。后两条指令的作用是置$\overline{CS}$和$\overline{WR1}$端为高电平，把输入数据锁存到输入寄存器内，使得 DAC 转换器输入端的数字量保持到下一次数据输入。

注意：这里的锁存是必需的，因为单片机 P0 口没有锁存功能，而 DAC0832 实现模拟量的转换是需要一定时间的，在这段时间内 DAC 转换器输入端的数字量应该保持稳定，以保证完成一次数/模转换。

（2）输入的数字量与输出模拟电压值之间的关系　DAC0832 有 8 个输入端，即输入的可有 $2^8=256$ 个二进制数，范围是 00H ~ 0FFH。输出则是 256 个电压之一，而不能是 0 ~ 5V 的任意电压值。DAC0832 转换出的模拟量除了与输入的被转换的二进制数成正比外，还与芯片内的网络电阻、集成运算放大器的反馈电阻和标准参考电压 V_{REF} 的大小有关。

（3）延时子程序　前面项目已经对延时子程序做了详细分析，此处略。这里调用的目的是能有更好的视觉效果，看到电平指示灯逐个被点亮。

多学一点

DAC0832 是美国资料公司研制的，采用 CMOS 工艺制成的直流输出型 8 位数/模转换器。

1. 主要性能参数

1）分辨率 8 位。

2）转换时间是 1μs。

3）供电电源是 5 ~ 15V。

4）功耗 20mW。

2. DAC0832 的引脚及功能

DAC0832 的引脚排列如图 6-1-7 所示，各引脚功能如下。

1）D0 ~ D7：数字量信号输入端。

2）$\overline{CS}$：片选信号输入端，低电平有效。

3）ILE：允许锁存信号，高电平有效。

4）$\overline{WR1}$、$\overline{WR2}$：第一、第二写信号输入端，低电平有效。

5）$\overline{XFER}$：数据传送控制信号输入端，低电平有效。

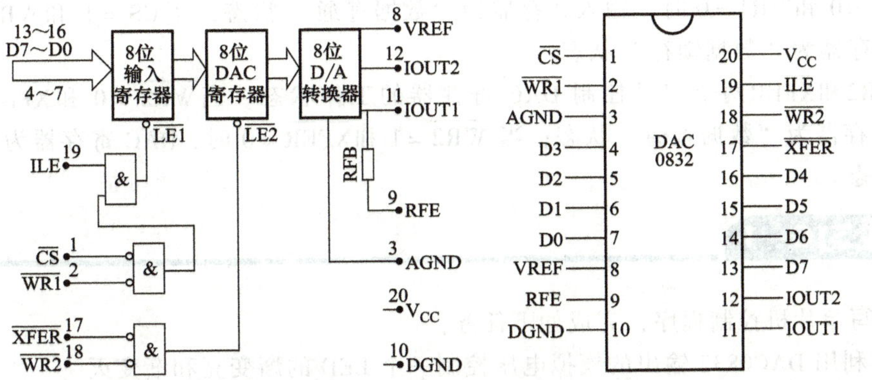

图 6-1-7　DAC0832 引脚排列

6）IOUT1：电流（模拟量）输出 1 端。当输入全为 1 时，输出电流最大；当输入全为 0 时，输出电流最小。

7）IOUT2：电流（模拟量）输出 2 端。IOUT1 + IOUT2 = 常数。

8）RFB：集成在芯片内的外接运算放大器的反馈电阻。

9）VREF：基准电压输入端。外加 -10 ~ 10V 的高精度电压源，与芯片内的电阻网络相连接。

10）V_{CC}和 GND：芯片的电源端和地端。

3. 工作原理

图 6-1-7 中，DAC0832 内部有一个输入寄存器和一个 DAC 寄存器。其中，输入寄存器由 ILE、$\overline{CS}$、$\overline{WR1}$端控制，DAC 寄存器由$\overline{WR2}$、$\overline{XFER}$端控制。寄存器有“数据直通”和“数据锁存”两种工作状态。其中，“数据直通”是指寄存器的输出跟随输入变化而变化；“数据锁存”是指输入数据锁存在寄存器中，其输出不随输入变化而变化。两寄存器的不同状态的组合就构成了 DAC0832 的直通方式、单缓冲方式、双缓冲方式这 3 种工作方式。用户可通过电路连接与程序指令的方法控制上述 5 个端点的电平，以实现不同工作方式的选择。

1）直通方式是指 DAC0832 芯片内两个寄存器都为“数据直通”状态，当有数字信号输入时就立即进入 D/A 转换器，其特点是芯片内输入寄存器的输出跟随输入数字量的变化而变化。

2）单缓冲方式是指 DAC0832 芯片内的两个寄存器中有一个处于“数据直通”状态（一般是 DAC 寄存器），另一个处于受控的“数据锁存”状态。实际应用中，在要求输出一路或多路模拟量，但输出可以不同步的场合都可以采用单缓冲方式。若把 DAC 寄存器设置为直通方式，这时可以把控制端$\overline{WR2}$和$\overline{XFER}$置为低电平，即连接电路“地”端，并把$\overline{WR1}$接到单片机的 WR 引脚上，ILE 接高电平，$\overline{CS}$接高位地址或地址译码的输出端上。

3）双缓冲方式是指 DAC0832 芯片内的输入寄存器和 DAC 寄存器都接成受控“数据锁存”状态，这种方式可用于多路模拟量要求同时输出的情况下。

ILE、$\overline{CS}$和$\overline{WR1}$ 3 个信号控制输入寄存器的工作状态。当电路中 ILE 直接连接电源，$\overline{CS}=0$ 和$\overline{WR1}=0$ 时，输入寄存器为“数据直通”状态；当$\overline{CS}=1$ 和$\overline{WR1}=1$ 时，输入寄存器为“数据锁存”状态。

$\overline{WR2}$和$\overline{XFER}$两个信号控制 DAC 寄存器的工作状态。当$\overline{WR2}=0$ 和$\overline{XFER}=0$ 时，DAC 寄存器为“数据直通”状态；当$\overline{WR2}=1$ 和$\overline{XFER}=0$ 时，DAC 寄存器为“数据锁存”状态。

练习6—1

编写单片机控制程序，完成如下任务：

1. 利用 DAC0832 输出的模拟电压控制一个 LED 的渐变亮和渐变灭。

2. 利用 DAC0832 输出的模拟电压 0V 和 5V 控制一个 LED 的闪烁，闪烁频率自己设定，能看到 LED 明显的闪烁效果即可。

3. 用按键 SA1 ~ SA5 控制 1V、2V、3V、4V、5V 共 5 个挡位模拟电压的输出，假设当某个按键按下，送入 DAC0832 的数字量为 0XFF，则经过转换后输出的模拟电压为 5V 这一挡位；其他按键控制方式同理，等级电压对应的数字量请自行计算。

任务完成情况评价

考核评价见表 6-1-1。

表 6-1-1　考核评价表

<table>
<tr><th>考核内容</th><th colspan="4">硬件部分</th><th colspan="4">软件部分</th><th colspan="4">职业操守</th><th>其他</th></tr>
<tr><td rowspan="3">评价</td><td colspan="4">模块选择、接线工艺</td><td colspan="4">程序编写、运行调试</td><td colspan="4">安全、协助、文明操作</td><td rowspan="3"></td></tr>
<tr><td>优</td><td>良</td><td>中</td><td>差</td><td>优</td><td>良</td><td>中</td><td>差</td><td>优</td><td>良</td><td>中</td><td>差</td></tr>
<tr><td></td><td></td><td></td><td></td><td></td><td></td><td></td><td></td><td></td><td></td><td></td><td></td></tr>
<tr><td>综合评分</td><td colspan="4"></td><td colspan="4"></td><td colspan="4"></td><td></td></tr>
<tr><td>任务点评</td><td colspan="13"></td></tr>
</table>

注：在“优、良、中、差”下面的框中用“√”选择评价等级。

项目七
单片机控制显示器

项目概述

人们的生活环境中，可见到各式各样的显示屏，如在室内外的电子条幅、文字信息、图像等远距离广告播放中，常常使用 LED 显示屏。LED 显示屏是由多个 LED 点阵组成的，每个 LED 组成了 LED 显示屏点阵的一个像素，通过对各个 LED 的明暗控制，可以显示出各种字符、图像信息或者动画效果。又如在广播电视、医疗器械等方面广泛应用的是液晶显示屏。LED 屏与液晶屏均有单色和彩色两种显示种类。

本项目通过完成控制 32×16 点阵的显示、控制 1602 液晶屏幕的显示、控制 128×64 液晶屏幕的显示等任务，学习 32×16 点阵、1602 液晶屏幕、128×64 液晶屏幕显示的控制方法，以及循环程序结构的编写方法。

学习目标

1. 了解点阵显示的工作原理。
2. 熟练掌握点阵显示器的控制方法，并能灵活运用。
3. 熟练掌握液晶显示器的控制方法，并能灵活运用。
4. 掌握循环结构的程序编写方法。

任务一　控制 32×16LED 点阵

任务描述

本任务用单片机控制 32×16 点阵的 LED 屏显示汉字字符。在完成这个任务的过程中学习 32×16LED 点阵显示的原理、单片机控制点阵显示器电路的结构与连接，以及循环程序的结构及编写方法。

做与学

一、连接电路，学习单片机控制 32×16LED 点阵显示的原理

LED 点阵显示模块使用的是实训台的 32×16LED 点阵显示屏，它由 8 个独立的 8×8 LED 点阵、6 个 74HAC573 锁存器和两个 ULN2803A 驱动芯片构成。8×8 LED 点阵外观及引脚图如图 7-1-1 所示，其等效电路图如 7-1-2 所示。

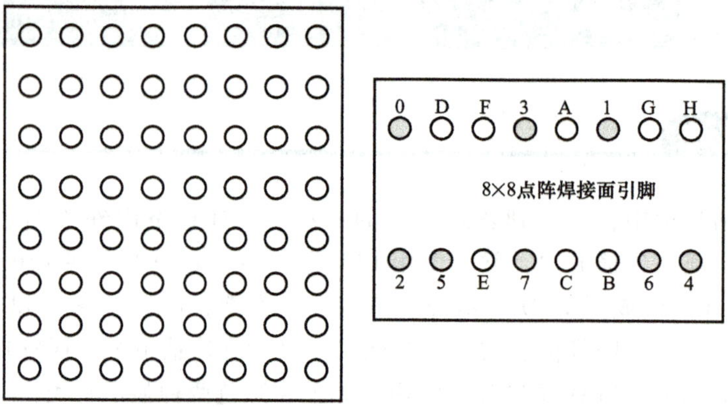

图 7-1-1　8×8 LED 点阵外观及引脚图

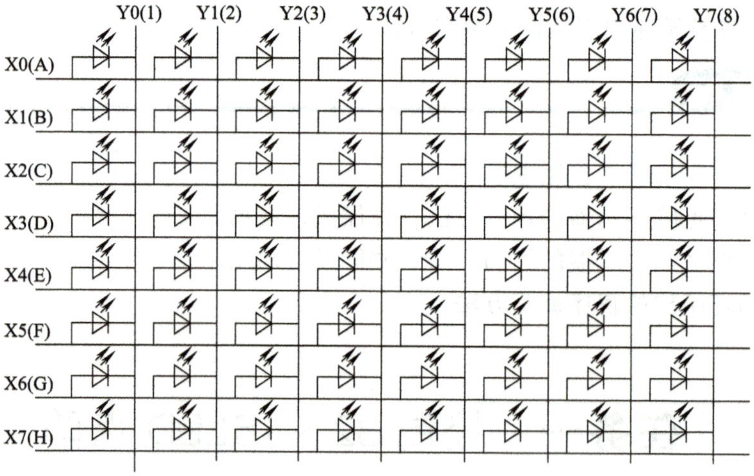

图 7-1-2　8×8 LED 点阵等效电路图

该 32×16 LED 点阵的行为阴极，列为阳极。ROW0、ROW1 和行线上的 74HAC573 锁存器锁存允许位连接，COL0、COL1、COL2、COL3 和列线上的 74HAC573 锁存器锁存允许位连接，当有下降沿脉冲产生时，锁存数据，32×16LED 点阵内部电路图如 7-1-3 所示。

在实训台装置上选用 MCU01 主机模块、MCU02 电源模块、MCU04 显示模块、万利仿真器，其中 MCU04 显示模块使用 32×16 点阵显示屏幕。按图 7-1-4 和图 7-1-5 所示

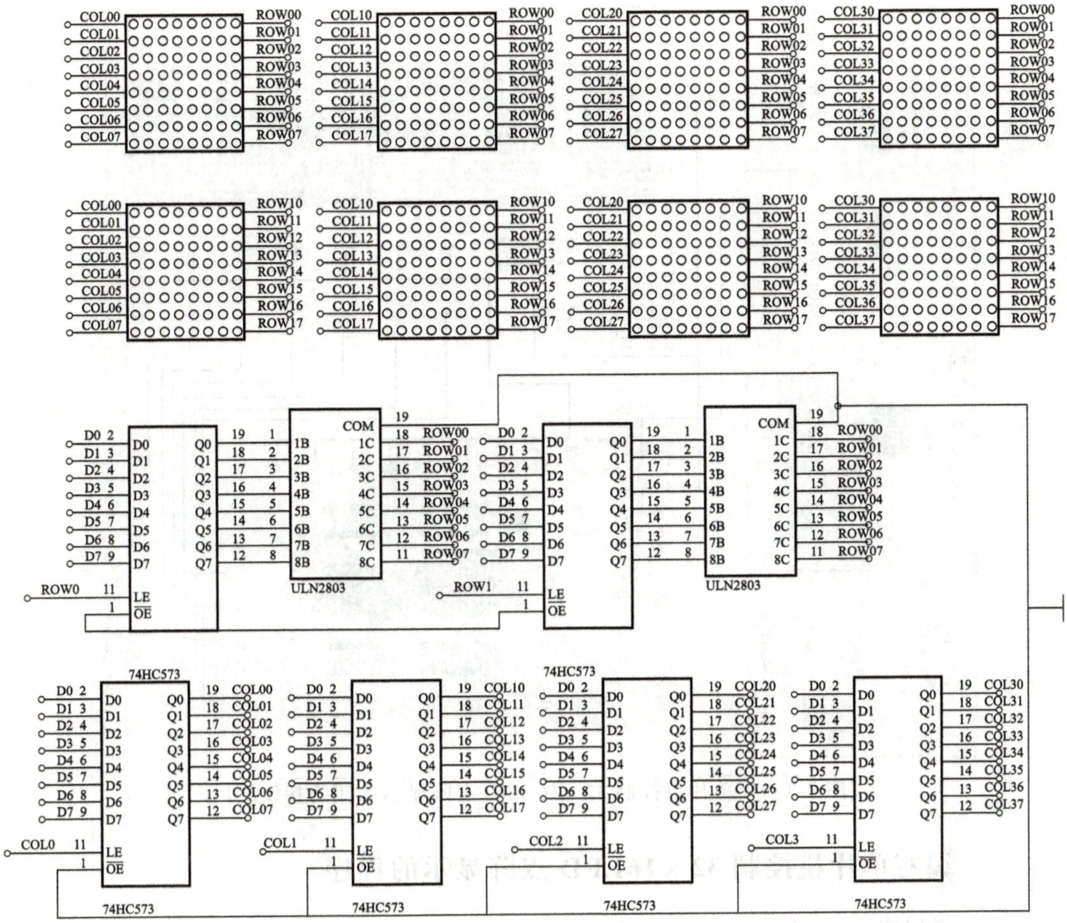

图 7-1-3　32×16 LED 点阵内部电路图

连接单片机控制 32×16LED 点阵显示的电路。

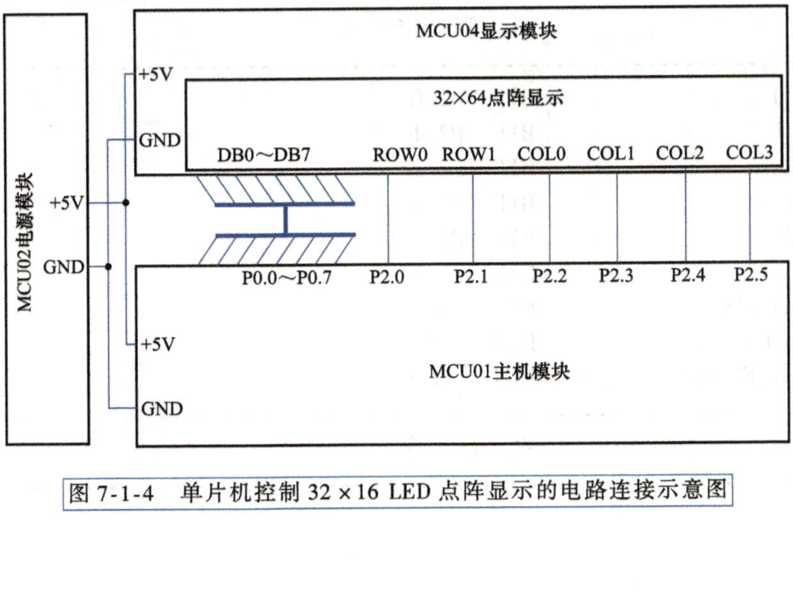

图 7-1-4　单片机控制 32×16 LED 点阵显示的电路连接示意图

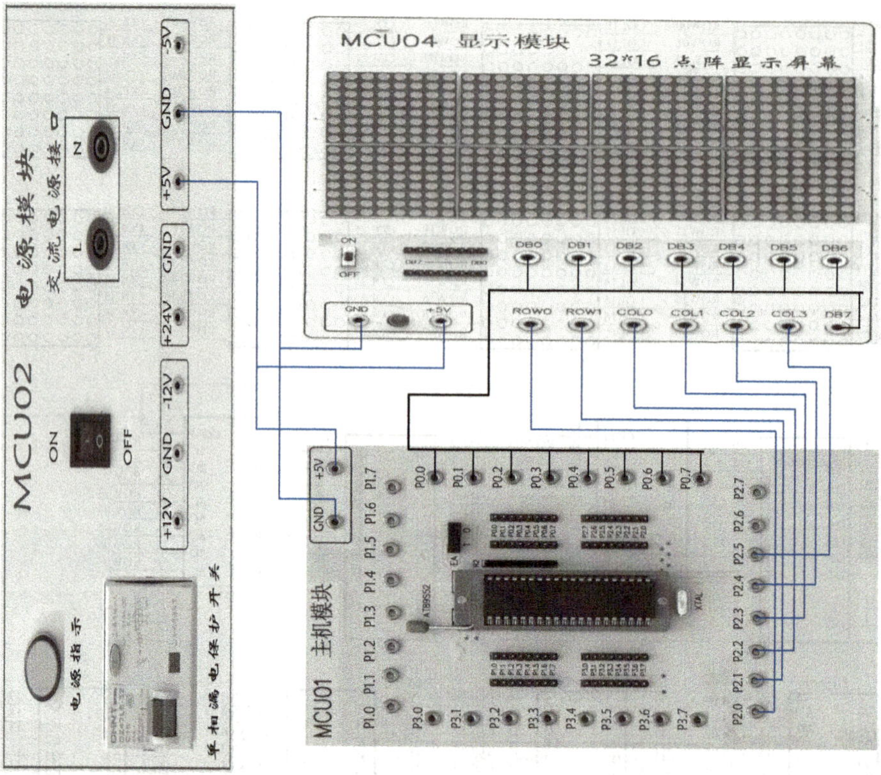

图 7-1-5　单片机控制 32×16 LED 点阵显示的实物接线图

二、编写单片机控制 32×16LED 点阵显示的程序

1. 编写程序

利用单片机控制 32×16 LED 点阵显示屏幕显示“你好”两个汉字。程序编写如下：

```
;------------------------------------------------------------------
;                          引  脚  定  义
;------------------------------------------------------------------
  ROW0                     BIT   P2.0
  ROW1                     BIT   P2.1
  COL0                     BIT   P2.2
  COL1                     BIT   P2.3
  COL2                     BIT   P2.4
  COL3                     BIT   P2.5
  PIN_DATA                 EQU   P0
  PIN_CLK                  EQU   P2
  HANG_FLAG                EQU   7FH
;------------------------------------------------------------------
;                          主  程  序
;------------------------------------------------------------------
```

```
    ORG      0000H       ；程序复位起始地址
    AJMP     MAIN        ；跳至主程序
    ORG      0030H       ；主程序起始地址
MAIN：
    LCALL    LED_DISP    ；调用 32×16 LED 点阵显示程序
    AJMP     MAIN
  ；--------------------------------------------------------------
  ；                    显 示 子 函 数
  ；  R0 记录第几根行线被选中，R1 记录从汉字表中取第几个数据
  ；  HANG_FLAG 是选中上半屏还是下半屏的标志
  ；--------------------------------------------------------------
  LED_DISP：
      MOV       DPTR，#TAB           ；数据指针到 TAB
      CLR       HANG_FLAG            ；上半屏被选中
      MOV       R0，#01H             ；第一行被选中
      MOV       R1，#0
  LED_LOOP：
      MOV       PIN_DATA，R0         ；32×16 LED 点阵的第几行被选中
      JB        HANG_FLAG，LINE      ；判断是上半屏还是下半屏
      SETB      ROW0                 ；选中上半屏的第几行
      CLR       ROW0
      AJMP      LINE1
  LINE：
      SETB      ROW1                 ；选中下半屏的第几行
      CLR       ROW1
  LINE1：
  ；--------------------------------------------------------------
  ；                显示第一个汉字的左半部分
  ；--------------------------------------------------------------
    MOV       A，R1
    MOVC      A，@A+DPTR
    MOV       PIN_DATA，A
    SETB      COL0
    CLR       COL0                   ；显示上半屏或者下半屏第一屏中第
                                       几行的信息
  ；--------------------------------------------------------------
  ；                显示第一个汉字的右半部分
  ；--------------------------------------------------------------
```

```
        MOV     A, R1
        ADD     A, #1
        MOVC    A, @A+DPTR
        MOV     PIN_DATA, A
        SETB    COL1
        CLR     COL1                    ; 显示上半屏或者下半屏第二
                                          屏中第几行的信息
; ------------------------------------------------------------------
;               显示第二个汉字的左半部分
; ------------------------------------------------------------------
        MOV     A, R1
        ADD     A, #32
        MOVC    A, @A+DPTR
        MOV     PIN_DATA, A
        SETB    COL2
        CLR     COL2                    ; 显示上半屏或者下半屏第
                                          三屏中第几行的信息
; ------------------------------------------------------------------
;               显示第二个汉字的右半部分
; ------------------------------------------------------------------
        MOV     A, R1
        ADD     A, #33
        MOVC    A, @A+DPTR
        MOV     PIN_DATA, A
        SETB    COL3
        CLR     COL3                    ; 显示上半屏或者下半屏第
                                          一屏中第几行的信息
        LCALL   DELAY
        MOV     PIN_DATA, #0
        MOV     PIN_CLK, 0FFH
        MOV     PIN_CLK, #0             ; 关掉点阵中显示的信息
        LCALL   DELAY
        INC     R1
        INC     R1                      ; 因为同时显示了两个屏的信
                                          息，所以 R1 中的数据加 2
        MOV     A, R0
        RL      A
        MOV     R0, A                   ; 准备选中下一行
```

```
  CJNE      R0, #01H, LED_LOOP       ; 循环 8 次，完成一次上半屏或者下半屏信
                                       息的显示
  SETB      HANG_FLAG                ; 选中下半屏
  CJNE      R1, #32, LED_LOOP        ; 循环 16 次，完成一次整屏信息的显示
  RET
; -------------------------------------------------------------------
;                      延 时 子 程 序
; -------------------------------------------------------------------
DELAY:
  MOV       R7, #01h
DEL:
  MOV       R6, #0
  DJNZ      R6, $
  DJNZ      R7, DEL
  RET
; -------------------------------------------------------------------
;                        数 据 表
; -------------------------------------------------------------------
TAB:                         ; 横向取模，字节倒序
; --   文字:   你  --
; --   宋体 12;   此字体对应的点阵为宽×高=16×16   --
DB  88h, 00h, 88h, 00h, 88h, 00h, 0C4h, 3Fh, 44h, 20h, 26h, 10h, 15h, 02h, 04h,
02h
DB  84h, 0Ah, 84h, 12h, 44h, 32h, 24h, 22h, 04h, 02h, 04h, 02h, 84h, 02h,
04h, 01h

; --   文字:   好  --
; --   宋体 12;   此字体对应的点阵为宽×高=16×16   --
DB   08h, 00h, 88h, 3Fh, 08h, 20h, 08h, 10h, 3Fh, 08h, 24h, 04h, 24h, 24h,
0E4h, 7Fh
DB  24h, 04h, 22h, 04h, 14h, 04h, 08h, 04h, 14h, 04h, 22h, 04h, 21h, 05h,
00h, 02h
END
```

2. 控制程序的分析

本程序是把 32×16 LED 点阵看成一个整体，从上到下为 16 行，上半屏 8 行，下半屏 8 行，通过扫描行的方式从上到下依次显示每行中的 32 个列信息。

在静态显示下，LED 点阵显示模块的每一个像素都需要一套驱动电路，那么 32×16 个像素，就需要 32×16 套驱动电路，在现实控制当中，这是不可能实现的。所以点阵显示模块往往采用动态扫描的方式，这样驱动电路就会减少，成本也会降低，引线大大减少，更有利于高密度的制作。常见的扫描方式有点扫描方式、列扫描方式和行扫描方式。

本程序给的例子是行扫描方式。首先选中 32×16LED 点阵中的一行，然后通过查表指令取得这一行要点亮的 LED 所对应的码值，并送到对应的端口，延时一定时间后，

再选中下一行、送该行的显示状态的码值、延时……如此循环，直至 16 行显示一遍，然后再重新回第一行，如此循环，利用人眼的视觉暂留特点，在 32×16LED 点阵显示屏上可看到稳定的图形。

多学一点

一、74LS245 介绍

在上述程序中，使用行扫描方式显示 32×16 LED 点阵，每一行中最多会有 32 个 LED 需要驱动，由于增加了 ULN2803A 对行线进行驱动，基本上能满足驱动要求。但很多场合下需要对数据线进行复用，无疑会减弱数据总线的驱动电流，超过数据总线的负载能力，使 32×16LED 点阵无法正常显示。在这种情况下，可以借助 74LS245 双向总线发送器/接收器增加数据总线的驱动能力。74LS245 引脚如图 7-1-6 所示。使用时，把数据总线单片机端连接在 74LS245 的 A0～A7 端，把点阵端的数据总线连接在 74LS245 的 B0～B7 端，$\overline{G}$端接低电平，DIR 接高电平，从而增加数据总线的驱动能力。

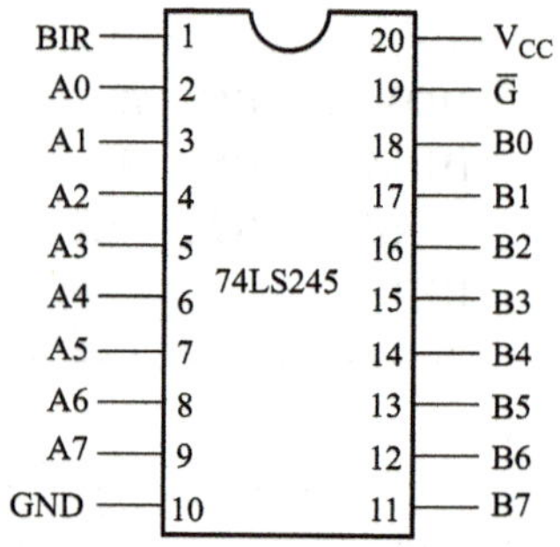

图 7-1-6 74LS245 引脚示意图

74LS245 双向总线发送器/接收器经常用做双向三态数据缓冲器，内部有 16 个三态驱动器，每个方向 8 个。在控制端$\overline{G}$有效时（低电平），由 DIR 端控制数据传输方向。DIR 为高电平时，从左到右传输数据；DIR 为低电平时，从右到左传输数据。控制端$\overline{G}$为高电平时，A、B 双方均为高阻态。

二、循环程序结构介绍

在程序中重复执行的程序段可以用循环程序实现，常见的循环程序结构有两种形式，即 DO-WHILE 结构和 DO-UNTIL 结构，程序流程如图 7-1-7 和图 7-1-8 所示。

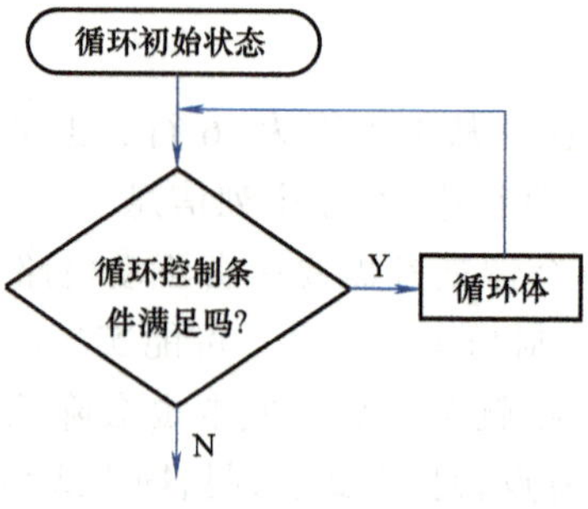

图 7-1-7 DO-WHILE 流程图

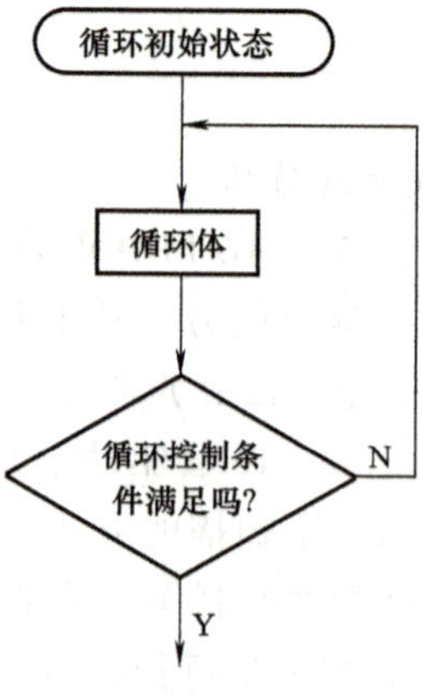

图 7-1-8 DO-UNTIL 流程图

1. DO-WHILE 结构

当循环控制条件满足时，执行循环体程序，否则退出循环。例如：

```
KEY:
  LCALL    DELAY
  JB       P1.0, KEY
  …
```

2. DO-UNTIL 结构

先执行一次循环体程序，再判断循环控制条件是否满足。若不满足，再次执行循环体程序，直到满足循环控制条件时，才退出循环。

例如：

```
DELAY:
        MOV       R6, #100
DEL:
        MOV       R7, #20
        DJNZ      R7, $
        DJNZ      R6, DEL    ；R6 中的内容不为一，则执行一次循环，调用一
                               次 DEL 子程序
        RET
```

这两种循环的基本结构都一样，一般由 4 部分组成。

1）初始化部分。初始化部分主要为循环做准备工作，包括建立指针，设置循环次数的计数初始值，设置其他变量的初始值等。

2）循环体。循环体是循环程序的核心部分，是每次循环都要重复执行的程序段，用于完成各种具体操作。

3）修改部分。修改部分为执行循环而修改某些参数，如地址指针、计数器或某些变量，为下次循环做准备。

4）控制部分。控制部分用于判断循环是否结束。这部分是循环程序设计的关键，每个循环程序必须选择一个控制循环程序运行和结束的条件。通常判断循环是否结束主要有如下两种方法：

1）计数器控制循环。这种方式一般用于循环次数已知的情况。

2）条件控制循环。这种方式一般用于循环次数未知的情况，根据条件判断是否结束循环。

练习7—1

1. 单片机控制点阵显示器显示汉字“点阵”。
2. 单片机控制一个 8×8 点阵显示屏显示数字“3”。
3. 单片机控制一个 8×8 点阵显示屏循环显示数字“0～9”。

任务完成情况评价

考核评价见表 7-1-1。

表 7-1-1 考核评价表

考核内容	硬件部分				软件部分				职业操守				其他
评价	模块选择、接线工艺				程序编写、运行调试				安全、协助、文明操作				
	优	良	中	差	优	良	中	差	优	良	中	差	
综合评分													
任务点评													

注：在“优、良、中、差”下面的框中用“√”选择评价等级。

任务二 控制 RT1602C 液晶显示器

任务描述

RT1602C 液晶显示器是内带字符发生器的字符型液晶显示模块，用于显示字母、数字、符号等，分为 4 位数据传输方式和 8 位数据传输方式。它支持 5×7 和 5×10 两种显示模式，背光亮度和显示对比度可调，是一种功能较简易、价格较便宜的液晶显示器材。RT1602C 液晶显示器由于具有硬件电路简单、模块成本低的特点，被广泛应用于家用电器和工业控制等场合。例如，洗衣机或者空调上显示状态信息的模块，就经常采用 RT1602C 液晶器进行显示。

本任务就是用单片机控制 RT1602C 液晶显示器显示用户所需要的字符，如屏幕第 1 行显示“Welcome”，第 2 行显示“Long time no see”。

在完成这个任务的过程中，学习单片机与 RT1602C 液晶显示器的电路连接方法、单片机控制显示模块的控制方法、学习清屏和归位指令，进一步熟悉单片机控制显示屏程序的编写方法。

做与学

一、连接电路，学习单片机控制 RT1602C 液晶显示器的原理

单片机与 RT1602C 液晶显示模块的连接示意图如图 7-2-1 所示。其中，单片机的 P1 口作为 RT1602C 的数据总线，P2.0 连接 RS 端口，作为液晶显示器指令数据和显示数据的选择位；P2.1 连接 R/W 端口，作为数据的读/写选择位；P2.2 连接 E 端口，作

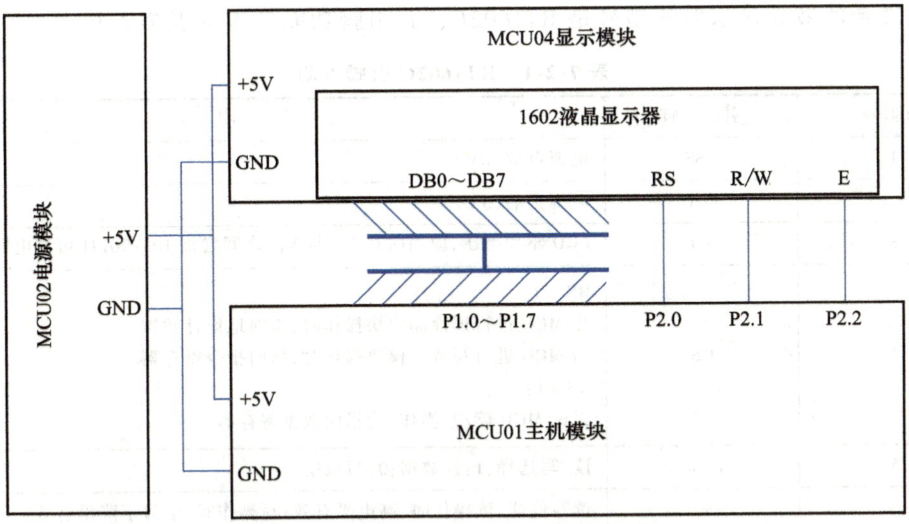

图 7-2-1　单片机与 RT1602C 的连接示意图

为液晶显示器的读/写使能位。

在实训台装置上选用 MCU01 主机模块、MCU02 电源模块、MCU04 显示模块、万利仿真器，其中 MCU04 显示模块中使用了 RT1602C 液晶显示器。按图 7-2-1 和图 7-2-2 所示为连接单片机控制 RT1602C 液晶显示器的电路。

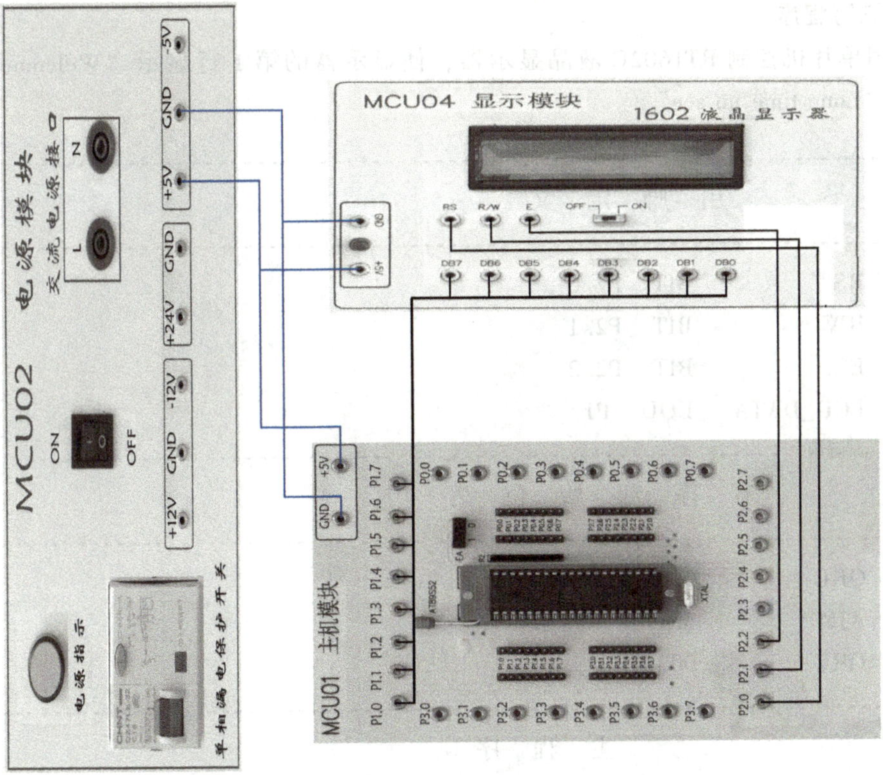

图 7-2-2　单片机与 RT1602C 的实物接线图

实训台的液晶显示器的型号是 RT1602C，其引脚功能具体见表 7-2-1。

表 7-2-1 RT1602C 引脚说明

引脚号	引　脚	说　明
1	VSS	电源负端(0V)
2	VDD	电源正端(5V)
3	V0	LCD 驱动电压，应用时在 V_{SS} 与 V_{DD} 之间增加 10～20kΩ 可调电阻
4	RS	RS＝0： 当 MCU 进行读液晶模块操作时，指向地址计数器 当 MCU 进行写液晶模块操作时，指向指令寄存器 RS＝1： 无论 MCU 读/写操作，均指向数据寄存器
5	R/W	读/写选择，1：读数据；0：写数据
6	E	读写使能，读操作时，高电平有效；写操作时，信号下降沿有效
7～14	DB0～DB7	MCU 与液晶模块之间数据传送通道，4 位总线模式下 DB0～DB3 断开
15	LEDA	背光电源正端(5V)
16	LEDK	背光电源负端(0V)

二、编写单片机控制 RT1602C 液晶显示器的程序

1. 编写程序

利用单片机控制 RT1602C 液晶显示器，使显示器的第 1 行显示“Welcome”，第 2 行显示“Long time no see”。

```
;----------------------------------------------------------------
;                    引 脚 定 义
;----------------------------------------------------------------
    RS          BIT    P2.0
    RW          BIT    P2.1
    E           BIT    P2.2
    LCD_DATA    EQU    P1
;--------------------------------------------------------------------
;                 程 序 起 始 位 置
;--------------------------------------------------------------------
    ORG         0000H
    AJMP        MAIN
    ORG         0030H
;----------------------------------------------------------------
;                        主 程 序
;----------------------------------------------------------------
```

```
MAIN:
MOV      SP, #60H
ACALL    LCD_INIT              ; LCD 初始化
MOV      A, #85H               ; 设置显示位置为第一行的第 5 列
ACALL    LCD_CMD
MOV      DPTR, #LINE1          ; 显示字符"Welcome"
ACALL    WRITE
MOV      A, #0C0H              ; 设置显示位置为第二行的第 0 列
ACALL    LCD_CMD
MOV      DPTR, #LINE2          ; 显示字符"Long time no see"
ACALL    WRITE
MAIN1:   AJMP                  MAIN1
LINE1:
         DB "Welcome", 00H
LINE2:
         DB "Long time no see", 00H
; ----------------------------------------------------------------
;              LCD 初 始 化 设 定 子 程 序
; ----------------------------------------------------------------
LCD_INIT:
    ACALL      DELAY5MS         ; 延时 15ms, 等待 LCD 电源稳定
    ACALL      DELAY5MS
    ACALL      DELAY5MS
    MOV        A, #38H          ; 16×2 显示, 5×7 点阵, 8 位数据, 检测忙
    ACALL      LCD_CMD
    ACALL      DELAY5MS
    MOV        A, #38H          ; 16×2 显示, 5×7 点阵, 8 位数据, 检测忙
    ACALL      LCD_CMD
    ACALL      DELAY5MS
    MOV        A, #38H          ; 16×2 显示, 5×7 点阵, 8 位数据, 检测忙
    ACALL      LCD_CMD
    ACALL      DELAY5MS
    MOV        A, #08H          ; 显示关
    ACALL      LCD_CMD
    MOV        A, #01H          ; 清除屏幕
    ACALL      LCD_CMD
    MOV        A, #0CH          ; 显示开, 关光标
```

```
ACALL     LCD_CMD
RET
;------------------------------------------------------------------
;              写指令数据到LCD
;   RS=L，RW=L，D0~D7=指令码，E=高脉冲
;------------------------------------------------------------------
LCD_CMD:
LCALL     CHECKBUSY
CLR       RS
CLR       RW
MOV       LCD_DATA，A
SETB      E
NOP
NOP
NOP
NOP
CLR E
RET
;------------------------------------------------------------------
;                写显示数据到LCD
;   RS=H，RW=L，D0~D7=数据，E=高脉冲
;------------------------------------------------------------------
LCD_WDATA:
    ACALL     CHECKBUSY
    SETB      RS
    CLR       RW
    MOV       LCD_DATA，A
    SETB      E
    NOP
    NOP
    NOP
    NOP
    CLR       E
    RET
;------------------------------------------------------------------
;            检测LCD控制器忙状态
;   读数据  ；   RS=L，RW=H，E=H，输出：D0~D7=数据
```

```
;   LCD_DATA.7 =1，LCD 忙，等待；LCD_DATA.7 =0，LCD 闲，可以进行读写
    操作
; ----------------------------------------------------------------------
CHECKBUSY：
        PUSH        ACC
        MOV         LCD_DATA，#0FFH
        CLR         RS
        SETB        RW
        SETB        E
BUSYLOOP：
        NOP
        JB          LCD_DATA.7，BUSYLOOP
        CLR         E
        POP         ACC
        RET
; ----------------------------------------------------------------------
;                  发 送 字 符 串 子 程 序
; ----------------------------------------------------------------------
WRITE：
        PUSH        ACC
WRITE1：
        CLR         A
        MOVC        A，@ A + DPTR
        JZ          WRITE2
        INC         DPTR
        ACALL       LCD_WDATA
        JMP         WRITE1
WRITE2：
        POP         ACC
        RET
; ----------------------------------------------------------------------
;                  延  时  5ms  子  程  序
;   LCD 初始化使用
; ----------------------------------------------------------------------
DELAY5MS：
        MOV         R6，#10
DL1：
```

```
        MOV     R7, #249
DL2:
        DJNZ    R7, DL2
        DJNZ    R6, DL1
        RET
        END
```

2. 控制程序的分析

RT1602C 模块内部有数据存储器，写入的数据不需要重复写入，所以本程序采用顺序结构。RT1602C 提供内部上电自动复位电路，当外加电源电压超过 4.5V 时，上电瞬间自动对模块进行初始化操作，将模块设置为默认工作状态，所以不需要进行软件复位。RT1602C 显示字符程序的程序流程如图 7-2-3 所示。

多学一点

一、RT1602C 的基本操作时序

1）写指令：E = 下降沿，RS = L，RW = L，D0 ~ D7 = 指令码。

2）读数据：E = H，RS = H，RW = H，数据从 D0 ~ D7 得到。

3）写数据：E = 下降沿，RS = H，RW = L，D0 ~ D7 = 数据。

二、RAM 地址映射

RT1602C 模块内部有缓冲器，保存显示器对应位置上的字符的数据，对应位置和 DDRAM 见表 7-2-2。

表 7-2-2　RT1602C 字符列地址和 DDRAM 地址对应表

行 \ 列	1	2	3	…	14	15	16
第一行	80	81	82	…	8D	8E	8F
第二行	C0	C1	C2	…	CD	CE	CF

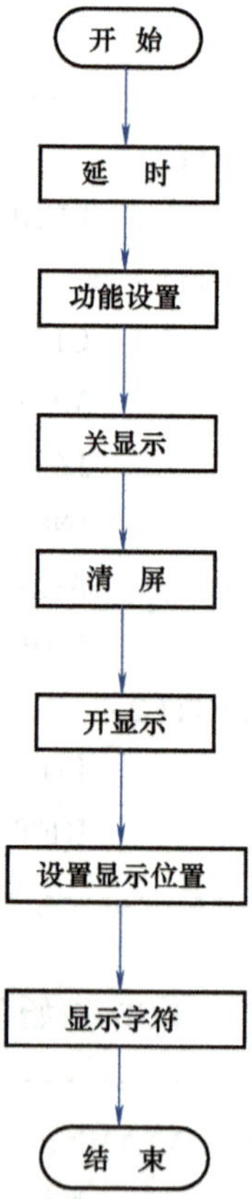

图 7-2-3　RT1602C 显示字符的程序流程图

三、指令说明

1. 清屏指令

RS	RW	DB7	DB6	DB5	DB4	DB3	DB2	DB1	DB0
0	0	0	0	0	0	0	0	0	1

清屏指令将空位字符码 20H 送入全部 DDRAM 地址中，使 DDRAM 中的内容全部消除，显示消失；地址计数器 AC = 0，自动增 1 模式，显示归位，光标回到原点（显示屏左上角），但并不改变移位设置模式。该指令应用如下：

```
CLR     RS
CLR     RW
MOV     LCD_DATA, #01H
SETB    E
NOP
NOP
NOP
NOP
CLR     E
```

2. 归位指令

RS	RW	DB7	DB6	DB5	DB4	DB3	DB2	DB1	DB0
0	0	0	0	0	0	0	0	1	*

归位指令使地址计数器 AC=0，将光标及光标所在位的字符回原点，但液晶显示器显示的内容不改变。

3. 输入模式设置指令

RS	RW	DB7	DB6	DB5	DB4	DB3	DB2	DB1	DB0
0	0	0	0	0	0	0	1	I/D	S

I/D：字符码写入或者读出 DDRAM 后，DDRAM 地址指针 AC 变化方向的标志。

I/D=1，完成一个字符码传送后，光标右移，AC 自动加 1。

I/D=0，完成一个字符码传送后，光标左移，AC 自动减 1。

S=1，将全部显示向右（I/D=0）或者向左（I/D=1）移位。

S=0，显示不发生移位。

4. 显示开/关指令

RS	RW	DB7	DB6	DB5	DB4	DB3	DB2	DB1	DB0
0	0	0	0	0	0	1	D	C	B

D：显示开/关控制标志。D=1 开显示；D=0 关显示。关闭显示后，显示数据仍保持在 DDRAM 中，立即打开显示可以再现关闭之前的内容。

C：光标显示控制标志。C=1，光标显示；C=0，光标不显示。

B：闪烁显示控制标志。B=1，在光标所在位置交替显示全黑点阵和显示字符，产生闪烁效果。开显示的指令应用如下：

```
CLR     RS
CLR     RW
MOV     LCD_DATA, #0CH
```

```
SETB     E
NOP
NOP
NOP
NOP
CLR E
```

5. 功能设置指令

RS	RW	DB7	DB6	DB5	DB4	DB3	DB2	DB1	DB0
0	0	0	0	0	DL	N	F	*	*

功能设置指令用于设置模块数据接口宽度和 RT1602C 显示屏显示方式，即设置 MCU 与模块接口数据总线是 4 位或者是 8 位、LCD 显示行数和显示字符点阵模式。在初始化 LCD 液晶显示器时，最好先执行功能设置指令。

DL：数据接口宽度标志。DL＝1，8 位数据总线 DB7～DB0；DL＝0，4 位数据总线 DB7～DB4，DB3～DB0 不用，使用此方式传送数据时，需要分两次进行。

N：显示行数标志。N＝1，两行显示模式；N＝0，单行显示模式。

F：显示字符点阵字体模式标志。F＝1，5×10 点阵＋光标显示模式；F＝0，5×7 点阵＋光标显示模式。设置 16×2 显示，5×7 点阵，8 位数据模式指令应用如下：

```
CLR      S
CLR      RW
MOV      LCD_DATA, #38H
SETB     E
NOP
NOP
NOP
NOP
CLR      E
```

6. 判忙指令

RS	RW	DB7	DB6	DB5	DB4	DB3	DB2	DB1	DB0
0	1	BF	AC6	AC5	AC4	AC3	AC2	AC1	AC0

当 RS＝0、R/W＝1 时，在 E 信号高电平的作用下，BF 和 AC6～AC0 被读到数据总线 DB7～DB0 的相应位。

BF：内部忙标志。BF＝1，表示模块正在进行内部操作，此时模块不接收任何外部的指令和数据，直到 BF＝0 为止。判忙指令应用如下：

```
CHECKBUSY:
        PUSH    ACC
        MOV     LCD_DATA, #0FFH
        CLR     RS
        SETB    RW
        SETB    E
BUSYLOOP:
        NOP
        JB      LCD_DATA.7, BUSYLOOP
        CLR     E
        POP     ACC
        RET
```

练习7—2

1. 单片机控制 1602 液晶显示器显示数字“0～9”。
2. 单片机控制 1602 液晶显示器显示“Hello”。

任务完成情况评价

考核评价见表 7-2-3。

表 7-2-3　考核评价表

考核内容	硬件部分				软件部分				职业操守				其他
评价	模块选择、接线工艺				程序编写、运行调试				安全、协助、文明操作				
	优	良	中	差	优	良	中	差	优	良	中	差	
综合评分													
任务点评													

注：在“优、良、中、差”下面的框中用“√”选择评价等级。

任务三　控制 128×64 液晶显示器

任务描述

TG12864B 是一种图形点阵液晶显示器，主要由两片作为列驱动器的 HD61202 和一片作为行驱动器的 HD61203 以及 128×64 全点阵液晶显示器组成。它不仅能够显示字符、数字，还可以显示各种图形、曲线及汉字，并且可以实现屏幕上下左右滚动、动画、分区开窗口、反转、闪烁等功能，用途十分广泛 。现在很多城市的公交车都采用了自动刷卡系统，该系统的显示模块大部分都采用了 TG12864B。

本任务是对 TG12864B 液晶显示器进行控制，实现在 TG12864B 上显示汉字。要求使 128×64 液晶显示器上显示“欢迎”和“How do you do！”。

在完成这个任务的过程中，学习 TG12864B 液晶显示模块的连接方法和控制程序的编程方法。

做与学

一、连接电路，学习单片机控制 TG12864B 液晶显示器的原理

本任务中，单片机和液晶显示器采用直接控制方式，关于 TG12864B 液晶显示模块与单片机的连接方式在本章的“多学一点”部分有深入的讲解。单片机的 P2 口作为 TG12864B 的数据总线，P3.7 连接 RS 端口，作为液晶显示器指令数据和显示数据的选择位；P3.6 连接 R/W 端口，作为数据的读写选择位；P3.5 连接 E 端口，作为液晶显示器的读写使能位；P3.4 连接 CS1 端口、P3.3 连接 CS2 端口分别作为选择前后 64 列的片选择位；P3.2 连接 RST，控制液晶显示器的复位。

在实训台装置上选用 MCU01 主机模块、MCU02 电源模块、MCU04 显示模块、万利仿真器。其中，MCU04 显示模块中使用了 TG12864B 液晶显示器。按图 7-3-1 和图 7-3-2 所示连接用单片机控制 TG12864B 液晶显示器的电路。

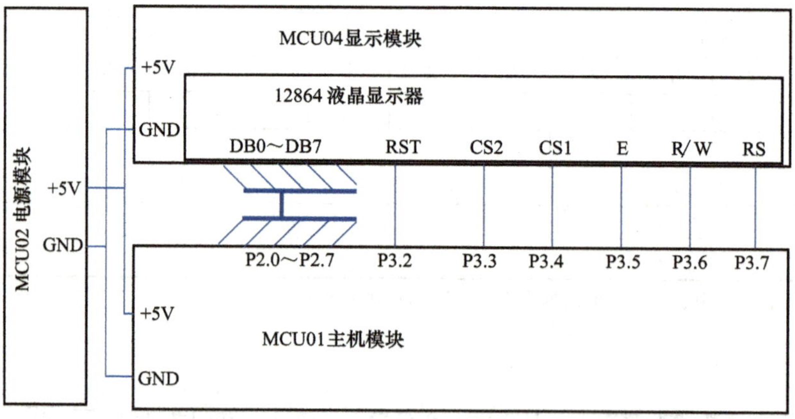

图 7-3-1 单片机与 TG12864B 的电路连接示意图

实训台的 TG12864B 液晶显示器引脚及其功能见表 7-3-1。

二、编写单片机控制 TG12864B 液晶显示器的程序

1. 编写程序

编写控制程序实现在 128×64 液晶屏幕上显示“欢迎”和“How do you do！”。单

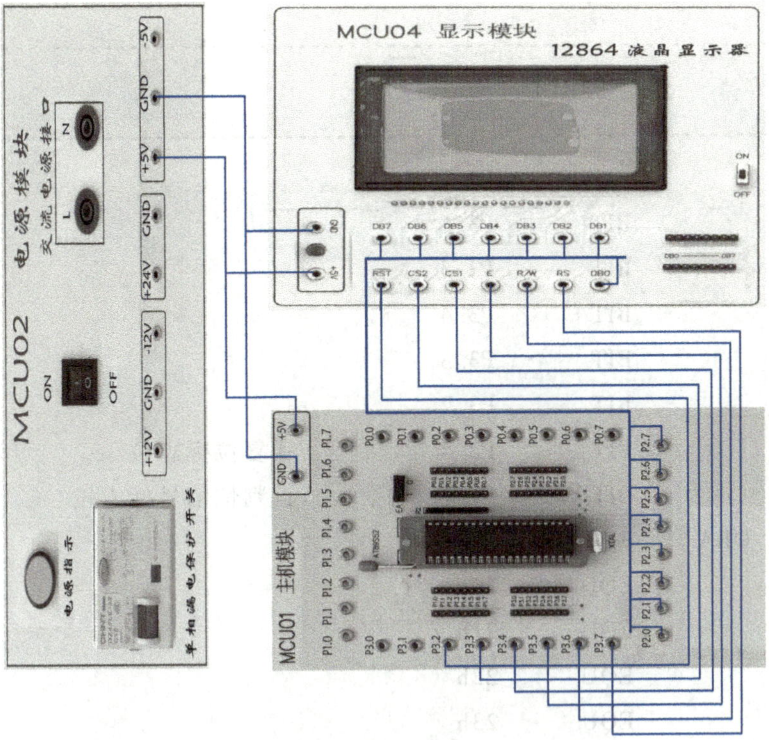

图 7-3-2　单片机与 TG12864B 的实物接线图

表 7-3-1　TG12864B 引脚功能说明

引脚号	引　脚	说　　明
1	VSS	逻辑电源地(0V)
2	VDD	逻辑电源正(5V)
3	V0	LCD 驱动电压
4	D/I	数据/指令选择:高电平,DB7 ~ DB0 为显示数据;低电平,DB7 ~ DB0 为指令数据
5	R/W	读/写选择:高电平读数据;低电平写数据
6	E	读写使能:R/W = ‘H’、E = ‘H’,DDRAM 数据读到 DB7 ~ DB0;R/W = ‘L’、E 为下降沿时 DB7 ~ DB0 的数据被写到指令寄存器或者显示数据寄存器
7 ~ 14	DB0 ~ DB7	MCU 与液晶模块之间的数据传送通道
15	CS1	片选择信号,高电平时前 64 列被选中
16	CS2	片选择信号,高电平时后 64 列被选中
17	RST	复位信号,低电平有效
18	VEE	输出 -10V 的背光电源,给 V0 提供驱动电源
19	BL	背光电源(5V)
20	BL	背光电源(0V)

片机控制 TG12864B 液晶显示器的程序编写如下：

```
;------------------------------------------------------------------
;                    引 脚 定 义
;------------------------------------------------------------------
    RS          BIT     P3.7
    RW          BIT     P3.6
    E           BIT     P3.5
    CS1         BIT     P3.4
    CS2         BIT     P3.3
    RES         BIT     P3.2
    RST         BIT     P2.4                ；复位标志位
    BF          BIT     P2.7                ；判忙信号标志位
    DATA_ORA    EQU     P2
    COM         EQU     20h
    DAT         EQU     21h
    X           EQU     22h
    Y           EQU     23h
    Z           EQU     24h
    Y_NUM       EQU     25h                 ；每个字符纵坐标上占用的像素数
;------------------------------------------------------------------
;                        程 序 入 口
;------------------------------------------------------------------
    ORG         0000H
    AJMP        MAIN
    ORG         0030H
MAIN：
    MOV         SP，#60H
    LCALL       INIT
    LCALL       CLEAN
    MOV         Z，#0
    SETB        CS1
    CLR         CS2
    MOV         Y_NUM，#16
    MOV         X，#2
    MOV         Y，#32
```

```
        MOV         DPTR, #S1            ; 显示"欢"
        LCALL       SHOW
        CLR         CS1
        SETB        CS2
        MOV         X, #2
        MOV         Y, #8
        MOV         DPTR, #S2            ; 显示"迎"
        LCALL       SHOW
        SETB        CS1
        CLR         CS2
        MOV         Y_NUM, #8
        MOV         R4, #7               ; S3 数组内有 7 个字符的模数据
        MOV         Y, #8
        MOV         DPTR, #S3
MAIN1:
        MOV         X, #4                ; 显示"How do"
        LCALL       SHOW
        MOV         A, Y
        ADD         A, #8
        MOV         Y, A
        DJNZ        R4, MAIN1
        CLR         CS1
        SETB        CS2
        MOV         Y_NUM, #8
        MOV         R4, #7               ; S4 数组内有 7 个字符的模数据
        MOV         Y, #0
        MOV         DPTR, #S4
MAIN2:
        MOV         X, #4                ; 显示:"you do !"
        LCALL       SHOW
        MOV         A, Y
        ADD         A, #8
        MOV         Y, A
        DJNZ        R4, MAIN2
MAIN3:
        AJMP        MAIN3
```

```
; ------------------------------------------------------------------
;                         字  符  显  示
; ------------------------------------------------------------------
SHOW:
        MOV             A, #0C0H
        ADD             A, Z
        MOV             COM, A
        LCALL           WR_COM
        MOV             R7, #2
        MOV             A, #0B8H
        ADD             A, X
        MOV             X, A
WR_ROW:
        MOV             A, #40H
        ADD             A, Y
        MOV             COM, A
        LCALL           WR_COM
        MOV             R5, Y_NUM
WR_LINE:
        MOV             COM, X
        LCALL           WR_COM
        MOV             A, #0
        MOVC            A, @A+DPTR
        MOV             DAT, A
        LCALL           WR_DAT
        INC             DPTR
        DJNZ            R5, WR_LINE
        INC             X
        DJNZ            R7, WR_ROW
        RET
; ------------------------------------------------------------------
;                    LCD  初  始  化  设  定
; ------------------------------------------------------------------
INIT:
        CLR             RES
        LCALL           DEALY
        SETB            RES
        SETB            CS1
```

```
        SETB        CS2
        MOV         COM, #3EH
        LCALL       WR_COM
        NOP
        NOP
        MOV         COM, #3FH
        LCALL       WR_COM
        RET
    ; ------------------------------------------------------------------
    ;                     清 屏 操 作
    ; ------------------------------------------------------------------
CLEAN:
        MOV         R7, #8
        MOV         R2, #0B8H
LOOP_LINE:
        MOV         COM, R2
        LCALL       WR_COM
        MOV         COM, #40H
        LCALL       WR_COM
        MOV         COM, #0C0H
        LCALL       WR_COM
        MOV         R5, #64
LOOP_ROW:
        MOV         DAT, #0
        LCALL       WR_DAT
        DJNZ        R5, LOOP_ROW
        INC         R2
        DJNZ        R7, LOOP_LINE
        RET
    ; ------------------------------------------------------------------
    ;                   检 测 忙 操 作
    ; ------------------------------------------------------------------
CHECK_BUSY:
        PUSH        ACC
        CLR         RS
        SETB        RW
        SETB        BF
        SETB        RST
        NOP
        SETB        E
```

```
busy:       NOP
            JB        BF, busy          ; 若BF=1，则表示液晶显示器正在处
                                        理指令或数据，此时不接收任何新
                                        的传送指令和数据，跳转到busy执
                                        行空指令
rst_busy:
            JB        RST, rst_busy     ; 若复位标志位RST=1，则表示内部
                                        正在初始化，此时液晶屏不接收任
                                        何指令和数据，直到RST=0，执行
                                        下一指令
            CLR       E
            POP       ACC
            RET
   ; -------------------------------------------------------------------
   ;          写 指 令 数 据 到 LCD
   ; -------------------------------------------------------------------
WR_COM:
            PUSH      ACC
            LCALL     CHECK_BUSY
            CLR       RS
            CLR       RW
            MOV       DATA_ORA, COM
            SETB      E
            NOP
            CLR       E
            POP       ACC
            RET
   ; -------------------------------------------------------------------
   ;          写 显 示 数 据 到 LCD
   ; -------------------------------------------------------------------
WR_DAT:
            PUSH      ACC
            LCALL     CHECK_BUSY
            SETB      RS
            CLR       RW
            MOV       DATA_ORA, DAT
            SETB      E
            NOP
            CLR       E
            POP       ACC
```

```
        RET
DEALY:
        MOV        R6, #0
DEL:
        DJNZ       R6, DEL
        RET
  ; ------------------------------------------------------------
  ;                   数 据 表
  ; ------------------------------------------------------------
S1:; 欢, /* 此字体下对应的点阵为宽×高=16×16  --*/
DB  00h, 34h, 0C4h, 04h, 0C4h, 0FCh, 3Eh, 24h
DB  18h, 0Eh, 0EFh, 0CAh, 48h, 38h, 1Ch, 08h
DB  00h, 40h, 38h, 0Fh, 07h, 3Ch, 98h, 60h
DB  30h, 1Ch, 0Fh, 07h, 1Ch, 70h, 0E0h, 40h
S2:; 迎, /* 此字体下对应的点阵为宽×高=16×16  --*/
DB  00h, 40h, 46h, 0DCh, 0E8h, 40h, 0FEh, 0FCh
DB  06h, 03h, 0FDh, 0FCh, 04h, 0FCh, 0FEh, 04h
DB  00h, 40h, 0E0h, 3Fh, 1Fh, 32h, 67h, 0C3h
DB  0C2h, 0C1h, 0FFh, 0DFh, 0C2h, 0C7h, 0C3h, 40h
S3:   // How do you do!
; /*--   文字: H   --*//*--此字体下对应的点阵为宽×高=8×16--*/
DB  0FCh, 0FCh, 40h, 40h, 40h, 0FCh, 0FCh, 00h
DB  0Fh, 0Fh, 00h, 00h, 00h, 0Fh, 0Fh, 00h
; /*--   文字: o--*//*--此字体下对应的点阵为宽×高=8×16--*/
DB  0C0h, 0E0h, 20h, 20h, 20h, 0E0h, 0C0h, 00h
DB  07h, 0Fh, 08h, 08h, 08h, 0Fh, 07h, 00h
; /*--文字: w   --*//*--   此字体下对应的点阵为宽×高=8×16  --*/
DB  0E0h, 0E0h, 00h, 00h, 00h, 0E0h, 0E0h, 00h
DB  07h, 0Fh, 0Ch, 07h, 0Ch, 0Fh, 07h, 00h
; /*--   文字:    --*//*--此字体下对应的点阵为宽×高=8×16  --*/
DB  000h, 000h, 000h, 000h, 000h, 000h, 000h, 00h
DB  00h, 00h, 00h, 00h, 00h, 00h, 00h, 00h
; /*--   文字:   -d---*//*--   此字体下对应的点阵为宽×高=8×16  --*/
DB  80h, 0C0h, 60h, 24h, 0FCh, 0FCh, 00h, 00h
DB  07h, 0Fh, 08h, 08h, 07h, 0Fh, 08h, 00h
; /*--   文字: o--*//*--   此字体下对应的点阵为宽×高=8×16--*/
DB  0C0h, 0E0h, 20h, 20h, 20h, 0E0h, 0C0h, 00h
DB  07h, 0Fh, 08h, 08h, 08h, 0Fh, 07h, 00h
```

```
; /*--  文字：   --*//*--此字体下对应的点阵为宽×高=8×16--*/
DB  000h, 000h, 000h, 000h, 000h, 000h, 000h, 00h
DB  00h, 00h, 00h, 00h, 00h, 00h, 00h, 00h
S4:
; /*--  文字：y--*//*--此字体下对应的点阵为宽×高=8×16  --*/
DB  0E0h, 0E0h, 00h, 00h, 00h, 0E0h, 0E0h, 00h
DB   47h, 4Fh, 48h, 48h, 68h, 3Fh, 1Fh, 00h
; /*--  文字：o--*//*--此字体下对应的点阵为宽×高=8×16--*/
DB  0C0h, 0E0h, 20h, 20h, 20h, 0E0h, 0C0h, 00h
DB   07h, 0Fh, 08h, 08h, 08h, 0Fh, 07h, 00h
; /*--  文字：u--*//*--此字体下对应的点阵为宽×高=8×16--*/
DB  0E0h, 0E0h, 00h, 00h, 0E0h, 0E0h, 00h, 00h
DB   07h, 0Fh, 08h, 08h, 07h, 0Fh, 08h, 00h
; /*--  文字：   --*//*--此字体下对应的点阵为宽×高=8×16--*/
DB  000h, 000h, 000h, 000h, 000h, 000h, 000h, 00h
; /*--  文字：d--*//*--此字体下对应的点阵为宽×高=8×16  --*/
DB  80h, 0C0h, 60h, 24h, 0FCh, 0FCh, 00h, 00h
DB   07h, 0Fh, 08h, 08h, 07h, 0Fh, 08h, 00h
; /*--  文字：o--*//*--  此字体下对应的点阵为宽×高=8×16  --*/
DB  0C0h, 0E0h, 20h, 20h, 20h, 0E0h, 0C0h, 00h
DB   07h, 0Fh, 08h, 08h, 08h, 0Fh, 07h, 00h
; /*--  文字：!   --*//*--此字体下对应的点阵为宽×高=8×16--*/
DB  00h, 00h, 00h, 38h, 0FCh, 0FCh, 38h, 00h
DB   00h, 00h, 00h, 00h, 0Dh, 0Dh, 00h, 00h
 END
```

2. 控制程序的分析

为了说明 TG12864 的显示特点，本任务程序对汉字和英文字符同时进行了举例。程序采用顺序程序结构，其流程图如图 7-3-3 所示。

由于在 BUSY 和 REST 状态时，除读指令外，其他指令均不产生作用，因此在程序中，对液晶显示器写数据操作时都要“判忙”，以确定是否可以对液晶显示器进行操作。判忙程序详见上述程序“检测忙操作”部分的内容。

多学一点

一、TG12864B 的基本操作时序

1）写指令：E＝下降沿，RS＝L，RW＝L，D0～D7＝指令码。

2）读数据：E＝H，RS＝H，RW＝H，数据从 D0～D7 得到。

3）写数据：E＝下降沿，RS＝H，RW＝L，D0～D7＝数据。

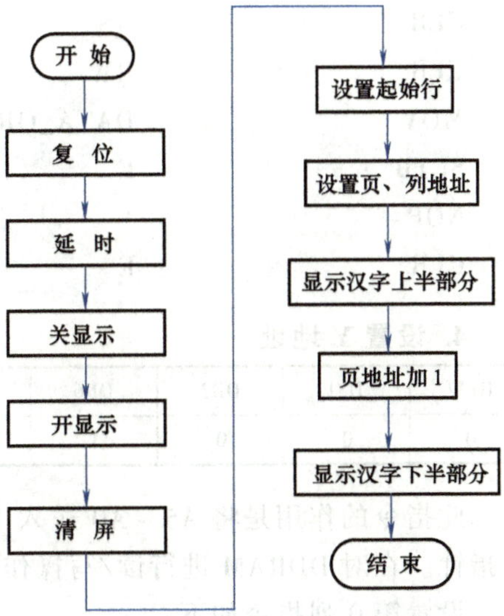

图 7-3-3　TG12864B 字符显示程序流程图

二、TG12864B 指令说明

1. 显示开关控制

R/W	D/I	DB7	DB6	DB5	DB4	DB3	DB2	DB1	DB0
0	0	0	0	1	1	1	1	1	D

D＝1：开显示。

D＝0：关显示，不影响显示数据寄存器中的内容。开显示指令如下：

```
CLR     RS
CLR     RW
MOV     DATA_ORA, #3FH
SETB    E
NOP
CLR     E
```

2. 设置显示起始行

R/W	D/I	DB7	DB6	DB5	DB4	DB3	DB2	DB1	DB0
0	0	1	1	A5	A4	A3	A2	A1	A0

该指令中 A5～A0 为显示起始行的地址，取值在 0～3FH（1～64 行）范围内，它规定了显示器起始行所对应的显示存储器的行地址。通过修改显示器起始行寄存器的内容，可以实现显示屏内容向上或向下滚动。设置第 0 行为起始行的指令如下：

```
CLR     RS
CLR     RW
MOV     DATA_ORA, #0C0H
SETB    E
NOP
CLR     E
```

3. 设置页地址

R/W	D/I	DB7	DB6	DB5	DB4	DB3	DB2	DB1	DB0
0	0	1	0	1	1	1	A2	A1	A0

页地址就是 DDRAM 的行地址，8 行为一页，模块共 64 行即 8 页，A2～A0 表示0～7 页。读/写数据对页地址没有影响，RST 信号复位后页地址为 0。设置第 0 页指令如下：

```
CLR     RS
CLR     RW
MOV     DATA_ORA, #0B7H
SETB    E
NOP
CLR     E
```

4. 设置 Y 地址

R/W	D/I	DB7	DB6	DB5	DB4	DB3	DB2	DB1	DB0
0	0	0	1	A5	A4	A3	A2	A1	A0

此指令的作用是将 A5 ~ A0 送入 Y 地址（列地址）计数器，作为 DDRAM 的 Y 地址指针。在对 DDRAM 进行读/写操作后，Y 地址指针自动加 1，指向下一个 DDRAM 单元。设置第 0 列指令如下：

```
CLR     RS
CLR     RW
MOV     DATA_ORA, #40H
SETB    E
NOP
CLR     E
```

页面地址的设置和 Y 地址的设置将显示存储器单元唯一地确定下来，为后续显示数据的读/写做了地址的选通。DDRAM 地址映像表见表 7-3-2。

表 7-3-2　DDRAM 地址映像表

	CS1 = 1					CS2 = 1					
Y =	0	1	…	62	63	0	1	…	62	63	行号
X = 0 ~ X = 7	DB0 ~ DB7	DB0 ~ DB7	DB0 ~ DB7	DB0 ~ DB7	DB0 ~ DB7	DB0 ~ DB7	DB0 ~ DB7	DB0 ~ DB7	DB0 ~ DB7	DB0 ~ DB7	0 ~ 7
	DB0 ~ DB7	DB0 ~ DB7	DB0 ~ DB7	DB0 ~ DB7	DB0 ~ DB7	DB0 ~ DB7	DB0 ~ DB7	DB0 ~ DB7	DB0 ~ DB7	DB0 ~ DB7	8 ~ 55
	DB0 ~ DB7	DB0 ~ DB7	DB0 ~ DB7	DB0 ~ DB7	DB0 ~ DB7	DB0 ~ DB7	DB0 ~ DB7	DB0 ~ DB7	DB0 ~ DB7	DB0 ~ DB7	56 ~ 63

5. 读状态

R/W	D/I	DB7	DB6	DB5	DB4	DB3	DB2	DB1	DB0
0	1	BF	0	ON/OFF	RST	0	0	0	0

当 R/W = 1、D/I = 0 时，在 E 信号为“H”的作用下，状态数据分别输出到数据总线（DB7 ~ DB0）的相应位。

1）BF：判忙信号标志位。BF = 1 表示液晶显示器正在处理 MCU 发过来的指令或者数据，此时接口电路被挂起，不能接收除读状态字以外的任何操作；BF =0 表示液晶显示器接口控制电路处于空闲状态，可以接收外部数据和指令。

2）ON/OFF：显示状态标志位。ON/OFF =1 表示关显示状态；ON/OFF =0 表示开显示状态。

3）RST：复位标志位。RST =1 表示内部正在初始化，此时液晶显示器不接收任何指令和数据；RST =0 表示正常工作状态。

6. 写显示数据

R/W	D/I	DB7	DB6	DB5	DB4	DB3	DB2	DB1	DB0
0	1	D7	D6	D5	D4	D3	D2	D1	D0

D7 ~ D0 为显示数据，此指令把 D7 ~ D0 写入相应的 DDRAM 单元，Y 地址指针自动加 1。

7. 读显示数据

R/W	D/I	DB7	DB6	DB5	DB4	DB3	DB2	DB1	DB0
1	1	D7	D6	D5	D4	D3	D2	D1	D0

此指令把 DDRAM 的内容 D7 ~ D0 读到数据总线 DB7 ~ DB0，Y 地址指针自动加 1。

练习7—3

1. 利用 12864 显示汉字“欢迎大家”。
2. 利用 12864 显示汉字“你好，单片机!”，要求汉字格式为 24 ×24。

任务完成情况评价

考核评价见表 7-3-3。

表 7-3-3　考核评价表

考核内容	硬件部分				软件部分				职业操守				其他
评价	模块选择、接线工艺				程序编写、运行调试				安全、协助、文明操作				
	优	良	中	差	优	良	中	差	优	良	中	差	
综合评分													
任务点评													

注：在“优、良、中、差”下面的框中用“√”选择评价等级。

项目八
应用单片机扩展口

项目描述

在单片机的实际应用中，往往需要多个 I/O 口，但是单片机本身提供的 I/O 口的数量非常有限，所以很多情况下需要扩展单片机的 I/O 口。8255 就是常用的可编程扩展 I/O 口的芯片。

所谓可编程的接口芯片是指其功能可由微处理器的指令来加以改变的接口芯片，利用编程的方法，可以使一个接口芯片执行不同的接口功能。目前，各生产厂家已提供了很多系列的可编程接口，51 系列单片机常用集成电路 8255 和 8155 两种接口芯片来扩展 I/O 口。本项目主要介绍 8255A 在 51 系列单片机中的使用方法，8155 的使用方法与 8255 相类似。

本项目使用 8255A 集成电路对单片机 I/O 口进行扩展，其中扩展口对 8 个发光二极管进行亮度控制，电路启动和关闭由一个按键开关控制。

通过完成本项目，学习应用 8255A 集成电路对单片机 I/O 口进行扩展的方法，以及用扩展口控制发光二极管制作流水灯的方法。

学习目标

1. 掌握使用 8255A 集成电路扩展单片机 I/O 口的硬件连接方法。
2. 掌握使用 8255A 集成电路扩展单片机 I/O 口的控制方法及其应用。

做与学

一、连接电路，学习使用 8255A 扩展单片机 I/O 口的电路原理

在实训台装置上选用 MCU01 主机模块、MCU02 电源模块、MCU04 显示模块中的 8 只 LED、MCU06 指令模块中的独立按键 SB1、MCU12 扩展模块中的 8255A 扩展芯片、万利仿真器。按图 8-1-1 和图 8-1-2 所示连接利用 8255A 控制发光二极管制作流水灯的电路。

8255A 的 PA、PB、PC 均工作在方式 0（直接控制方式）；PA0 设为输入口与独立按键 SB1 连接，作为启动开关，启动流水灯；PB 口的高 4 位和 PC 口的低 4 位作为输出

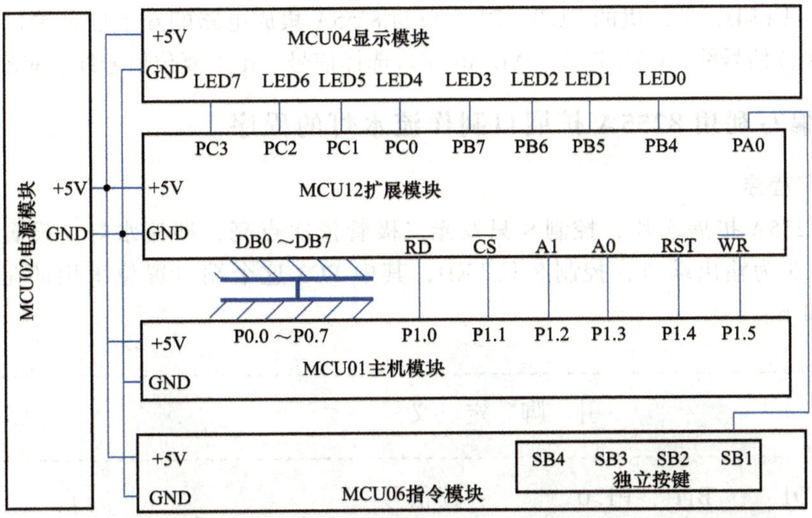

图 8-1-1　利用 8255A 控制发光二极管制作流水灯的电路连接示意图

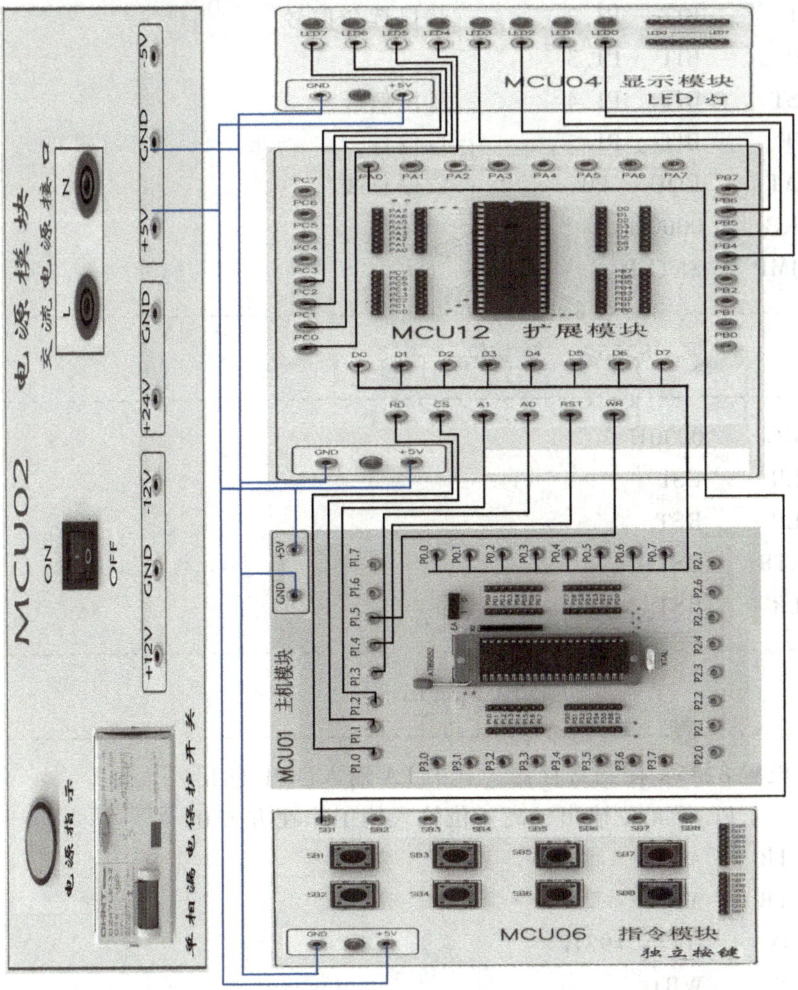

图 8-1-2　利用 8255A 控制发光二极管制作流水灯的电路实物接线图

端口控制8只LED；单片机的P1.0～P1.5口与8255A集成电路的6个控制端口相连接，它们分别是$\overline{RD}$读信号线、$\overline{CS}$片选线、A1/A0端口选择信号、RST复位信号线、$\overline{WR}$写信号线。

二、编写利用8255A扩展口制作流水灯的程序

1. 编写程序

利用8255A扩展芯片，控制8只发光二极管依次点亮，即流水灯。设置PB4～PB7和PC0～PC3为输出端口，控制8只LED，其中PC3这个端口置位采用的是按位操作。程序编写如下：

```
;--------------------------------------------------------------
;                        引  脚  定  义
;--------------------------------------------------------------
        RD1     BIT    P1.0          ；读信号
        CS1     BIT    P1.1          ；片选信号
        A1      BIT    P1.2          ；端口选择信号
        A0      BIT    P1.3
        RST     BIT    P1.4          ；复位信号
        WR1     BIT    P1.5          ；写信号
        DAT     EQU    P0            ；数据总线
        ORG     0000H
        AJMP    SETUP
;--------------------------------------------------------------
;                   8255A  复  位
;--------------------------------------------------------------
        ORG     0030H
SETUP： CLR     CS1
        CLR     RST
        SETB    RST
        CLR     RST
;--------------------------------------------------------------
;                        8255A初始化
;--------------------------------------------------------------
;    设置8255A控制寄存器，其中PA输入，PB输出，
;         PC低4位输出，高4位输入均工作在方式0
        SETB    A0
        SETB    A1
        MOV     DAT，#98H
        CLR     WR1
```

```
        NOP
        SETB     WR1
   ;------------------------------------------------------------------
   ;            设置 8255A PB 口和 PC 口输出均为高电平
   ;------------------------------------------------------------------
        MOV          DAT, #0FFH
        SETB         A0
        CLR          A1
        CLR          WR1
        NOP
        SETB         WR1
        CLR          A0
        SETB         A1
        CLR          WR1
        NOP
        SETB         WR1
   ;------------------------------------------------------------------
   ;            判断与 PA0 相连的按键是否被按下
   ;------------------------------------------------------------------
START:  CLR          A0
        CLR          A1
        CLR          RD1
        NOP
        MOV          DAT, #0FFH
        MOV          A, DAT
        SETB         RD1
        JB           ACC.0, START
   ;------------------------------------------------------------------
   ;                 PB4 ~ PB7 依次输出低电平
   ;------------------------------------------------------------------
MAIN:
        MOV          R0, #4
        MOV          A, #0EFH
        SETB         A0
        CLR          A1
LOOP_PB:
        MOV          DAT, A
```

```
        CLR         WR1
        NOP
        SETB        WR1
        RL          A
        LCALL       DELAY
        DJNZ        R0, LOOP_PB
;------------------------------------------------------------------
;               PB 口 输 出 高 电 平
;------------------------------------------------------------------
        MOV         DAT, #0FFH
;------------------------------------------------------------------
;               PC0 ~ PC3 依 次 输 出 低 电 平
;------------------------------------------------------------------
        CLR         WR1
        NOP
        SETB        WR1
        MOV         R0, #4
        MOV         A, #0FEH
        CLR         A0
        SETB        A1
LOOP_PC:
        MOV         DAT, A
        CLR         WR1
        NOP
        SETB        WR1
        RL          A
        LCALL       DELAY
        DJNZ        R0, LOOP_PC
;------------------------------------------------------------------
;           通过按位操作的方式使 PC3 输出高电平
;------------------------------------------------------------------
        SETB        A0
        SET         WR1
        NOP
        SETB        WR1
        LJMP        MAIN
```

```
        ;------------------------------------------------------------
        ;                        延时子程序
        ;------------------------------------------------------------
DELAY:  MOV         R6, #0
DEL:    MOV         R7, #100
        DJNZ        R7, $
        DJNZ        R6, DEL
        RET
        END
```

2. 控制程序的分析

利用 8255A 扩展口制作流水灯程序的流程如图 8-1-3 所示。

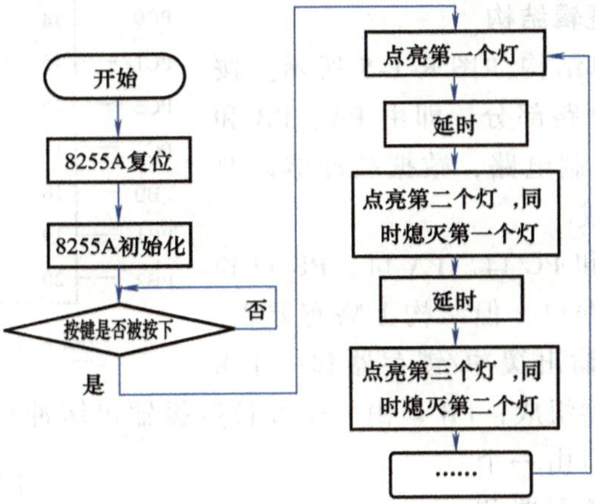

图 8-1-3 利用 8255A 扩展口制作流水灯的程序流程图

8255A 初始化之后输出为低电平，所以在初始化之后，为防止外设产生误动作，建议把 8255A 输出的端口设置为高电平。

多学一点

一、8255A 的信号引脚和逻辑结构

8255A 是一个单 5V 电源供电，40 个引脚的双列直插式组件，其引脚排列如图 8-1-4 所示。

1. 8255A 引脚含义

(1) 数据线（8 条） D0 ~ D7 为数据总线，用于传送 CPU 和 8255A 之间的数据、命令和状态字。

(2) 控制线和寻址线（6 条）

1) RESET：复位信号，输入高电平有效。一般和单片机的复位相连，复位后 8255A 所有内部寄存器清 0，所有口都为输入方式。

2）$\overline{RD}$和$\overline{WR}$：读/写信号线，输入，低电平有效。当为0时（必为1），所选的8255A处于读状态，8255A送出信息到CPU。反之亦然。

3）$\overline{CS}$：片选线，输入，低电平有效。

4）A0、A1：地址输入线。当芯片被选中时，这两位的4种组合00、01、10、11分别用于选择A、B、C口和控制寄存器。

（3）I/O口线（24条） PA0～PA7、PB0～PB7、PC0～PC7为24条双向三态I/O总线，分别与A、B、C口相对应，用于8255A和外设之间传送数据。

（4）电源线（两条） V_{CC}为5V，GND为地线。

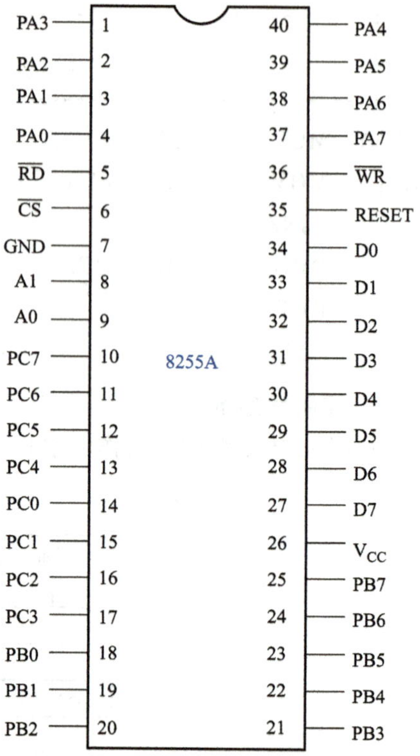

图8-1-4 8255A引脚图

2. 8255A的内部逻辑结构

8255A的内部逻辑结构如图8-1-5所示。按功能可分为4个逻辑电路部分，即由PA、PB和PC数据口，A，B组控制电路，数据缓冲器以及读/写控制逻辑电路组成。

1）PA口、PB口和PC口。PA口、PB口和PC口均为8位I/O数据口，但结构上略有差别。PA口由一个8位数据输出缓冲/锁存器和一个8位数据输入缓冲/锁存器组成；PB口由一个8位数据输出缓冲/锁存器和一个8位数据输入缓冲器组成，PC口由一个8位的数据输出缓冲/锁存器和一个8位的数据输入缓冲器组成。PC口与PA、PB端口相比，不同之处在于，PC的8个位端口都可以独立控制。3个端口都可以和外设相连，分别传送外设的输入/输出数据或控制信息。

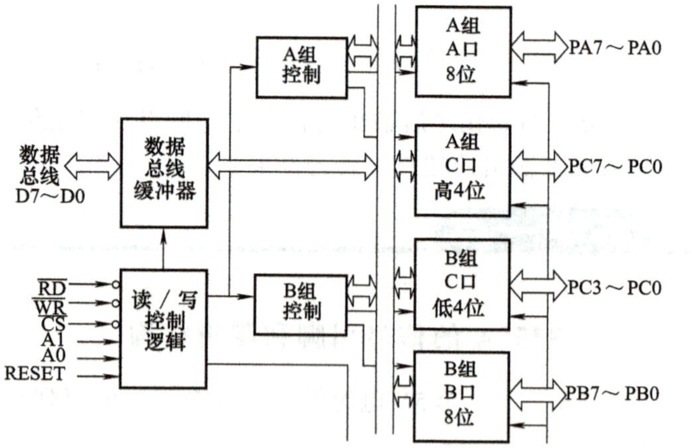

图8-1-5 8255A的内部逻辑结构

2）A、B组控制电路。这是两组根据CPU的命令字控制8255A工作方式的电路。A组控制PA口及PC口的高4位，B组控制PB口及C口的低4位。

3）数据缓冲器。这是一个双向三态8位的驱动口，用于与单片机的数据总线相连，传送数据或控制信息。

4）读/写控制逻辑。这部分电路接收MCS-51送来的读/写命令和地址口选择指令，用于控制对8255A的读/写。

二、总线接口电路

总线接口电路用于实现8255A和单片机芯片的信号连接，其中包括：

1. 数据总线缓冲器

数据总线为8位双向三态缓冲器，可直接和MCS-51单片机的数据线相连，与I/O操作有关的数据、控制字和状态信息都是通过该缓冲器进行传送。

2. 读/写控制接口

与读写有关的控制信号如下：

1）$\overline{CS}$——片选信号（低电平有效）。

2）$\overline{RD}$——读信号（低电平有效）。

3）$\overline{WR}$——写信号（低电平有效）。

4）A0、A1——端口选择信号。8255A共有4个可寻址的端口（即PA、PB、PC和控制寄存器），用两位地址编码可实现选择。

5）RESET——复位信号（高电平有效）。复位之后，清除控制寄存器，各端口被置为输入方式。

读写控制逻辑用于实现8255A的硬件管理，包括芯片选择、端口的寻址以及规定各端口和单片机之间的数据传送方向。

表 8-1-1 8255A基本操作与端口地址

$\overline{CS}$	A1	A0	$\overline{RD}$	$\overline{WR}$	读 操 作
0	0	0	0	1	PA 口→数据总线→CPU
0	0	1	0	1	PB 口→数据总线→CPU
0	1	0	0	1	PC 口→数据总线→CPU
					写操作
0	0	0	1	0	PA 口←数据总线←CPU
0	0	1	1	0	PB 口←数据总线←CPU
0	1	0	1	0	PC 口←数据总线 ←CPU
0	1	1	1	0	控制寄存器←数据总线
					无操作情况
1	X	X	X	X	总线悬浮，输出为高阻抗
0	X	X	1	1	总线悬浮
0	1	1	0	1	控制口不能读

三、MCS-51和8255A的接口设计

单片机与8255A的常见连接方式有两种。

1. 寻址方式

以扩展单片机地址的方式进行连接，如图 8-1-6 所示。

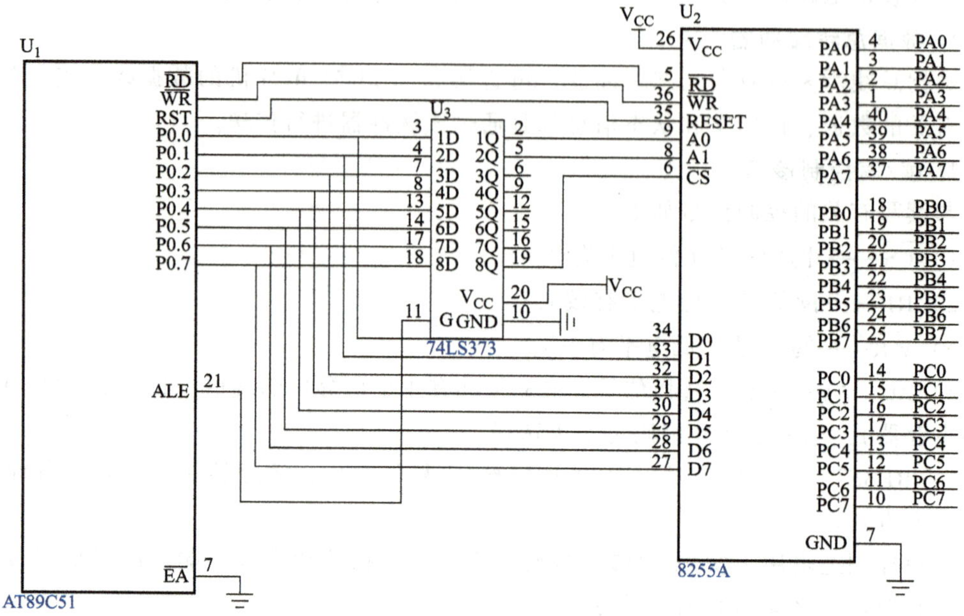

图 8-1-6 寻址方式接口电路图

通过 8255A 的特性确定 PA、PB、PC 以及控制寄存器的地址，结合寻址方式电路图可以确定如下地址。

P2.7～P2.0 P0.7～P0.0→XXXX XXXX 0XXX XX00

PA 口地址：0FF7CH。

PB 口地址：0FF7DH。

PC 口地址：0FF7EH。

控制寄存器地址：0FF7FH。

例如，设置 PA、PB、PC 为方式 0，则输出的汇编指令为

```
MOV     R0，#0FF7FH
MOVX    @R0，#80H
```

2. 直接控制方式

把 8255A 作为基本的 I/O 设备进行连接，连接电路如图 8-1-7 所示。

例如，设置 PA、PB、PC 为方式 0，则输出的汇编指令为

```
A0      BIT     P2.0
A1      BIT     P2.1
SETB    A0              ；8255A 控制寄存器
SETB    A1
MOV     P0，#80H        ；设置 PA、PB 、PC 为输出
```

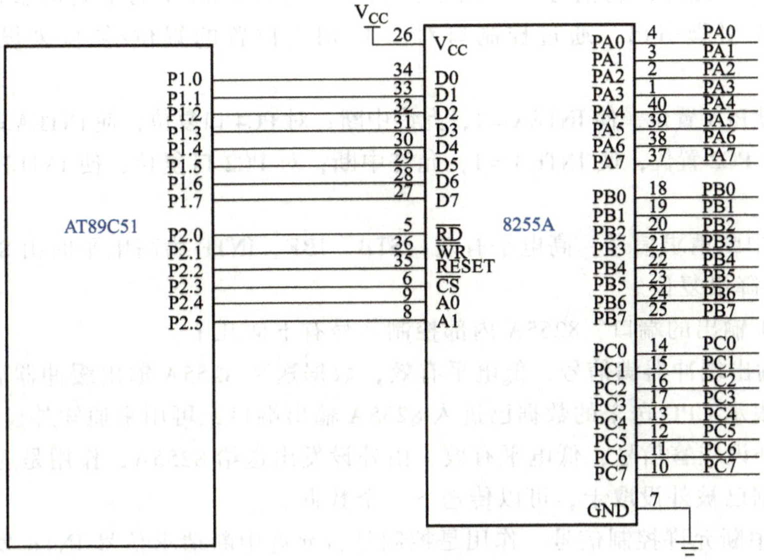

图 8-1-7　直接控制接口电路图

四、8255A 的工作方式及数据 I/O 操作

8255A 有 3 种工作方式，即方式 0、方式 1、方式 2。方式的选择是通过对 8255A 写控制字的方法来完成的。

1. 8255A 的工作方式

（1）方式 0——基本输入/输出方式　在方式 0 下，8255A 可供使用的是两个 8 位口（PA 口和 PB 口）及两个 4 位口（PC 口的高位部分和低位部分）。4 个口可以进行输入和输出的任意组合。

方式 0 适用于无条件数据传送，也可以把 PC 口的某一位作为状态位，实现查询方式的数据传送。

（2）方式 1——选通输入/输出方式　在方式 1 下，PA 口和 PB 口分别用于数据的输入和输出，而 PC 口则作为数据传送的联络信号。具体定义见表 8-1-2。由表中可见，A 口和 B 口的联络信号都是 3 个，因此在具体应用中，如果 PA 或 PB 中有一个口按方式 1 使用，则剩下的另外 13 位口（即 PB 口的 8 位加上 PC 口的 5 位）仍然可按方式 0 使用。如果两个口（PA、PB）都按方式 1 使用，则剩下两位口线（即 PC6，PC7）仍然可以进行位状态的输入和输出。

方式 1 适用于查询或中断方式的数据输入/输出。对方式 1 输入的端口，8255A 内部控制信号有下面几个。

STB：选通信号，低电平有效，由外设发送给 8255A，作用是将外设送来的数据锁存到 8255A 的输入端口。

IBF：输入缓冲器满信号，高电平有效，由 8255A 发出，表示外设送来的数据已进入输入端口，当外设送来的数据送入输入端口后，8255A 自动发出 IBF。

INTE：中断允许控制信号，作用是控制是否允许 8255A 的中断请求信号 INTR 发出，此信号无引脚引出，通过控制口对 C 口相应位置的置位/复位来设置是否允许中断。

A 口，对 PC4 置位，使 INTEA =1，允许中断；对 PC4 口复位，使 INTEA =0，不允许中断；B 口，对 PC2 置位，使 INTEB =1，允许中断；对 PC2 口复位，使 INTEB =0，不允许中断。

INTR：中断请求信号，高电平有效，STB、IBF、INTE 为高电平时由 8255A 自动发出。RD 的下降沿复位。

对方式 1 输出的端口，8255A 内部控制信号有下面几个。

OBF：输出缓冲器满信号，低电平有效，数据送至 8255A 输出缓冲器后，由 8255A 自动发出，表示 CPU 送来的数据已进入 8255A 输出端口，可用来通知外设把数据取走。

ACK：外设应答信号，低电平有效，由外设发出送给 8255A，作用是通知 8255A 输出端口的数据已被外设取走，可以传送下一个数据。

INTE：中断允许控制信号，作用是控制是否允许中断请求信号 INTR 发出。此信号无引脚引出，通过控制口对 C 口相应位置的置位/复位，设置是否允许中断。

A 口，对 PC6 置位，使 INTEA =1，允许中断；对 PC6 口复位，使 INTEA =0，不允许中断；B 口，对 PC2 置位，使 INTEB =1，允许中断；对 PC2 口复位，使 INTEB =0，不允许中断。

INTR：中断请求，高电平有效，ACK、OBF、INTE 为高电平时产生。WR 的下降沿复位。

（3）方式 2——双向数据传送方式　只有 PA 口才能选择这种工作方式，这时 PA 口既能输入数据又能输出数据。在这种方式下需使用 PC 口的 5 位口做控制线，信号定义见表8-1-2。方式 2 适合用于查询或中断方式的双向数据传送。如果把 PA 口置于方式 2 下，则 PB 口只能工作于方式 0。方式 2 控制字及引脚如图 8-1-8 所示。

PC 口在方式 1 或方式 2 下 PC 口的功能见表 8-1-2。

表 8-1-2　方式 1 和方式 2 状态下 PC 口的功能

C 口位线	方式 1		方式 2	
	输入	输出	输入	输出
PC7				OBFA
PC6				ACKA
PC5	IBFA		IBFA	
PC4	STBA		STBA	
PC3	INTRA	INTRA	INTRA	INTRA
PC2	STBB	ACKB		
PC1	IBFB	OBFB		
PC0	INTRB	INTRB		

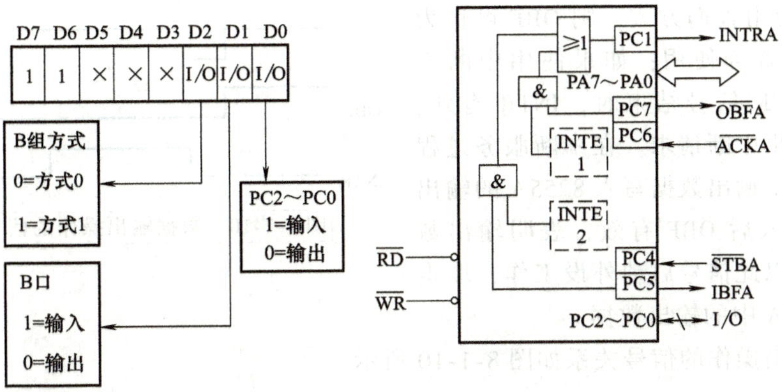

图 8-1-8　方式 2 控制字及引脚

2. 数据 I/O 操作

(1) 数据输入操作

用于输入操作的联络信号如下：

1) STB (Strobe)——选通脉冲 (输入)，低电平有效。当外设送来 STB 信号时，输入数据装入 8255A 的锁存器。

2) IBF (Input Buffer Full)——输入缓冲器满信号 (输出)，高电平有效。此信号有效，表明数据已装入锁存器，因此它是一个状态信号。

3) INTR (Interrupt Request)——中断请求信号 (输出)，高电平有效。当 IBF 为高，STB 信号由低变高 (上升沿) 时，中断请求信号有效，向单片机发出中断请求。

当外设准备好数据后，发出 STB 信号，输入的数据送入缓冲器，IBF 信号有效。如果使用查询方式，则 IBF 作为状态信号供查询使用；如果使用中断方式，当信号 IBF 信号由低变高时，产生 INTR 信号，向单片机发出中断请求。单片机在响应中断后执行中断服务程序时读入数据，并使 INTR 信号变化，同时使 IBF 信号同时变低。依次通知外设准备下一次数据输入。

数据输入操作的信号关系如图 8-1-9 所示。

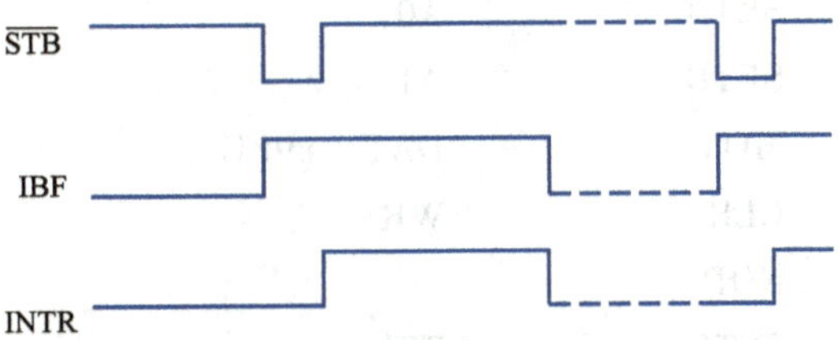

图 8-1-9　数据输入操作的信号关系

(2) 数据输出操作

用于数据输出操作的联络信号如下：

1) ACK (Acknowledge)——外设响应信号 (输入)，低电平有效。当外设取走输出数据，并处理完毕后 8255A 向单片机发出的响应信号。

2) OBF (Output Buffer Full)——输出缓冲器满信号 (输出)，低电平有效。当单片机把输出数据写入 8255A 锁存器后，该信号有效，并送去启动外设以接收数据。

3) INTR——中断请求信号 (输出)，高电平有效。

数据输出过程如下：外设接收并处理完一组数据后，发回 ACK 信号。该信号使 OBF 变高，表明输出缓冲器已空闲 (实际上表明输出缓冲器中的数据已无保留的必要）。如果使用查询方式，则 OBF 可作为状态信号供查询使用；如果使用中断方式，则当 ACK 信号结束时，INTR 有效，向单片机发出中断请求。在中断服务过程中，把下一个输出数据写入 8255A 的输出缓冲器。写入后 OBF 有效，表明输出数据已到，并以此信号启动外设工作，取走并处理 8255A 中的输出数据。

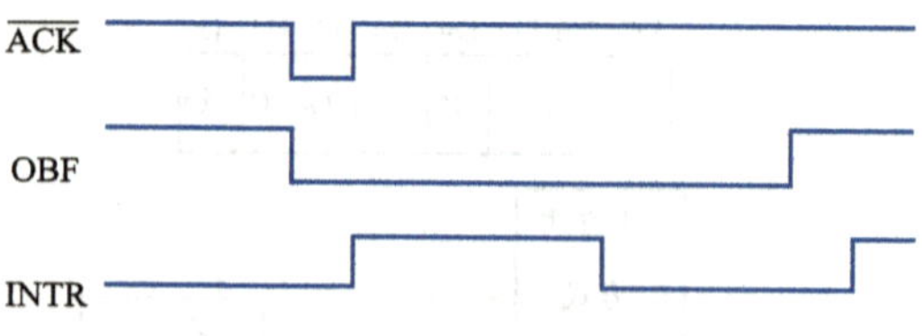

图 8-1-10　数据输出操作的信号关系

数据输出操作的信号关系如图 8-1-10 所示。

五、8255A 控制字以及初始化编程

1. 工作方式控制字

该命令是指定 8255A 的工作方式及其工作方式下 3 个并行端口（PA、PB、PC），是用做输入还是输出见表 8-1-3。

表 8-1-3　工作方式控制字

D7	D6	D5	D4	D3	D2	D1	D0
1	A 组方式 00：方式 0 01：方式 1 10：方式 2		0：PA 输出 1：PA 输入	0：PC4～7 输出 1：PC4～7 输入	B 组方式 0：方式 0 1：方式 1	PB 0 = 输出 1 = 输入	0：PC0～3 输出 1：PC0～3 输入

设置 8255A 控制寄存器，其中 PA 口输入，PB 口输出，PC 低 4 位输出、高 4 位输入，同时都工作在方式 0，指令如下：

```
SETB        A0
SETB        A1
MOV         DAT, #98H
CLR         WR
NOP
SETB        WR
```

2. C 口置位/复位控制字

该命令是指定 PC 口的某一位（某一个引脚）输出高平或低电平。命令格式见表 8-1-4。

表 8-1-4　C 口置位/复位控制字

D7	D6	D5	D4	D3	D2	D1	D0
0		不用，写 0			位选择 000 = C 口 0 位 001 = C 口 1 位 … 111 = C 口 7 位		1：高电平 0：低电平

按位操作设置 PC0 为高电平的操作指令如下：

```
SETB    A0
SETB    A1
MOV     DAT, #01H
CLR     WR
NOP
SETB    WR
```

3. 控制字使用说明

(1) 方式命令是对 8255A 的 3 个端口的工作方式及功能进行指定，即进行初始化，初始工作要在使用 8255A 之前完成。

(2) 按位置位/复位命令只对 PC 口的输出进行控制，使用该指令不会破坏已经建立的 3 种工作方式，而是对它们进行动态控制。它可放在初始化程序以后的任何地方。

两个命令的最高位（D7）都分配成特征位，以识别两个不同的命令。

(3) 按位置位/复位的命令代码只能写入命令口。

练习8—1

1. 利用 8255A 控制 8 位数码管显示数字 0～7。
2. 利用 8255A 控制 1602 液晶显示器显示字母。
3. 利用 8255A 控制 12864 液晶显示器显示汉字“欢迎”。

任务完成情况评价

考核评价见表 8-1-5。

表 8-1-5　考核评价表

考核内容	硬件部分				软件部分				职业操守				其他
评价	模块选择、接线工艺				程序编写、运行调试				安全、协助、文明操作				
	优	良	中	差	优	良	中	差	优	良	中	差	
综合评分													
任务点评													

注：在“优、良、中、差”下面的框中用“√”选择评价等级。

项目九
制作智能物料搬运系统

项目概述

智能物料搬运装置是按固定程序抓取、搬运物件的自动操作装置。智能物料搬运装置可代替人的繁重劳动以实现生产的机械化和自动化，能在有害环境下操作以保护人身安全，因此广泛应用于机械制造、冶金、电子、轻工和原子能等行业。

本项目通过完成控制物料搬运系统搬运物料、记录搬运物料的两个工作任务，学习智能物料搬运系统的电路结构和系统的控制方法，了解开发单片机控制系统的一般方法。

学习目标

1. 掌握智能物料搬运系统中搬运物料与显示托运个数的电路组成。
2. 掌握所用传感器和气动元件的连接方法。
3. 掌握用单片机控制智能搬运系统的物料托运和数据显示的编程方法。

任务一　控制智能物料搬运系统

任务描述

单片机上电后，控制一个气爪从初始位置，移到位置 1 抓取物料，移动气爪，把物料放入位置 3；然后移动气爪，到位置 2 抓取物料，并将抓取的物料放入位置 3 中；最后是移动气爪，回到初始位置；重复上述的过程。

在完成本任务的过程中学习智能搬运系统的组成、光电传感器和磁性传感器的使用方法、气动元件的使用方法，以及状态机方式编程思路及方法。

做与学

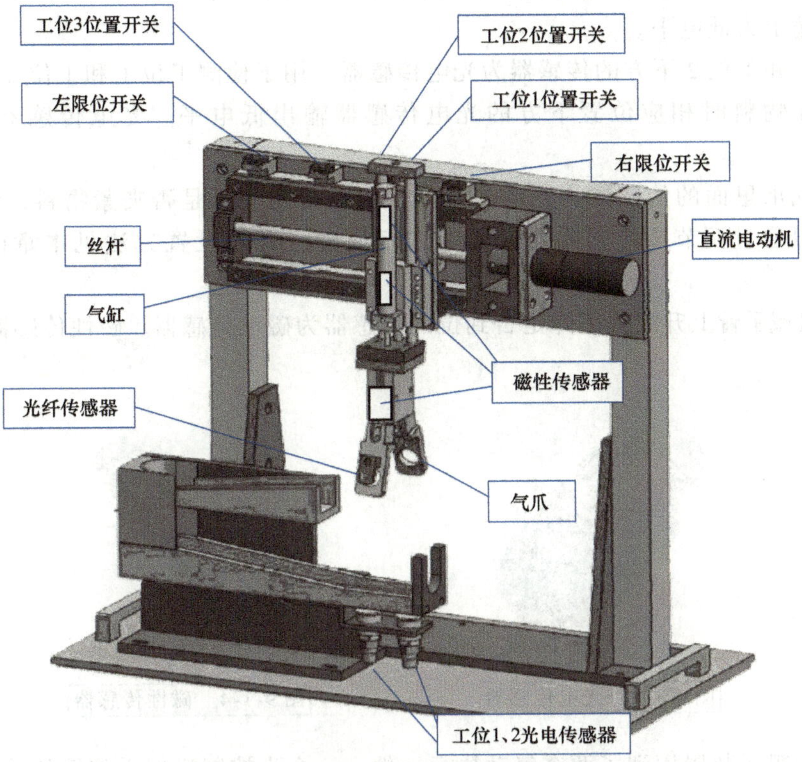

图 9-1-1　智能物料搬运装置的机架结构

一、连接电路，学习单片机控制物料搬运系统的运作原理

利用实训台中的智能物料搬运装置模拟物料搬运系统。智能物料搬运装置的机架结构如图 9-1-1 所示。

该搬运装置的电动机为 24V 直流电动机，通过正转或者反转电动机，控制机械手在丝杆上左右运动。电动机正转或者反转控制原理如图 9-1-2 所示，当继电器 A 吸合，继电器 B 张开时，电动机沿着一个方向转动；当继电器 A 张开，继电器 B 吸合时，电动机沿着相反方向转动；两个继电器都张开时，电动机停止运动。切勿使两个继电器同时吸合，否则会烧掉电动机。

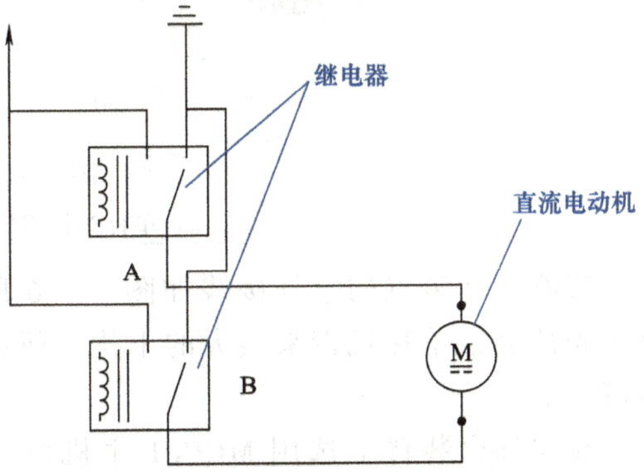

图 9-1-2　直流电动机正/反转控制原理

丝杆上有 5 个微动开关，从左到右分别是左限位开关、工位 3 位置开关、工位 2 位置开关、工位 1 位置开关、右限位开关，如图 9-1-1 所示。其中，左、右限位开关是硬件保护开关，防止机械手超出允许运

动范围，有效保护电动机和机构的安全。左、右限位开关直接串接在电动机的控制电路中，当控制电动机的硬件或者软件出现异常，机械手通过左、右限位开关时，控制机械手左右移动的电动机会自动断电。当机械手移动到工位 3、工位 2、工位 1 时，相应的位置开关输出为低电平。

工位 1 和工位 2 下方的传感器为光电传感器，用于检测工位 1 和工位 2 位置是否有物料，存在物料时相应位置下方的光电传感器输出低电平。光电传感器如图 9-1-3 所示。

机械气爪里面的传感器为光纤传感器，用以检测气爪是否夹紧物料，该传感器的敏感度可以通过调节该传感器的灵敏度进行设置，具体设置方法见本章的“多学一点”部分。

检测机械手臂上升或者下降是否到位的传感器为磁性传感器。磁性传感器如图 9-1-4 所示。

图 9-1-3　光电传感器

图 9-1-4　磁性传感器

该智能搬运装置用到了两个气动执行元件：一个为控制机械手伸缩的单杆双作用气缸，一个为支点开闭型气爪，由电磁阀进行控制。气缸和气爪如图 9-1-5 所示。

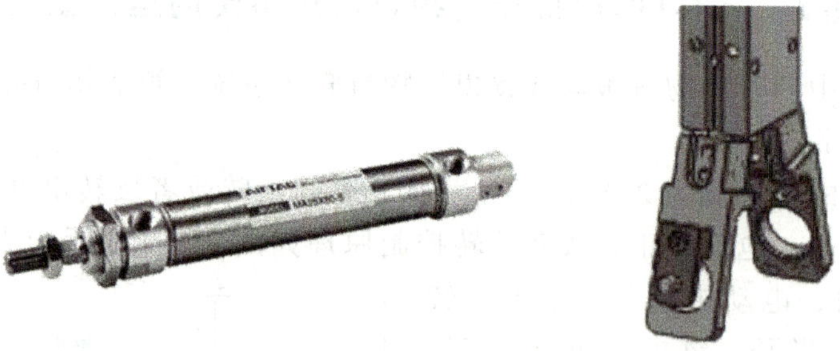

a)　　b)

图 9-1-5　气动装置

a）单杆双作用气缸　b）支点开闭型气爪

智能搬运装置的电气接线如图 9-1-6 所示。控制智能物料装置的继电器、电动机、电磁阀都会给单片机带来很大的干扰，所以在与单片机进行连接时，光电隔离措施是必不可少的。

在实训台装置上选用 MCU01 主机模块、MCU02 电源模块、MCU10 传感器配接模块、MCU05 继电器模块、万利仿真器、智能物料搬运装置。其中，MCU05 继电器模块中使用了KA1～KA5，MCU10传感器配接模块中使用光耦合器件。按图9-1-7和图9-1-8所示连接单片机控制物料搬运系统的电路。

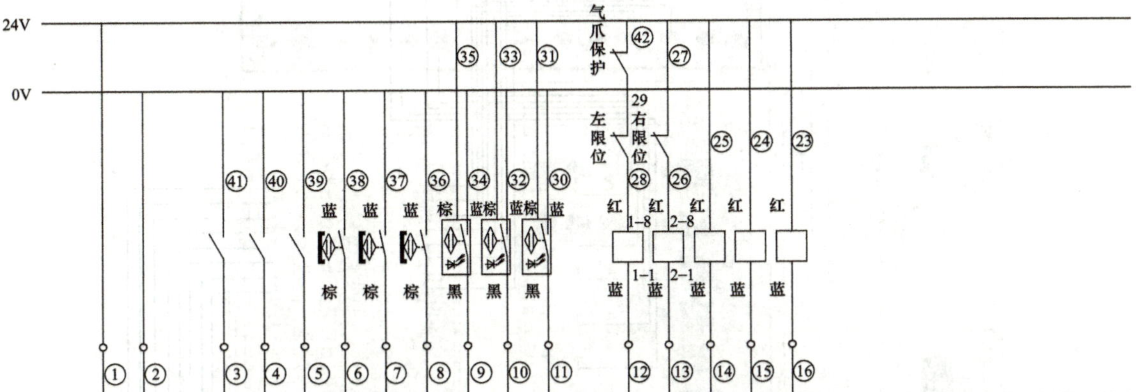

端子号	1	2	3	4	5	6	7	8	9	10	11	12		13	14	15	16	17	18	19	20	21	22	23	24	
说明	+24	0V		1工位位置检测	2工位位置检测	3工位位置检测	气爪上升到位检测	气爪下降到位检测	气爪夹紧检测	气爪物料有无检测	1工位物料有无检测	2工位物料有无检测		手臂左移 KA1	手臂右移 KA2	气爪夹紧电磁阀	气爪放松电磁阀	气爪升降电磁阀								
端子号	1	2		4	5	6	7	8	9	10	11	12		13	14	15	16	17								

图9-1-6　智能搬运装置的电气接线图

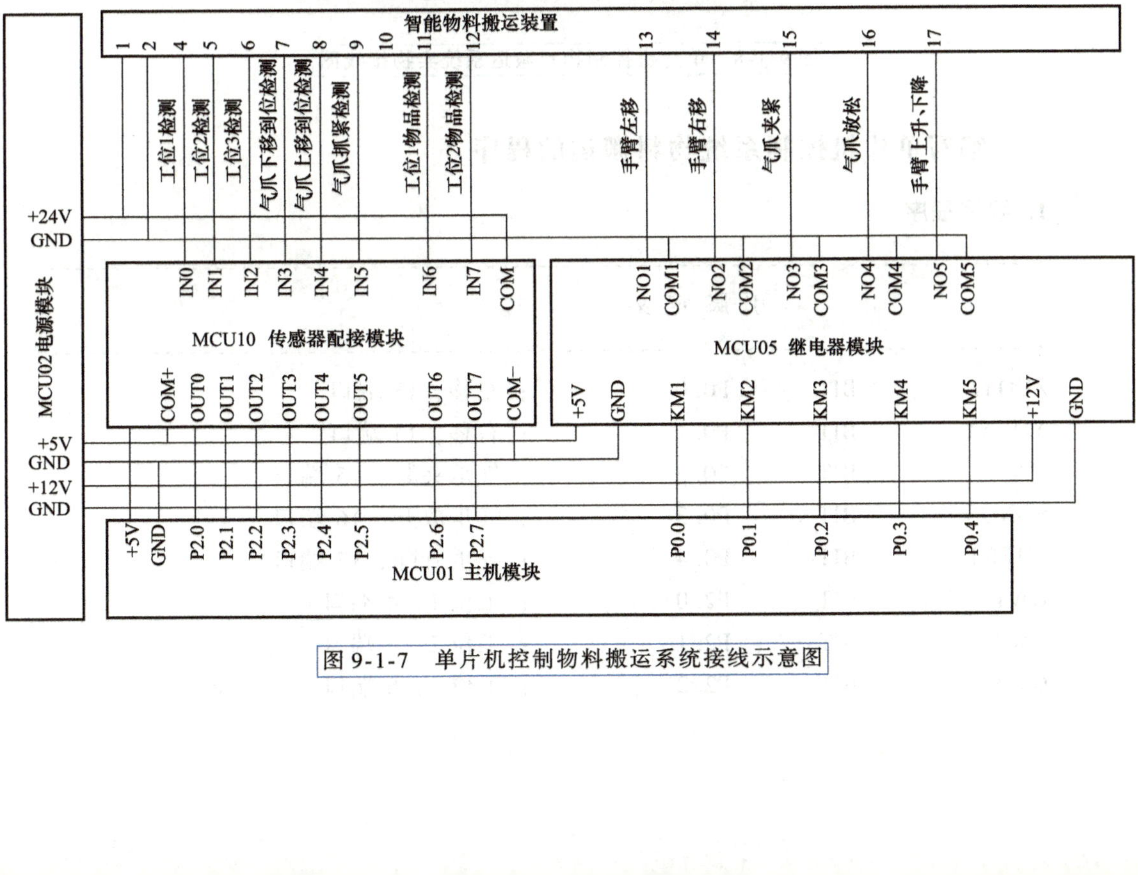

图9-1-7　单片机控制物料搬运系统接线示意图

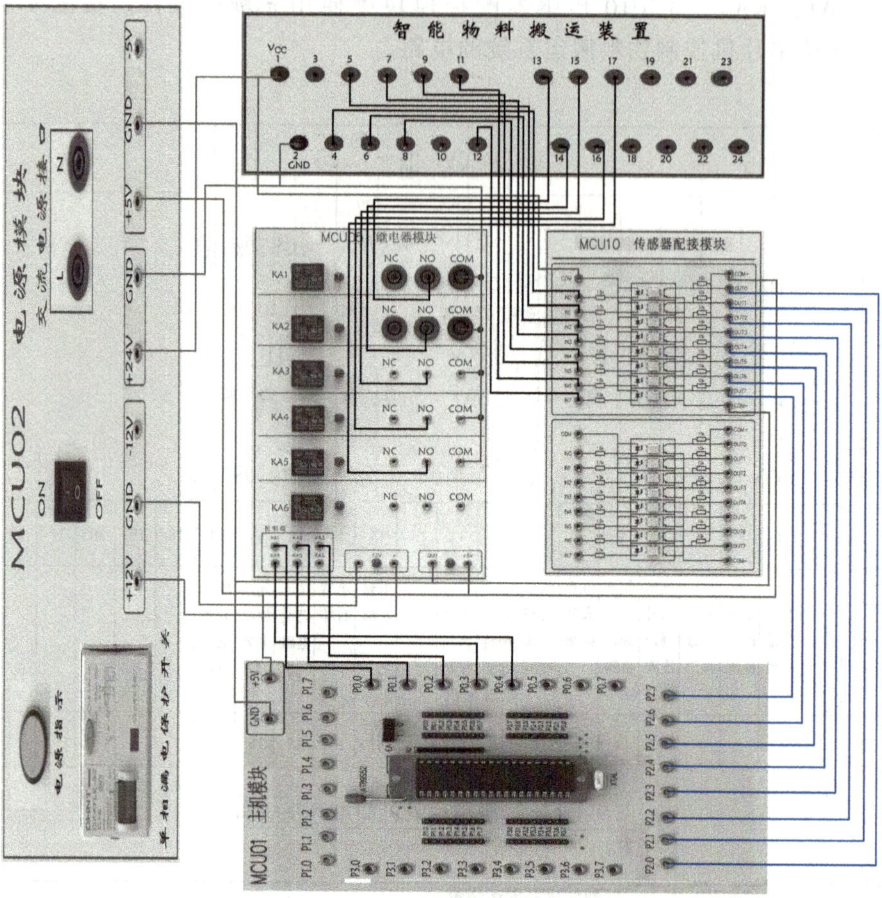

图 9-1-8　单片机控制物料搬运系统实物接线图

二、编写单片机控制系统物料搬运的程序

1. 编写程序

```
; -----------------------------------------------------------------------------
;                                引 脚 定 义
; -----------------------------------------------------------------------------
ZUOYI          BIT          P0.0          ；左移，13 端口
YOUYI          BIT          P0.1          ；右移，14 端口
JIN            BIT          P0.2          ；气爪夹紧，15 端口
SONG           BIT          P0.3          ；气爪放开，16 端口
SHENJ          BIT          P0.4          ；气爪升降，17 端口
GW1            BIT          P2.0          ；工位 1，4 端口
GW2            BIT          P2.1          ；工位 2，5 端口
GW3            BIT          P2.2          ；工位 3，6 端口
```

```
SD          BIT       P2.3              ; 上到位，7 端口
XD          BIT       P2.4              ; 下降到位，8 端口
QZJIN       BIT       P2.5              ; 气爪夹紧，9 端口
GWWL1       BIT       P2.6              ; 工位 1 判断有无物料 ，11 端口
GWWL2       BIT       P2.7              ; 工位 2 判断有无物料，12 端口
; ------------------------------------------------------------------
;                     程 序 入 口
; ------------------------------------------------------------------
            ORG           0000H
            LJMP          SETUP
            ORG           0030H
; ------------------------------------------------------------------
;                     主  程  序
; ------------------------------------------------------------------
SETUP:      MOV       R1，#0            ; 机械臂运行步骤记录
            CLR       SONG              ; 气爪放松
MAIN:       MOV       DPTR，#TABX       ; 行走步骤
            MOV       A，R1
            MOV       B，#3             ; 每次单片机以 3 为间距跳转到下一步骤
            MUL       AB
            JMP       @ A + DPTR
            LJMP      MAIN
TING:       SETB      ZUOYI
            SETB      YOUYI
            RET
; ------------------------------------------------------------------
;                     手臂停止移动，跳转到 K2
; ------------------------------------------------------------------
M1:         LCALL     TING
            MOV       R1，#1
            LJMP      MAIN
; ------------------------------------------------------------------
;                     判断是否到工位 1
; ------------------------------------------------------------------
M2:         JNB       GW1，M4
            SETB      YOUYI
            CLR       ZUOYI
            LJMP      MAIN
```

```
; ------------------------------------------------------------------------
;                   判断是否到工位 2
; ------------------------------------------------------------------------
M3:        JNB          GW2, M4
           SETB         ZUOYI
           CLR          YOUYI
           LJMP         MAIN
M4:        JNB          GWWL1, MX
           JNB          GWWL2, MX
           MOV          R1, #1
           LJMP         MAIN
; ------------------------------------------------------------------------
;                   停止手臂移动，跳转到 K3
; ------------------------------------------------------------------------
MX:        MOV          R1, #2
           LCALL        TING
           LJMP         MAIN
; ------------------------------------------------------------------------
;                   跳 转 到 K4
; ------------------------------------------------------------------------
M5:        MOV          R1, #3
           LJMP         MAIN
; ------------------------------------------------------------------------
;                   跳 转 到 K5
; ------------------------------------------------------------------------
M6:        MOV          R1, #4
           LJMP         MAIN
M7:        MOV          R1, #5
           LJMP         MAIN
M8:        MOV          R1, #6
           LJMP         MAIN
M9:        MOV          R1, #1
           LJMP         MAIN
; ------------------------------------------------------------------------
;                   判断是否到工位 1
; ------------------------------------------------------------------------
K1:        JNB          GW1, M1
           SETB         YOUYI
           CLR          ZUOYI
           LJMP         MAIN
```

```
; -----------------------------------------------------------------
;                    判断工位1、2有无物料
; -----------------------------------------------------------------
K2:      JNB         GWWL1, M2
         JNB         GWWL2, M3
         LCALL       TING
         LJMP        MAIN
; -----------------------------------------------------------------
;                    判断下降是否到位
; -----------------------------------------------------------------
K3:      JNB         XD, M5
         CLR         SHENJ
         LJMP        MAIN
; -----------------------------------------------------------------
;                    判断气爪是否夹紧
; -----------------------------------------------------------------
K4:      JNB         QZJIN, M6
         SETB        SONG
         CLR         JIN
         LJMP        MAIN
; -----------------------------------------------------------------
;                    判断是否上升到位
; -----------------------------------------------------------------
K5:      JNB         SD, M7
         SETB        SHENJ
         LJMP        MAIN
; -----------------------------------------------------------------
;                    判断是否到达工位3
; -----------------------------------------------------------------
K6:      JNB         GW3, M8
         SETB        ZUOYI
         CLR         YOUYI
         LJMP        MAIN
; -----------------------------------------------------------------
;                    放  球
; -----------------------------------------------------------------
K7:      SETB        JIN
         LCALL       DELAY
```

```
        CLR     SONG
        MOV     R1, #7
        LJMP    MAIN
; ---------------------------------------------------------------
;                     判断是否回到工位 2
; ---------------------------------------------------------------
K8:     JNB     GW2, M9
        SETB    YOUYI
        CLR     ZUOYI
        LJMP    MAIN
DELAY:  MOV     R7, #010H
DELY:   MOV     R6, #020H
        DJNZ    R6, $
        DJNZ    R7, DELY
        RET
TAB:    DB 0C0H, 0F9H, 0A4H, 0B0H, 99H, 92H, 82H, 0F8H, 80H, 90H, 0BFH
TABX:
        LJMP    K1          ; 复位到工位 1
        LJMP    K2          ; 检测 1、2 工位有无物料
        LJMP    K3          ; 执行下降动作
        LJMP    K4          ; 执行夹紧
        LJMP    K5          ; 执行到位
        LJMP    K6          ; 运行到工位 3
        LJMP    K7          ; 放球
        LJMP    K8          ; 返回工位 2，再次检测 1、2 工位有无物料
        END
```

2. 控制程序的分析

智能物料搬运装置的工作由多个状态组成，控制程序适合用状态机的方式进行组织。本文所说的状态机是指有限状态机（FSM）。有限状态机（FSM）思想广泛应用于硬件控制电路设计，也是软件上常用的一种处理方法（软件上称为 FMM——有限消息机）。它把复杂的控制逻辑分解成有限个稳定状态，在每个状态上判断事件，变连续处理为离散数字处理，符合计算机的工作特点。同时，因为有限状态机具有有限个状态，所以可以在实际的工程上实现，但这并不意味着其只能进行有限次的处理。相反，有限状态机是闭环系统，可以用有限的状态处理无穷的事务。上述

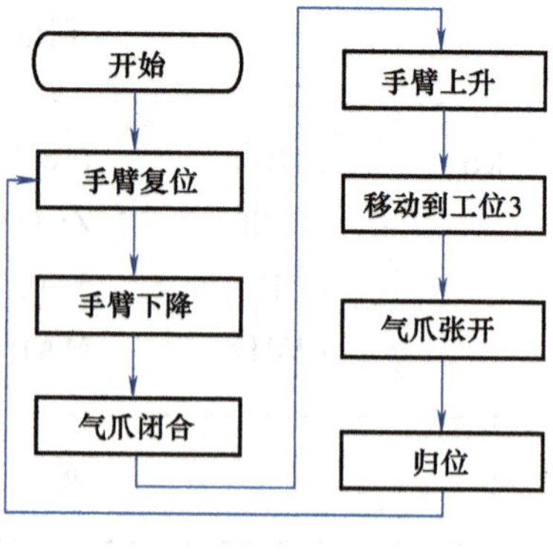

图 9-1-9　单片机控制物料搬运系统程序流程图

程序所对应的程序流程图如图9-1-9所示。

状态机在汇编语言和C语言中均可实现。在汇编语言中用跳转方法，注意参数合法性检查；在C语言中用switch-case方法。

多学一点

一、传感器介绍

传感器是指能感受规定被测量，并按照一定的规律转换成可用输出信号的器件或装置。传感器种类繁多，功能各异。本项目只介绍亚龙单片机实训台智能物料搬运装置上所用的传感器，主要有光电传感器、光纤传感器、磁性开关。

1. 光电传感器

光电传感器通过把光强度的变化转换成电信号的变化来实现检测。光电传感器在一般情况下由发射器、接收器和检测电路3部分构成，其外形如图9-1-3所示。光电传感器的工作原理如图9-1-10所示，发射器对准物体发射光束，发射的光束一般来源于发光二极管和激光二极管等半导体光源。光束发出的方式一般有两种，不间断地发射光束，或者是改变脉冲宽度发射。接收器由光敏二极管和光敏晶体管组成，用于接收发射器发出的光线。检测电路用于滤出有效信号。常用的光电传感器又可以分为漫反射型、反射型、对射型等几种，它们中大多数的动作距离都可以调节。

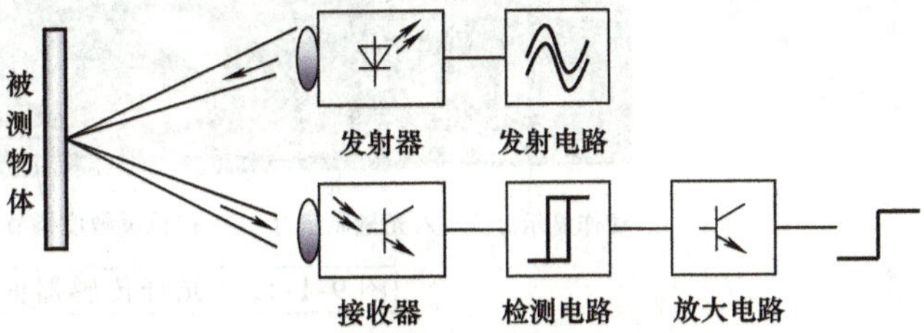

图 9-1-10 光电传感器工作原理

漫反射型光电传感器集发射器与接收器于一体，前方无物体时，发射器发出的光不会被接收器收到，开关不动作；前方有物体时，接收器就能接收到物体反射回来的部分光线，通过检测电路产生电信号输出使开关动作。漫反射型传感器的有效作用距离是由目标的反射能力决定的，即由目标表面的性质和颜色决定。亚龙实训台智能物料搬运装置的工位1和工位2下方检测物料有无的传感器就属于漫反射型光电传感器。

2. 光纤传感器

光纤式光电传感器简称光纤传感器，它利用光导纤维进行信号传输，其外形如图9-1-11所示。光导纤维是利用光的全反射原理传输光波的一种介质，它由高折射率的纤芯和包层组成。包层的折射率小于纤芯的折射率，直径为0.1～0.2mm。当光线通过端面透入纤芯，到达与包层的交界面时，由于光线的全反射，光线反射回纤芯层。这样经过不断地反射，光线就能沿着纤芯向前传播且只有很小的衰减。光纤传感器就是把发射器发出的光线用光导纤维引导到检测点，再把检测到的信号用光纤引导到接收器来实现检测的。光纤传感器可以实现被检测物体在较远区域的检测。

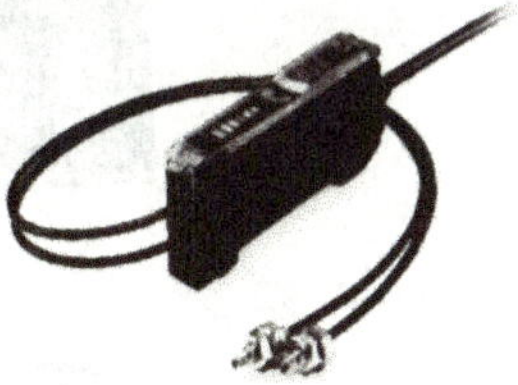
图 9-1-11 光纤传感器

亚龙实训台智能物料搬运装置中，在气爪上安装用来检测物料是否夹紧的传感器就是光纤传感器。在长距离光纤传输系统中，必须在线路适当位置设立中级放大器，以对衰减和失真的光脉冲信号进行处理和放大。

智能物料搬运装置中，光纤传感器使用的放大器单元是欧姆龙公司的 E3X-NA11 产品，如图 9-1-12 所示。它带有 8 个挡位的灵敏度调节旋钮，通过定时开关可以设定开/关 40ms 延时断电功能；利用动作模式切换开关可以进行常开输出和常闭输出的切换，这种放大器还具有电源逆接保护和输出短路保护功能。光纤传感器传输信号与光量的关系如图 9-1-13 所示。反射入光量为动作所需光量的 80% 以下时，无输出信号；反射入光量为动作所需光量的 80% ~90% 时，无输出信号；反射入光量为动作所需光量的 90% ~110% 时，输出信号时有时无；反射入光量为动作所需光量的 110% ~120% 时，有输出信号。

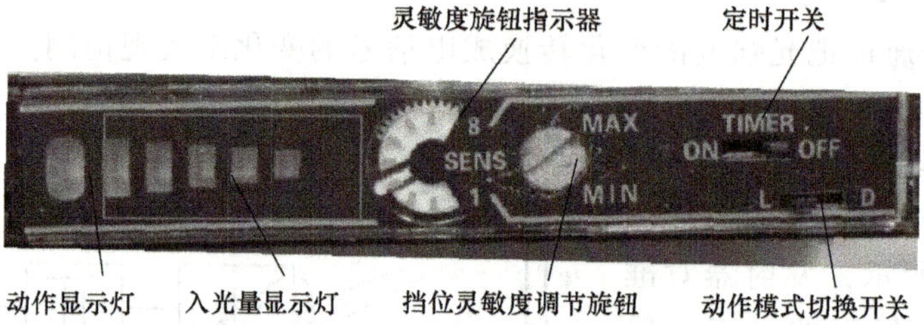

图 9-1-12　光纤传感器面板结构

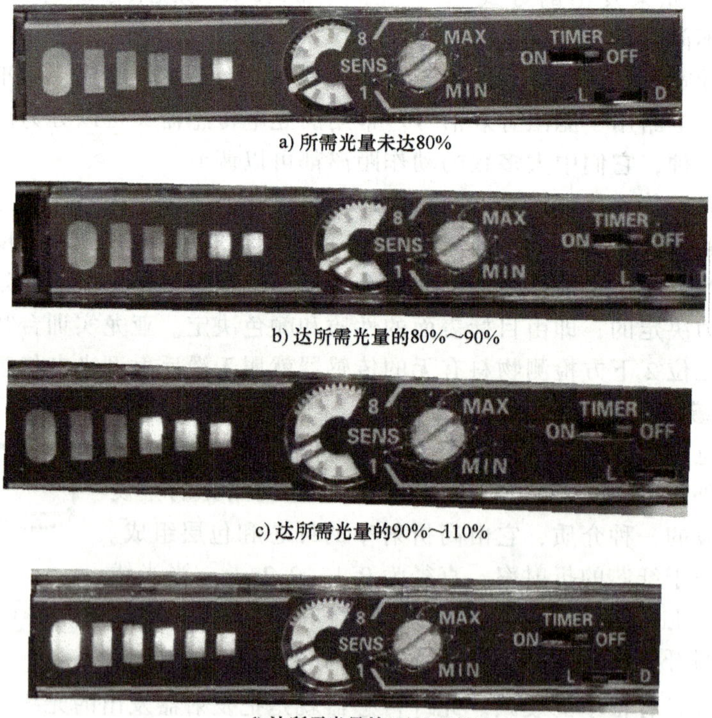

a) 所需光量未达80%

b) 达所需光量的80%～90%

c) 达所需光量的90%～110%

d) 达所需光量的110%～120%

图 9-1-13　光纤传感器传输信号与光量的关系

3. 磁性开关

磁性传感器又称磁性开关，是液压与气动系统中常用的传感器，其结构如图9-1-14所示。

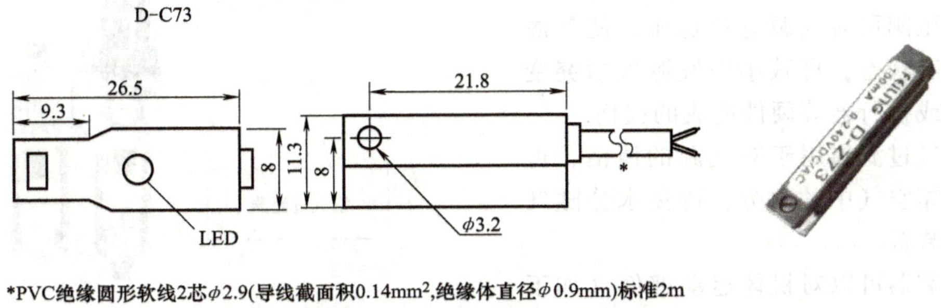

图 9-1-14　磁性开关的结构

磁性开关可以直接安装在气缸缸体上，当带有磁环的活塞移动到磁性开关所在位置时，磁性开关内的两个金属簧片在磁环磁场的作用下吸合，发出信号。当活塞移开，磁场离开金属簧片时，触点自动断开，信号切断。通过这种方式可以很方便地实现气缸活塞位置的检测。

二、气动元件介绍

1. 气爪

气爪又称气动手指、气动抓手，其外形如图 9-1-15 所示，可以实现各种抓取功能，是现代气动机械手中的一个重要部件。气爪的主要类型有平行气爪气缸、摆动气爪气缸、旋转气爪气缸和三点气爪气缸等。

2. 气缸

在起动系统中，将压缩空气的压力转换为工作动力的元件，称为执行元件。气缸是气动系统中使用最多的一种执行元件，其外形如图 9-1-16 所示。气缸按工作方式可分为单杆气缸和双杆气缸、单作用气缸和双作用气缸。亚龙实训台中，使用的是单杆双作用气缸来实现机械手臂的升降。它是利用压缩空气在缸内被活塞分开的两个腔室内交替进入和排出来实现两个方向上的运动的。

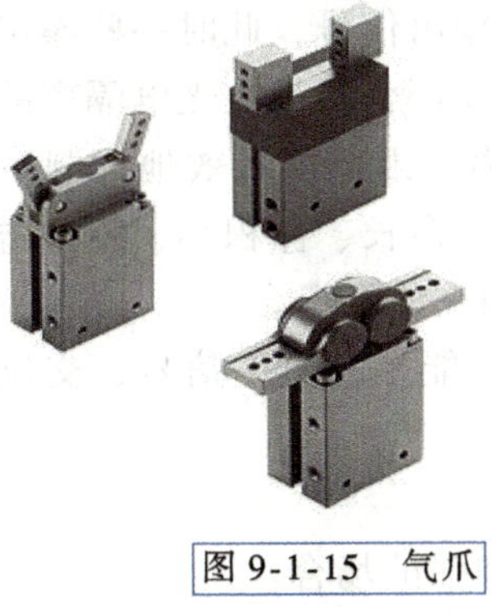

图 9-1-15　气爪

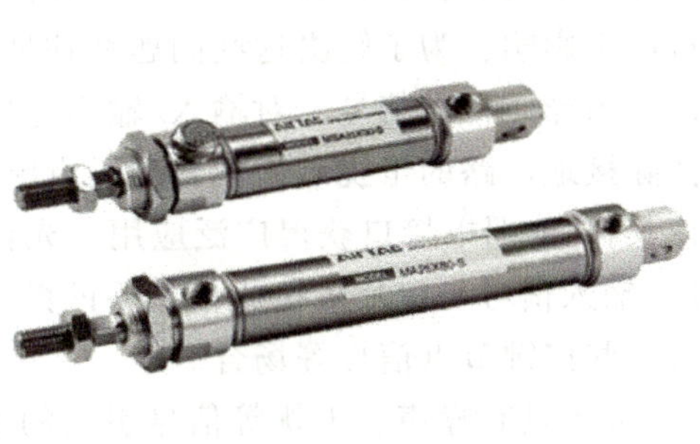

图 9-1-16　气缸

3. 气动三联件

气压传动系统中，气动三联件是指减压阀、空气过滤器和油雾器，其外形如图 9-1-17 所示。

减压阀可对气源进行稳压，使气源处于恒定状态，可减小因气源气压突变对阀门或执行器等硬件造成的损伤。

空气过滤器用于对气源的清洁，可过滤压缩空气中的水分，避免水分随气体进入装置。

油雾器可以对机体运动部件（如不方便加润滑油的部件）进行润滑，大大延长机体的使用寿命。

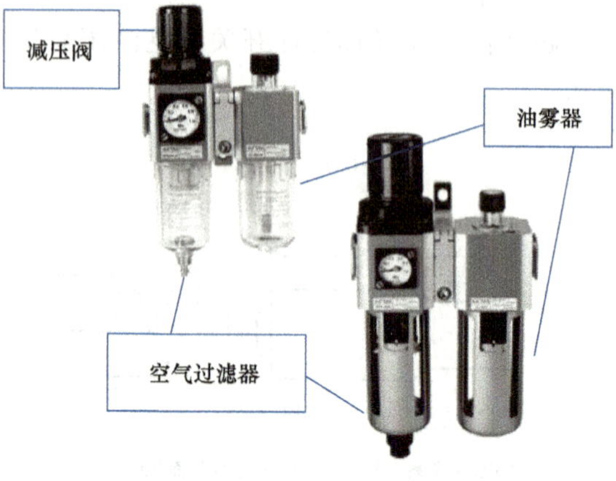

图 9-1-17　气动三联件

4. 电磁阀

利用电磁线圈通电时，静铁心对动铁心的电磁吸力使阀芯改变位置实现换向的方向控制阀被称为电磁换向阀，简称电磁阀。智能物料搬运装置中使用的电磁阀是二位五通单控电磁阀和三位五通双控电磁阀，其外形和符号如图9-1-18和图9-1-19所示。名称中所说的位是指气体的状态，两位对应在气缸上的状态是指伸出和缩回两种状态，三位对应在气缸上的状态是指伸出、缩回和静止 3 种状态；五通是指换向阀与系统相连的通口；双控和单控是指电磁阀上设置的按钮用来控制电磁阀状态。

图 9-1-18　二位五通单控电磁阀

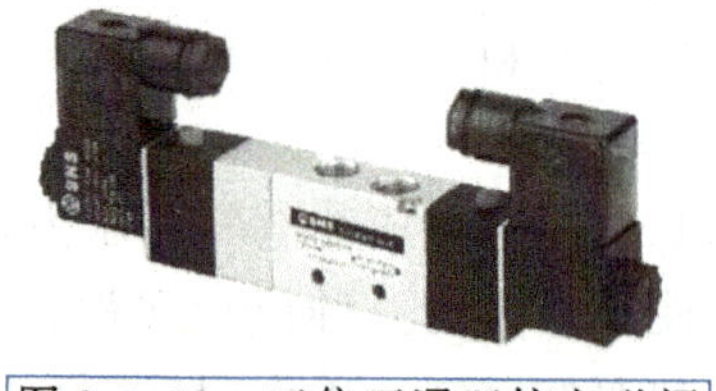
图 9-1-19　三位五通双控电磁阀

三、光耦合器

单片机系统中，往往有一些需要远距离控制的输入和输出信号，此时一些噪声会对单片机产生影响，为了解决这些问题往往使用光耦合器。光耦合器是在光电隔离的情况下，以光为介质传送信号，对输入/输出电路可以进行隔离，因此能有效地抑制系统噪声，消除接地回路的干扰。光耦合器具有响应速度较快、寿命长、体积小、耐冲击等优点，使其在强-弱电接口获得广泛应用。光耦合器常常被用在如下场合：

1）输入信号与单片机接收信号不匹配，输入的信号可能是高电平信号、交流电信号或者一些按键节点信号等场合。

2）输入具有噪声、干扰等信号引入的场合。

3）输出信号的驱动能力不够，需要对驱动信号进行加强的场合。

光耦合器是把发光器件（如发光二极管）和光敏器件（如光敏晶体管）组装在一起，通过光信号实现耦合构成电—光和光—电的装换器件。图9-1-20为常用晶体管型光耦合器的原理图。

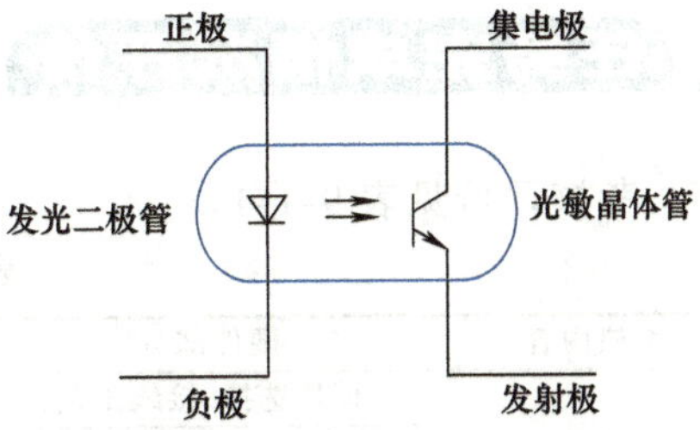

图9-1-20　常用晶体管型光耦合器的原理图

当输入端有电信号接入时，发光二极管发光，所发出的光使光敏晶体管导通，输出端产生电信号；当输入端没有电信号接入时，发光二极管不发光，光敏晶体管接收不到光，处于截止状态，输出端没有电信号产生。

使用光耦合器可以起到隔离电信号的作用，所以可以有效消除干扰，方便转换电信号和增加输出信号的驱动能力。

使用光耦合器时必须注意以下两个方面：

1）光耦合器的输入和输出必须采用独立的电源，若两端共用电源，则光耦合器的隔离作用将失去意义。

2）用光耦合器来隔离输入和输出通道时，必须对所有的信号（包括数字量信号、控制量信号、状态信号）全部隔离，使得被隔离的两边没有任何电气上的联系，否则隔离是没有意义的。

四、继电器

继电器是一种当输入量（电、磁、声、光、热、时间）达到一定值时，输出量发生跳跃式变化的自动控制器件。继电器的种类很多，有电磁继电器、固态继电器 、时间继电器、温度继电器、风速继电器、加速度继电器、其他类型的继电器（如光继电器、声继电器、热继电器）。亚龙实训台上使用的是直流电磁继电器，它通过控制端引入直流电流到内部的线圈，当电流达到一定的大小时，线圈产生的磁力足够吸合继电器内部的机械结构，使触点闭合或断开。

继电器通常应用于较小的电流去控制较大电流的场合，在电路中起着自动调节、安全保护、转换电路等作用，所以在亚龙实训台中，用单片机控制超过5V的电动机时必须使用继电器。

练习9—1

1. 控制机械臂将1号工位的物料摆放到2号工位。

2. 控制机械臂将2号工位的物料摆放到3号工位。具体要求如下：

1）机械臂得电后回到1号工位的正上方，等待2号工位物料放好。

2）当2号工位有物料时，机械臂从2号工位抓取物料放入3号工位，任务结束后回到1号工位等待。

3）在传送物料的过程中判断气爪中是否有物料，如果没有，则机械臂回到1号工位等待。

任务完成情况评价

考核评价见表 9-1-1。

表 9-1-1 考核评价表

考核内容	硬件部分				软件部分				职业操守				其他
评价	模块选择、接线工艺				程序编写、运行调试				安全、协助、文明操作				
	优	良	中	差	优	良	中	差	优	良	中	差	
综合评分													
任务点评													

注：在“优、良、中、差”下面的框中用“√”选择评价等级。

任务二 显示搬运物料的数量

任务概述

在物料搬运装置中，往往需要对搬运物料进行记录，如在实际生产线上，大部分都会指定需要搬运物料的个数，搬运完指定的物料个数后，再进行下一步操作。

本任务是在任务一货物搬运系统的基础上增加一个用两位七段数码管显示搬运物料个数的显示系统。

在完成这个任务的过程中，学习智能搬运系统的整体结构组成、智能搬运系统中控制数码管的方法、了解制作一个完整的智能系统需要考虑的硬件抗干扰问题。

做与学

一、连接电路，学习智能搬运系统中显示搬运物料数量的原理

在实训台装置上选用 MCU01 主机模块、MCU02 电源模块、MCU04 显示模块中的两位数码管、MCU10 传感器配接模块、MCU05 继电器模块、万利仿真器、智能物料搬运装置，按图 9-2-1 和图 9-2-2（见书后插页）所示连接电路。从图 9-2-1 和图 9-2-2 电路可见，与任务一的电路相比较，只是增加了用数码管显示搬运物料数量的部分。

二、编写显示搬运物料数量的程序

1. 编写程序

智能物料搬运系统的控制任务与任务一相同，即通过移动气爪，分别抓取位置 1、2 的物料，并将抓取的物料放入位置 3 中；回到初始位置再次抓取物料放入位置 3 中，循环上述过程。在程序中增加搬运时显示搬运物料个数的部分。

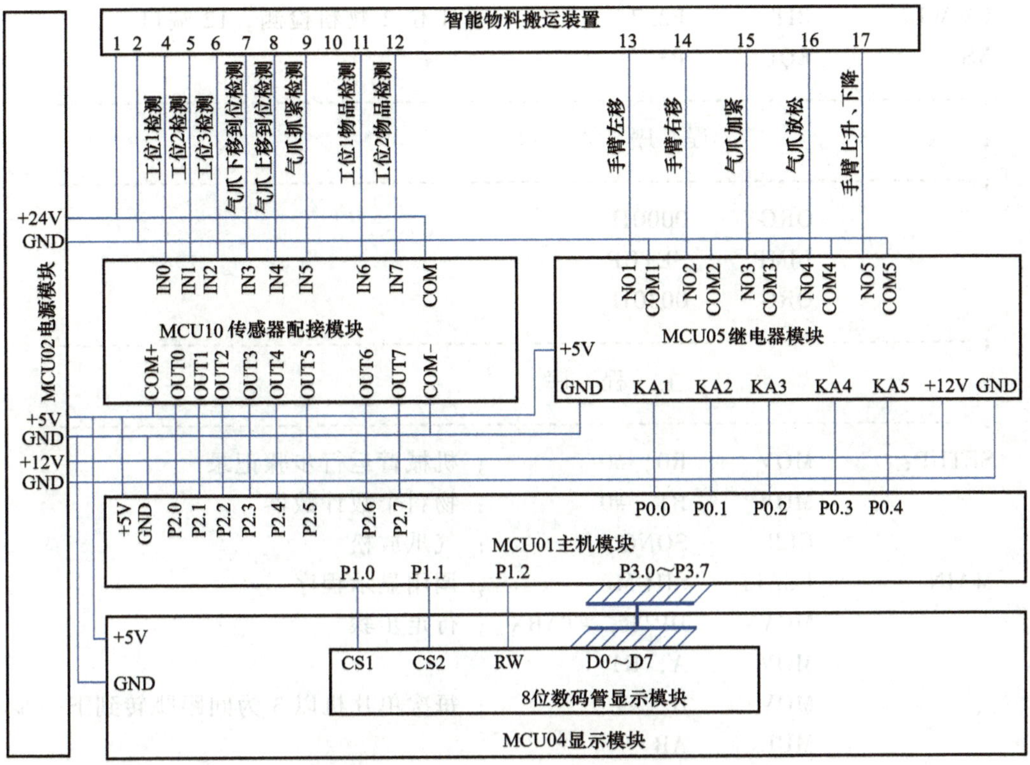

图 9-2-1 显示搬运物料的数量电路连线示意图

```
; ----------------------------------------------------------------------
;                      引   脚   定   义
; ----------------------------------------------------------------------
CS1       BIT     P1.0
CS2       BIT     P1.1
E         BIT     P1.2
ZUOYI     BIT     P0.0          ; 左移, 13 端口
YOUYI     BIT     P0.1          ; 右移, 14 端口
JIN       BIT     P0.2          ; 气爪夹紧, 15 端口
SONG      BIT     P0.3          ; 气爪放开, 16 端口
SHENJ     BIT     P0.4          ; 气爪升降, 17 端口
GW1       BIT     P2.0          ; 工位 1, 4 端口
GW2       BIT     P2.1          ; 工位 2, 5 端口
GW3       BIT     P2.2          ; 工位 3, 6 端口
SD        BIT     P2.3          ; 上到位, 7 端口
XD        BIT     P2.4          ; 下降到位, 8 端口
QZJIN     BIT     P2.5          ; 气爪夹紧, 9 端口
GWWL1     BIT     P2.6          ; 工位 1 物料检测, 11 端口
```

```
GWWL2       BIT       P2.7          ; 工位 2 物料检测，12 端口
XS          EQU       P3
; -------------------------------------------------------------------
;                     程 序 入 口
; -------------------------------------------------------------------
            ORG       0000H
            LJMP      SETUP
            ORG       0030H
; -------------------------------------------------------------------
;                     主  程  序
; -------------------------------------------------------------------
SETUP:      MOV       R0, #0        ; 机械臂运行步骤记录
            MOV       R1, #0        ; 物料个数计数器
            CLR       SONG          ; 气爪放松
MAIN:       LCALL     SHUMA         ; 调用显示程序
            MOV       DPTR, #TABX   ; 行走步骤
            MOV       A, R1
            MOV       B, #3         ; 每次单片机以 3 为间距跳转到下一步骤
            MUL       AB
            JMP       @A + DPTR
            LJMP      MAIN
; -------------------------------------------------------------------
;                     数码管显示操作
; -------------------------------------------------------------------
SHUMA:      MOV       A, R0
            MOV       B, #10
            DIV       AB
            MOV       R3, A
            MOV       R4, B
            MOV       A, R4
            MOV       R5, #0FEH
            LCALL     SHUMA1
            MOV       A, R3
            MOV       R5, #0FDH
            LCALL     SHUMA1
            RET
SHUMA1:     MOV       DPTR, #TAB
            MOVC      A, @A + DPTR
            MOV       XS, A
```

```
          CLR       E
          CLR       CS1
          SETB      E
          SETB      CS1
          MOV       XS, R5
          CLR       E
          CLR       CS2
          SETB      E
          SETB      CS2
          LCALL     DELAY
          RET
TING:     SETB      ZUOYI
          SETB      YOUYI
          RET
;-----------------------------------------------------------------
;                   手臂停止移动，跳转到 K2
;-----------------------------------------------------------------
                 以下内容与任务一相同，请参见任务一程序
                              ……
;-----------------------------------------------------------------
;                   跳 转 到 K5
;-----------------------------------------------------------------
M6:       MOV       R1, #4
          LJMP      MAIN
M7:       MOV       R1, #5
          LJMP      MAIN
M8:       MOV       R1, #6
          LJMP      MAIN
M9:       MOV       R1, #1
          LJMP      MAIN
XYZ:      INC       R0              ; 夹取到物料后，计数器加 1
          MOV       R1, #7
          LJMP      MAIN
;-----------------------------------------------------------------
;                   判断是否到工位 1
;-----------------------------------------------------------------
                    以下内容与任务一相同，请参见任务一程序
                              ……
;-----------------------------------------------------------------
```

```
;                      放球，同时判断夹球数是否到 99 个
; ---------------------------------------------------------------------
K7：     SETB      JIN
         LCALL     DELAY
         CLR       SONG
         CJNE      R0，#99，XYZ
         MOV       R0，#0               ；如果达到 99 个就将数码管清“0”
         MOV       R1，#7
         LJMP      MAIN
; ---------------------------------------------------------------------
;                          判断是否回到工位 2
; ---------------------------------------------------------------------
                           以下内容与任务一相同，请参见任务一程序
                                  ……
         END
```

注：这里只写出了新增的程序部分，机械臂动作的子程序这里不再列出，可参见任务一中的程序。

2. 控制程序的分析

本程序是基于状态机控制的协从多任务原理，通过均衡地分割 CPU 时间片，达到并发多任务的目的，实现数码管显示和智能物料搬运装置的并发工作，而不占用多余的资源。

基于状态机的协从多任务就是把一个大任务分成若干步骤，每一步顺序执行所有任务的一个状态，这样 CPU 资源被各个任务占用，从微观上看是顺序执行，从宏观上看每个任务都好像独占一个 CPU，任务是并发的。其实 CPU 本身就是数字系统，不连续运行而是离散运行的，完全可以认为分配了时间片的任务单独拥有一个运算速度慢些的 CPU，用此观点看这个程序更容易理解其工作原理。

多学一点

一、软件设计

单片机应用系统包括硬件系统和软件系统，所以在设计单片机系统时一定要兼顾硬件设计和软件设计。

单片机应用系统的软件主要包括两大部分，即用于管理单片机系统的监控程序和用于执行具体任务的功能程序。监控程序主要进行数据的采集/输出以及传输功能，这些功能大部分都有现成的子程序可以调用。所以在进行单片机系统硬件和软件设计时，应充分考虑到这一点，减少系统开发的工作量，提高开发效率。

单片机软件设计应结合具体任务进行分析，没有固定的结构和模式，但是开发软件的明智方法是尽可能采用模块化结构。根据系统软件的总体构思，按照先粗后细的方法

把整个系统软件划分成多个功能独立、大小适当的模块。应明确规定各模块的功能，尽量使每个模块功能单一，各模块间的接口信息简单、完备，尽可能使各模块间的联系最少。这样，各个模块可以分别独立设计和编程，最后再将各个程序模块连接成一个完整的程序进行联调。

二、抗干扰技术

单片机应用系统往往工作在具有多种干扰源的环境中，如果不考虑抗干扰技术，程序在现实中往往不能正常运行。例如，智能物料搬运系统中，电动机、电磁阀、继电器都会给单片机系统带来干扰，影响单片机的正常运行。根据干扰源引入的途径，抗干扰措施可以从以下两个方面考虑。

1. 电源供电系统

为了克服电网以及来自系统内部其他部件的干扰，可采用隔离变压器、交流稳压、线性滤波器、稳压电路各级滤波等抗干扰技术。

2. 制作电路时需考虑的问题

为了进一步提高系统的可靠性，在硬件电路设计时，应采取一列抗干扰技术。开关量 I/O 通道与外界的隔离可采用光耦合器件，特别是与继电器、晶闸管等连接的通道，一定要采用隔离措施。

（1）元器件布局原则

1）电动机及继电器应尽量远离单片机主机模块。

2）半导体类器件应尽量靠近电源。

传感器后续信号采用电流型传输方式，因为电流型比电压型抗干扰能力强。在亚龙单片机试验台中电流型元件和电压型元件分别如图 9-2-3、图 9-2-4 所示。

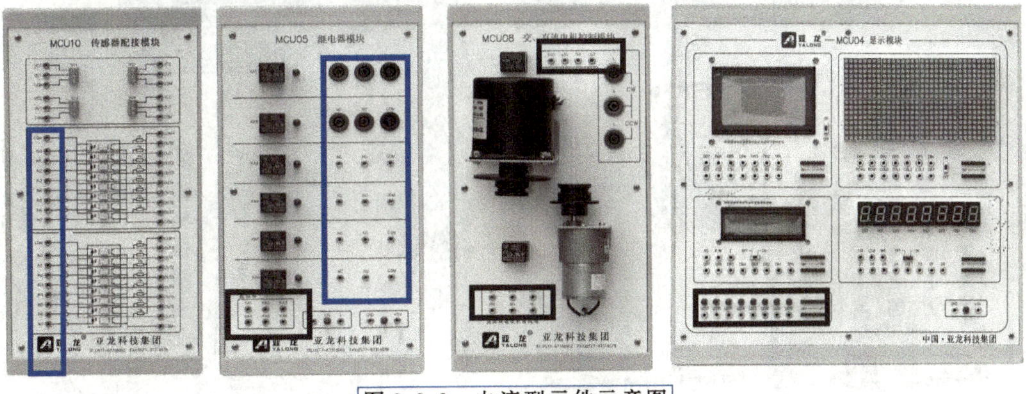

图 9-2-3　电流型元件示意图

（2）电路布线原则

1）电流型导线原则上可以稍长。

2）电压型导线原则上越短越好。

3）无论电压型还是电流型，干扰大的导线越短越好。

电路应有合理的接地方式。通常当信号的工作频率小于 1MHz 时，它的布线和器件间的电感影响较小，而接地电路形成的环流对干扰影响较大，因而应采用一点接地；当

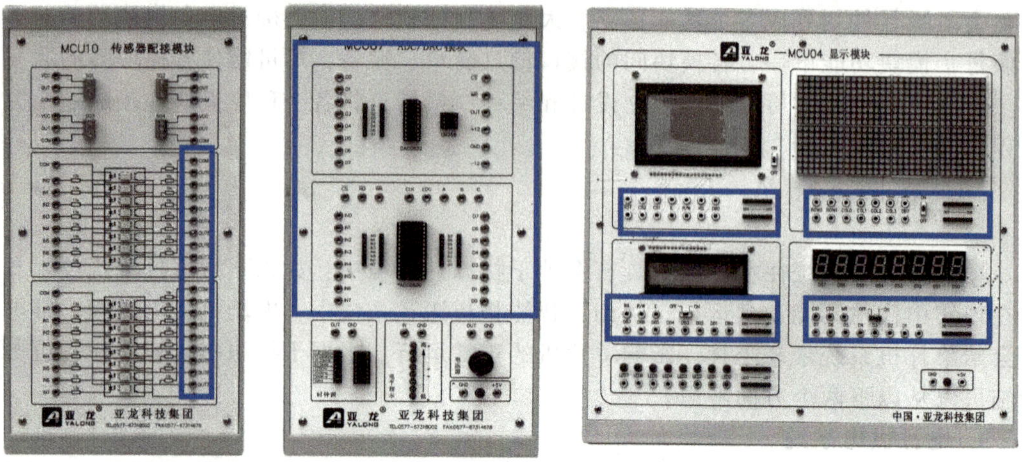

图 9-2-4　电压型元件示意图

信号处于 1～10MHz 时，如果采用一点接地，其地线长度不应超过波长的 1/20，否则应采用多点接地法；当信号大于 10MHz 时，地线阻抗变得很大，此时应尽量降低地线阻抗，采用就近多点接地。

（3）数字地和模拟地的连接原则

1）在单片机应用系统中，数字地和模拟地必须分别接地，即使是一个芯片上同时存在模拟地和数字地也要分别接地，然后在某一点处把两种“地”连接起来。

2）单片机系统中导线布线要呈辐射网状，避免环形，因为环形越大，相同磁通量下的干扰越大。例如，对比关系的布线图如图 9-2-5 所示，导线布局是左图优于右图。

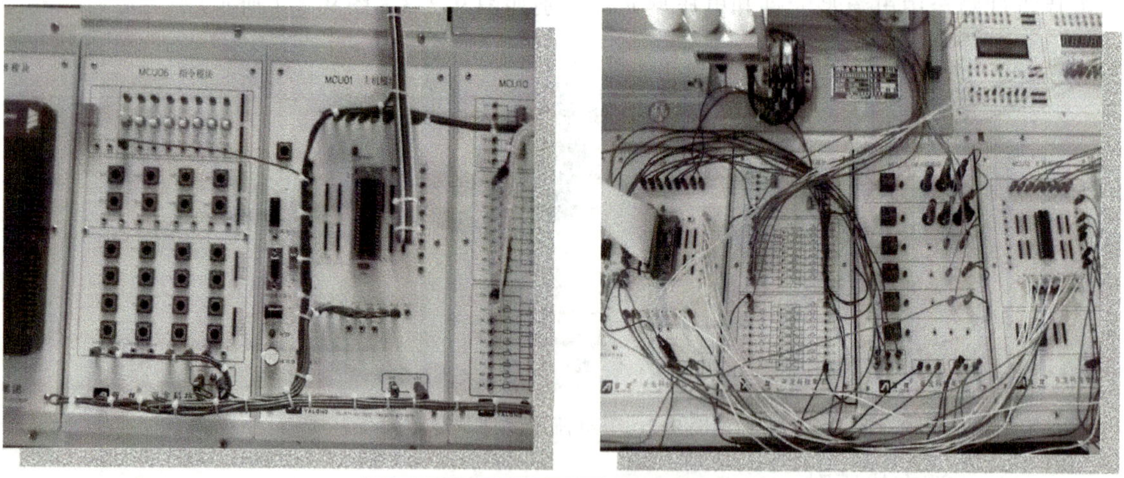

图 9-2-5　单片机系统导线布线对比

练习 9-2

1. 利用 8255A 控制智能物料搬运装置。
2. 利用 12864 液晶显示器显示机械臂搬运物料的个数。

任务完成情况评价

考核评价见表 9-2-1。

表 9-2-1　考核评价表

考核内容	硬件部分				软件部分				职业操守				其他
评价	模块选择、接线工艺				程序编写、运行调试				安全、协助、文明操作				
	优	良	中	差	优	良	中	差	优	良	中	差	
综合评分													
任务点评													

注：在“优、良、中、差”下面的框中用“√”选择评价等级。

附录

附录 A MCS-51 单片机汇编指令表

1. 数据传送指令

(1) 8 位数据传送指令

助记符		功能	寻址范围	字节数	周期数
MOV A,	Rn	A←Rn	R0 ~ R7	1	1
	direct	A←(direct)	00H ~ FFH	2	1
	@ Ri	A←(Ri)	(R0 ~ R1)00H ~ FFH	1	1
	#data	A←data	#00H ~ #FFH	2	1
MOV Rn,	A	Rn←A	R0 ~ R7	1	1
	direct	Rn←(direct)	00H ~ FFH	2	2
	#data	Rn←data	#00H ~ #FFH	2	1
MOV irect1,	A	(direct1)←A	00H ~ FFH	2	1
	Rn	(direct1)←Rn	R0 ~ R7	2	2
	direc2	(direct1)←(direct2)	00H ~ FFH	3	2
	@ Ri	(direct1)←(Ri)	(R0 ~ R1) 00H ~ FFH	2	2
	#data	(direct1)←data	#00H ~ #FFH	3	2
MOV @ Ri	A	(Ri)←A	(R0 ~ R1)00H ~ FFH	1	1
	direct	(Ri)←(direct1)	00H ~ FFH	2	2
	#data	(Ri)←data	#00H ~ #FFH	2	1

注：8 位数数据传送数指令对状态标志没有影响。凡是改变累加器 A 中的内容的指令均对 P 有效（以下相同）。

(2) 16 位数据传送数指令

助记符	功能	寻址范围	字节数	周期数
MOV DPTR,#data16	DPTR←data16	0000H ~ FFFFH	3	2

注：16 位数据传送数指令对状态标志没有影响。

(3) 外部数据传送指令

助记符		功能	寻址范围	字节数	周期数
MOVX,A	@ R0	A←(R0)	00H ~ FFH	1	2
	@ R1	A←(R1)	00H ~ FFH	1	2
	@ DPTR	A←(DPTR)	0000H ~ FFFFH	1	2
MOVX @ R0	A	(R0)←A	00H ~ FFH	1	2
MOVX @ R1	A	(R1)←A	00H ~ FFH	1	2
MOVX @ DPTR	A	(DPTR)←A	0000H ~ FFFFH	1	2

注：外部数据传送指令对状态没有影响。

(4) 交换与查表类指令

助记符		功能	寻址范围	字节数	周期数
SWAP A		$A_{7\sim4}$ $A_{3\sim0}$	A	1	1
XCH A@ Ri		$A_{3\sim0}(Ri)_{3\sim0}$	(R0 ~ R1)00H ~ FFH	1	1
XCH A	Rn	A Rn	R0 ~ R7 00H ~ FFH	1	1
	Direct	A(direct)	00H ~ FFH	2	1
	@ Ri	A(Ri)	(R0 ~ R1)00H ~ FFH	1	1
MOVC A	@ A + DPTR	A←(A + DPTR)	0000H ~ FFFFH	1	2
	@ A + PC	A←(A + PC)	PC 向下 00H ~ FFH	1	2

注：交换与查表类指令对状态标志没有影响。

2. 逻辑运算类指令

助记符		功能	寻址范围	字节数	周期数
CLR A		A←00H		1	1
CPL		$A \leftarrow \tilde{A}$		1	1
ANL A	Rn	A←A ∧ Rn	R0 ~ R7 00H ~ FFH	1	1
	Direct	A←A ∧ (direct)	00H ~ FFH	2	1
	@ Ri	A←A ∧ (Ri)	(R0 ~ R1) 00H ~ FFH	1	1
	#data	A←A ∧ data	#00H ~ #FFH	2	1
ANL direct	A	(direct)←(direct) ∧ A	00H ~ FFH	2	1
	#data	(direct)←(direct) ∧ data	#00H ~ #FFH	3	2
ORL A	Rn	A←A ∨ Rn	R0 ~ R7 00H ~ FFH	1	1
	direct	A←A ∨ (direct)	00H ~ FFH	2	1
	@ Ri	A←A ∨ (Ri)	(R0 ~ R1) 00H ~ FFH	1	1
	#data	A←A ∨ data	#00H ~ #FFH	2	1
ORL direct	A	(direct)←(direct) ∨ A	00H ~ FFH	2	1
	#data	(direct)←(direct) ∨ data	#00H ~ #FFH	3	2
XRL A	Rn	A←A⊕Rn	R0 ~ R7 00H ~ FFH	1	1
	direct	A←A⊕(direct)	00H ~ FFH	2	1
	@ Ri	A←A⊕(Ri)	(R0 ~ R1) 00H ~ FFH	1	1
	#data	A←A⊕data	#00H ~ #FFH	2	1
XRL direct	A	(direct)←(direct)⊕A	00H ~ FFH	2	1
	#data	(direct)←(direct)⊕data	#00H ~ #FFH	3	2

注：逻辑运算类指令对状态标志没有影响。

3. 算数运算指令

助记符	功能	功能	对状态标志位的影响				字节数	周期数
			CY	AC	OV	P		
ADD A	Rn	A←A + Rn	↑	↑	↑	↑	1	1
	Direct	A←A + (direct)	↑	↑	↑	↑	2	1
	@ Ri	A←A + (Ri)	↑	↑	↑	↑	1	1
	#data	A←A + data	↑	↑	↑	↑	2	1
ADC A	Rn	A←A + Rn + CY	↑	↑	↑	↑	1	1
	Direct	A←A + (direct) + CY	↑	↑	↑	↑	2	1
	@ Ri	A←A + (Ri) + CY	↑	↑	↑	↑	1	1
	#data	A←A + data + CY	↑	↑	↑	↑	2	1
INC	A	A←A + 1	·	·	·	↑	1	1
	Rn	Rn←Rn + 1	·	·	·	·	1	1
	Direct	(direct)←(direct)	·	·	·	·	2	1
	@ Ri	(Ri)←(Ri) + 1	·	·	·	·	1	1
	DPTR	DPTR←DPTR + 1	·	·	·	·	1	2
DA A		对 A 进行 BCD 码调整	↑	↑	·	↑	1	1
SUBB A	Rn	A←A-Rn-CY	↑	↑	↑	↑	1	1
	Direct	A←A-(direct)-cy	↑	↑	↑	↑	2	1
	@ Ri	A←A-(Ri)-CY	↑	↑	↑	↑	1	1
	#data	A←A-data-CY	↑	↑	↑	↑	2	1
DEC	A	A←A—1	·	·	·	↑	1	1
	Rn	Rn←Rn-1	·	·	·	·	1	1
	Direct	(direct)←(direct)-1	·	·	·	·	2	1
	@ Ri	(Ri)←(Ri)-1	·	·	·	·	1	1
MUL AB		BA←A * B	↑	·	↑	↑	1	1
DIV AB		A(商)b(余数)←A/B	↑	·	↑	↑	1	1

注：表中 ↑ 表示对状态标志位有影响，“ · ” 表示没影响，以下相同。

4. 转移类指令

助记符	功能	寻址范围与状态标志	字节数	周期数
LJMP addr16	PC←addr15 ~ 0	0000h ~ ffffh	3	2
ALMP addr11	PC10 ~ 0 ~ addr10 ~ 0	0000h ~ 07ffh	2	2
SJMP rel	PC←PC + rel	-80h ~ 7fh	2	2
JMP@ A + DPTR	PC←A + DPTR	0000h ~ 07ffh	1	2
JZ rel	If A = 0 then PC←PC + rel	-80h ~ 7fh	2	2
JNZ rel	If A≠0 then PC←PC + rel	-80h ~ 7fh	2	2

（续）

助记符		功能	寻址范围与状态标志	字节数	周期数
JC rel		If CY = 1 then PC←PC + rel	-80h ~ 7fh	2	2
JNC rel		If CY = 0 then PC←PC + rel	-80h ~ 7fh	2	2
JB Bit rel		If(bit) = 1 then PC←PC + rel	-80h ~ 7fh	3	2
JNB Bit rel		If(bit) = 0 then PC←PC + rel	-80h ~ 7fh	3	2
JBC Brit rel		If(bit) = 1 then PC←PC + rel (bit)←0	-80h ~ 7fh	3	2
CJNE	A,#data, rel	if A≠data then PC←PC + rel	若 A < data 则 C 置 1，否则置 0	3	2
	Rn, #data, rel	if Rn≠data then PC←PC + rel	若 Rn < data 则 C 置 1，否则置 0	3	2
	@ Ri, #data, rel	if (Ri)≠data then PC←PC + rel	若(Ri) < data 则 C 置 1，否则置 0	3	2
	A, direct, rel	if A≠(direct) then PC←PC + rel	若 A < (direct) 则 C 置 1，否则置 0	3	2
DJNZ	Rn,rel	Rn←Rn - 1 If Rn≠0 then PC←PC + rel	不影响状态标志	2	2
	Direct,rel	(direct)←(direct) - 1 If(direct)≠0 then PC←PC + rel	不影响状态标志	3	2

5. 循环/移位类指令

助记符	功能	对状态标志位的影响				字节数	周期数
		CY	AC	OV	A		
RL A		·	·	·	↑	1	1
RLC A		↑	·	·	↑	1	1
RR A		·	·	·	↑	1	1
RRC A		↑	·	·	↑	1	1

6. 子程序调用/返回类指令

助记符	功能	字节数	周期数
LCALL addr16	PC←PC + 3 SP←SP + 1 (SP)←$PC_{7\sim0}$ SP←SP + 1 (SP)←$PC_{15\sim8}$ PC←$ADDR_{15\sim0}$	3	2

（续）

助记符	功能	字节数	周期数
ACALL addr11	PC←PC+2 SP←SP+1 (SP)←$PC_{7\sim0}$ SP←SP+1 (SP)←$PC_{15\sim8}$ $PC_{10\sim0}$←$addr_{10\sim0}$	2	2
RET	$PC_{15\sim8}$←(SP) SP←SP−1 $PC_{7\sim0}$←(SP) SP←SP−1	1	2
RETI	$PC_{15\sim8}$←(SP) SP←SP−1 $PC_{7\sim0}$←(SP) SP←SP−1	1	2

注：子程序调用/返回类指令对状态标志没有影响。

7. 位操作类指令

助记符		功能	字节数	周期数
MOV	C,bit	C←(bit)	2	1
	bit,C	(bit)←C	2	2
CLR	C	C←0	1	1
	bit	(bit)←0	2	1
SETB	C	C←1	1	1
	bit	(bit)←1	2	1
CPL	C	C←(c^-)	1	1
	bit	C←(bit^-)	2	1
ANL	C,bit	C←C∧(bit)	2	2
	C,/bit	C←C∧(bit^-)	2	2
ORL	C,bit	C←C∧(bit)	2	2
	C,/bit	C←C∧(bit^-)	2	2

注：C 是指 PSW 中的 CY。除 CY 外，位操作类指令对状态标志没有影响。

8. 堆栈操作类指令

助记符	功　能	字节数	周期数
PUSH direct	SP←(SP+1)　先将 SP 地址加 1 (SP)←(direct)　再将数据放入 SP	2	2
POP direct	(direct)←(SP)　先将 SP 中数据传出 SP←(SP−1)　再将 SP 地址减 1	2	2

注：堆栈操作类指令对状态标志没有影响。

9. 空操作类指令

助记符	功 能	字节数	周期数
NOP	PC←PC+1	1	1

附录 B 各项目涉及实物接线图

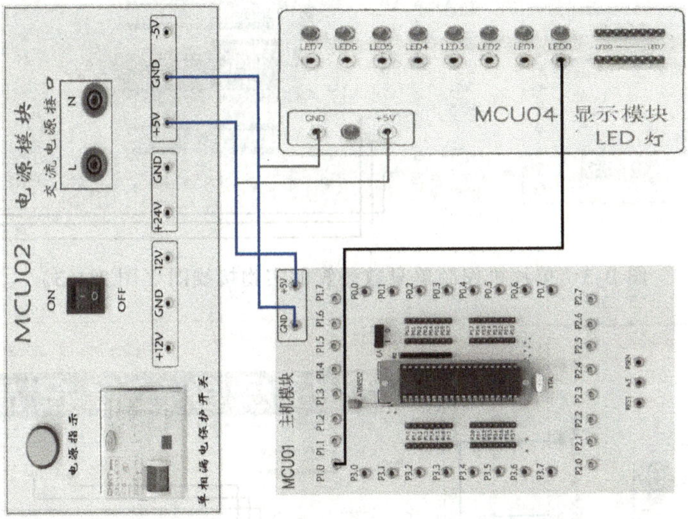

图 B-1 单片机控制单只发光二极管点亮与熄灭实物接线图（图 1-1-3）

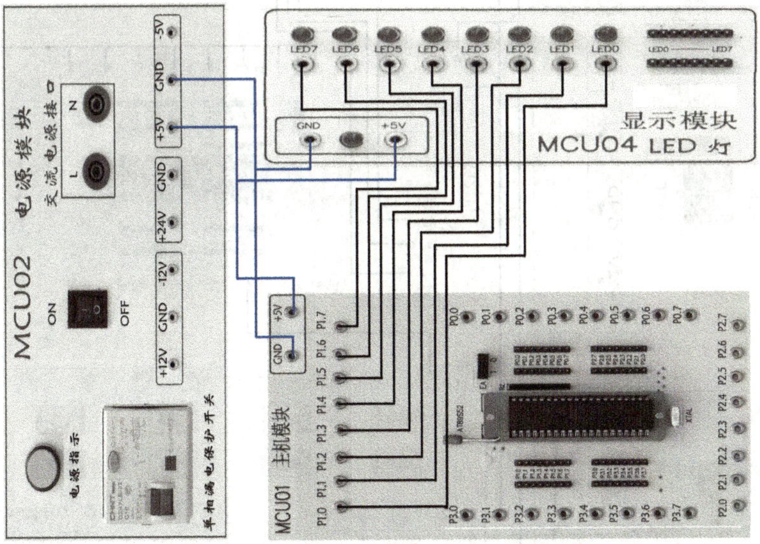

图 B-2 单片机控制多只发光二极管闪烁实物接线图（图 1-3-3）

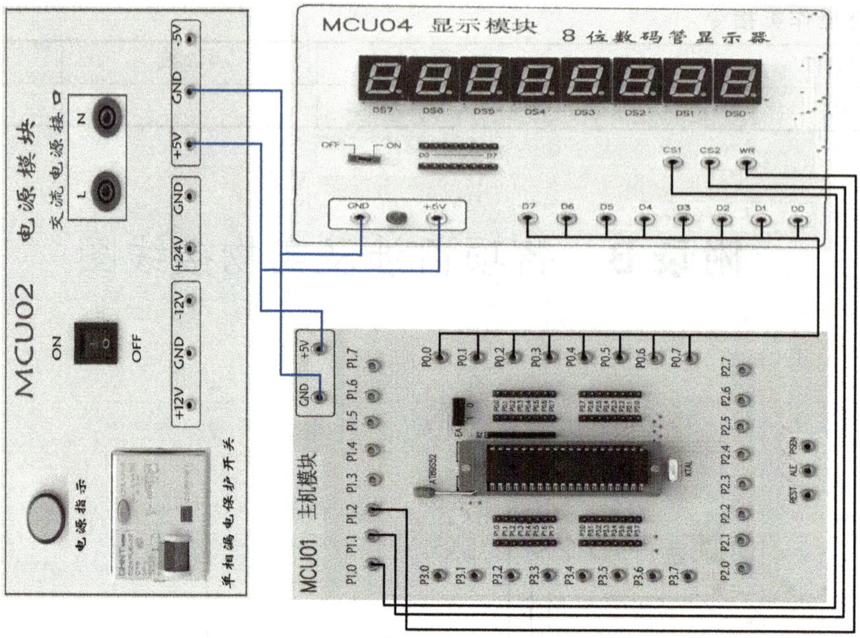

图 B-3 单片机控制单只数码管的实物接线图（图 2-1-3）

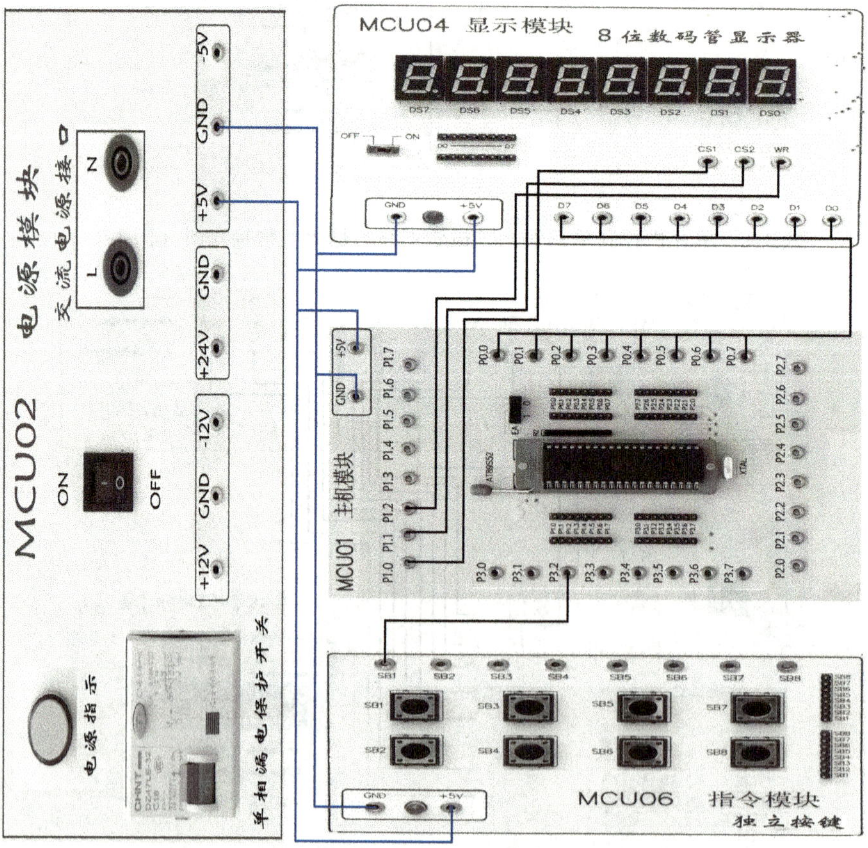

图 B-4 0～99 外部中断计数器实物接线图（图 2-3-3）

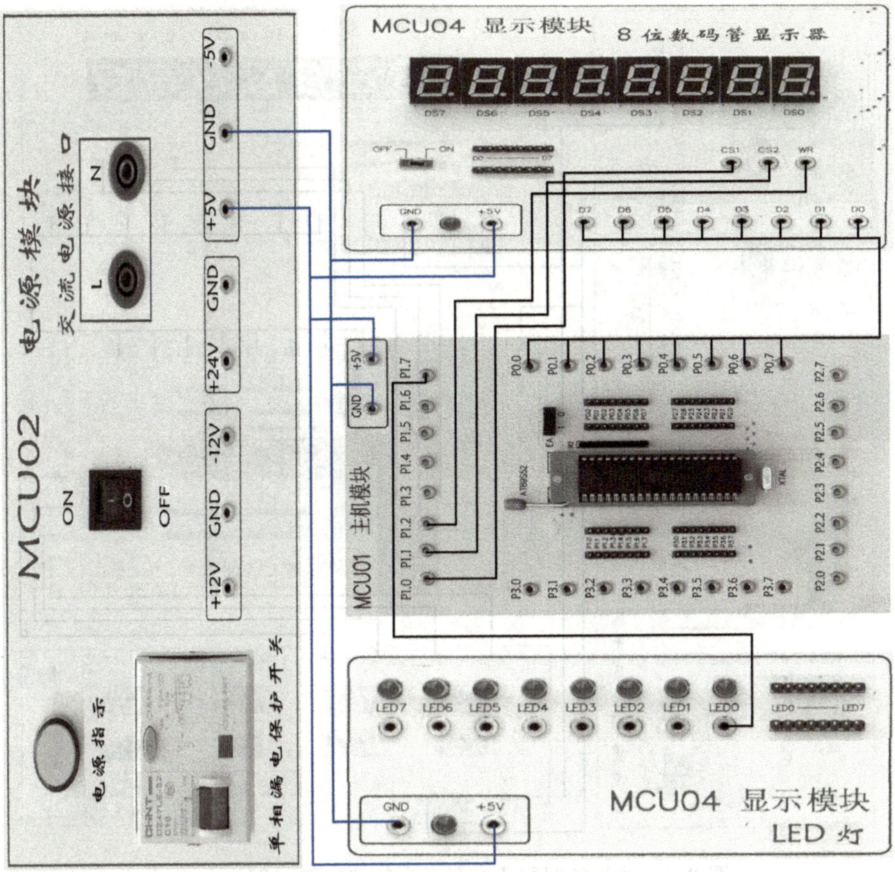

图 B-5 单片机制作 0～10s 定时器实物接线图（图 2-4-3）

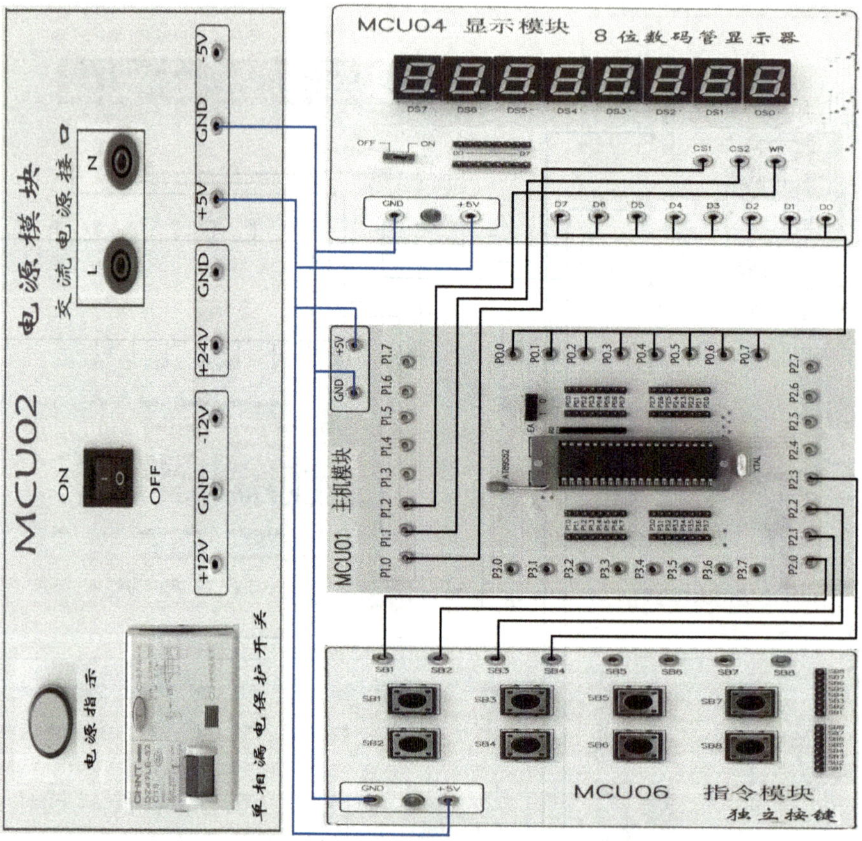

图 B-6　按键控制数码管显示实物接线图（图 3-1-3）

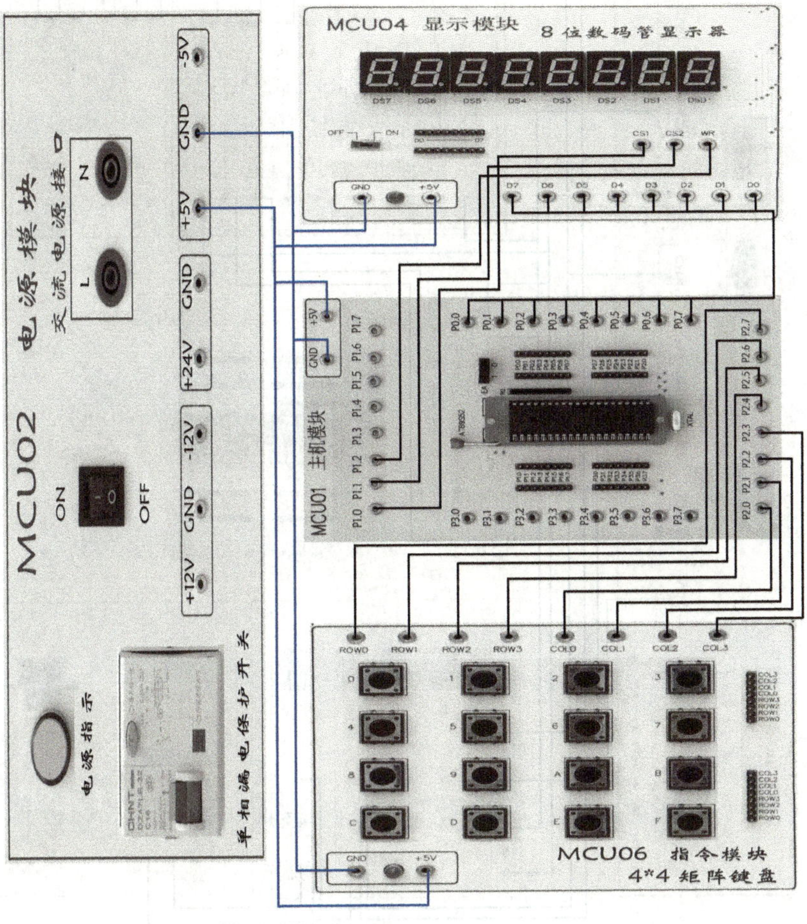

图 B-7 4×4 矩阵键盘控制数码管实物接线图（图 3-2-3）

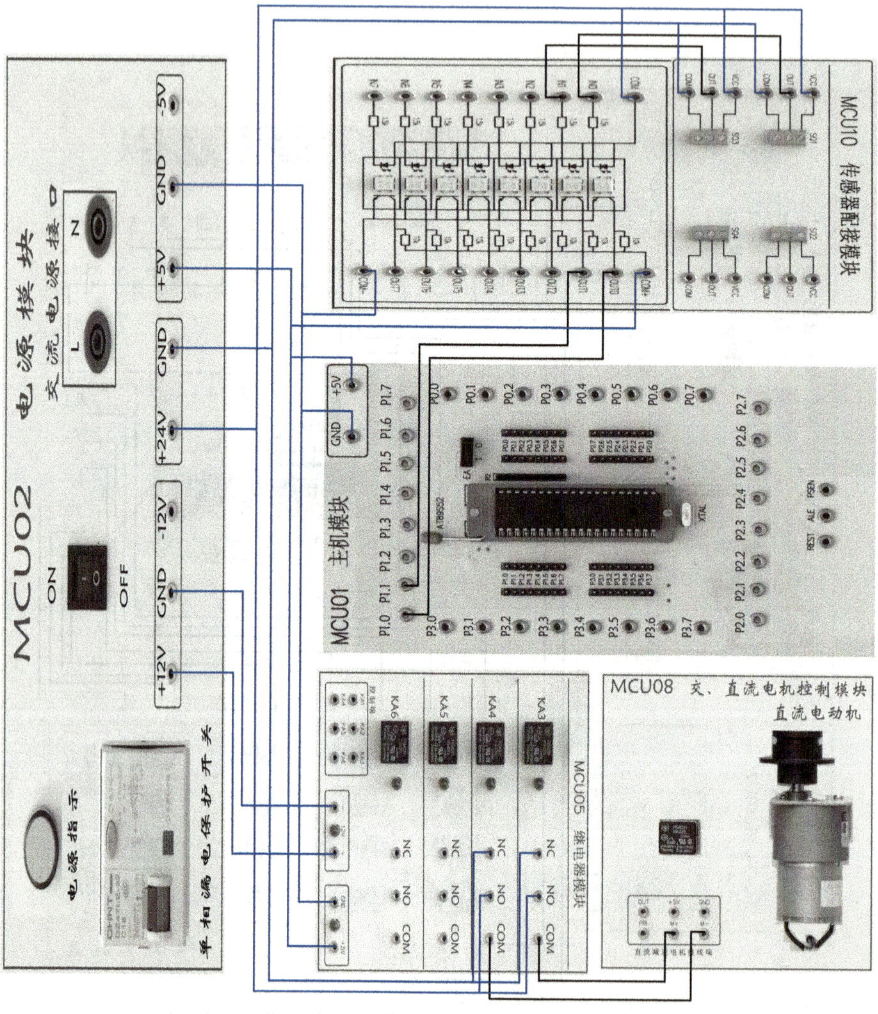

图 B-8　单片机与直流电动机连接电路的实物接线图（图 4-1-3）

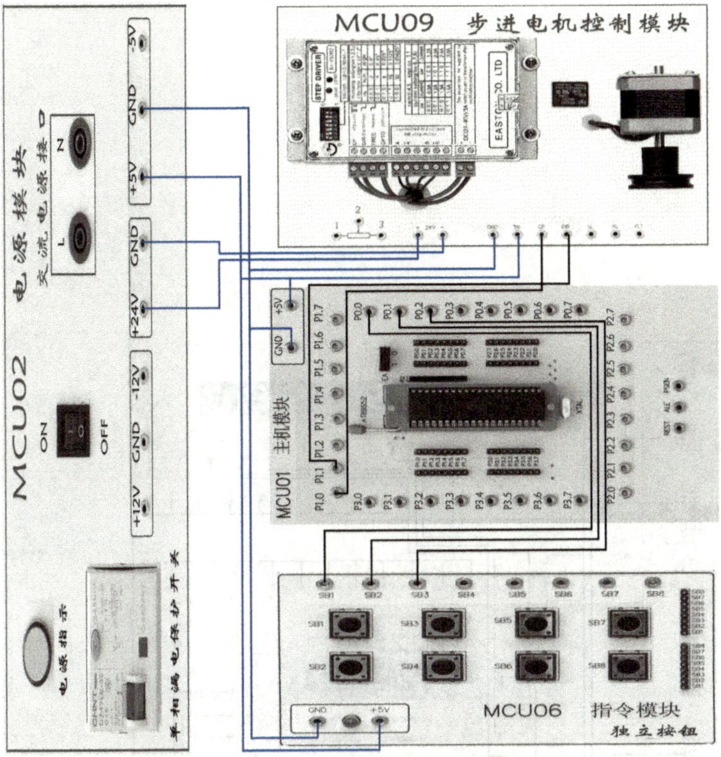

图 B-9 单片机与步进电动机的实物接线图（图 4-2-4）

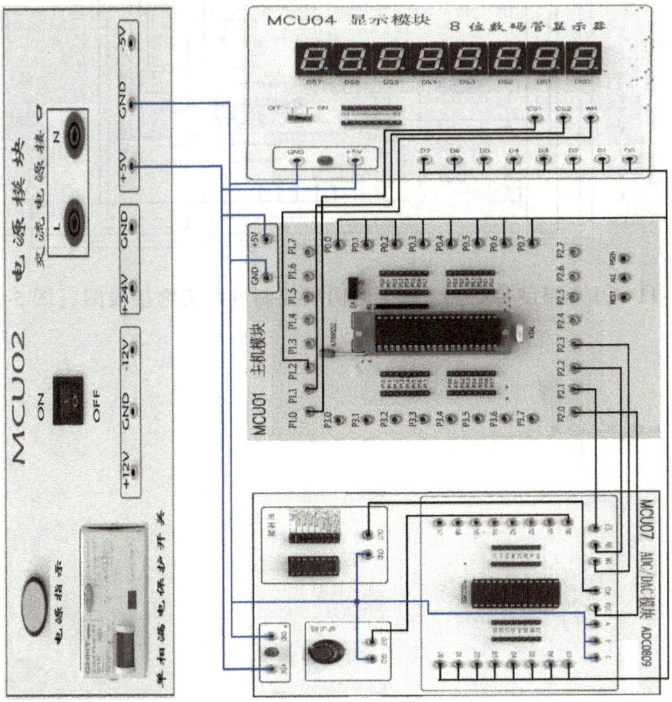

图 B-10 单片机控制电压采集系统的实物接线图（图 5-1-4）

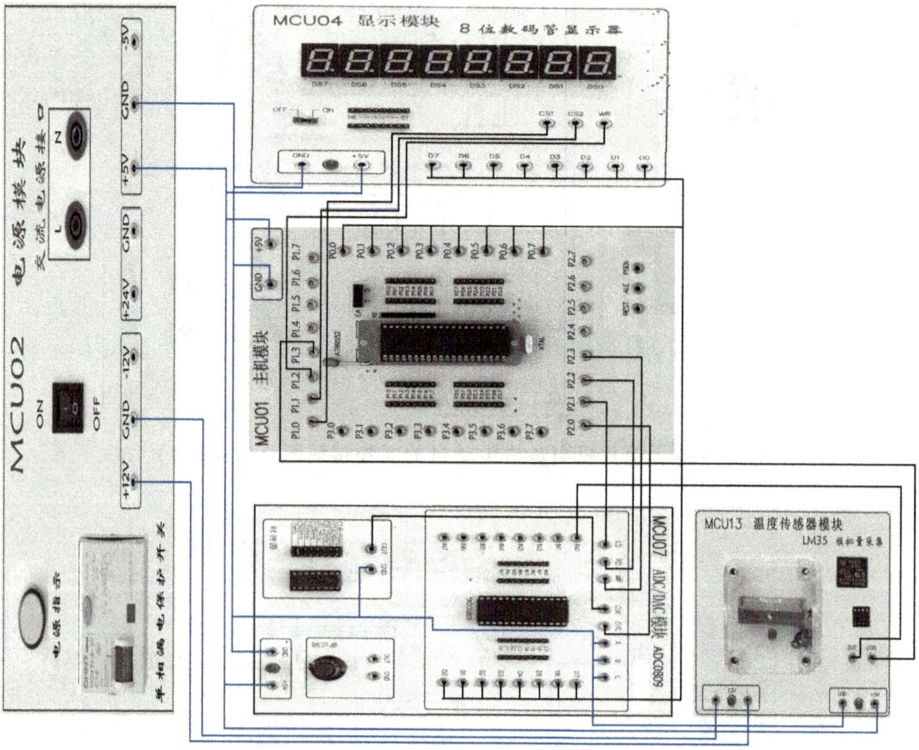

图 B-11　基于温度传感器 LM35 的温度控制电路实物接线图（图 5-2-2）

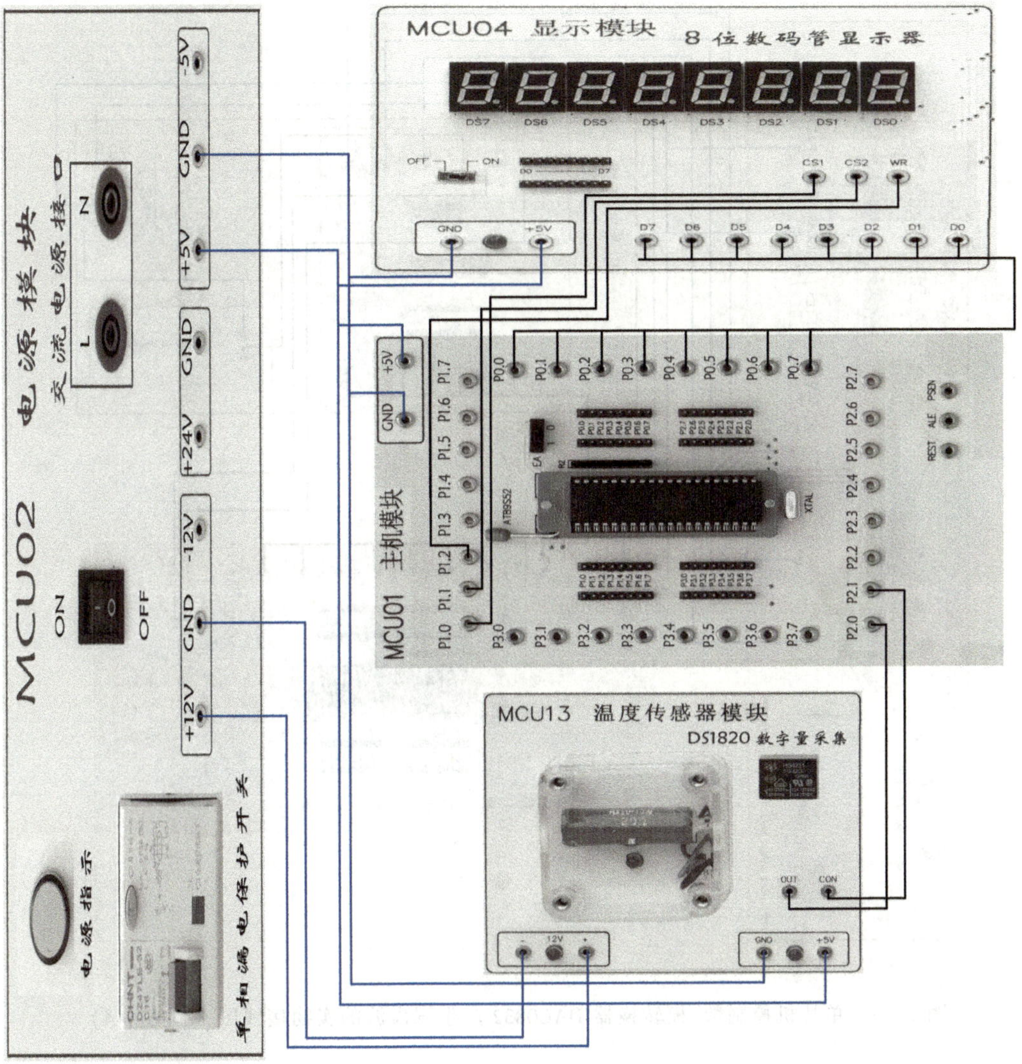

图 B-12　基于温度传感器 DS1820 的温度控制的实物接线图（图 5-3-3）

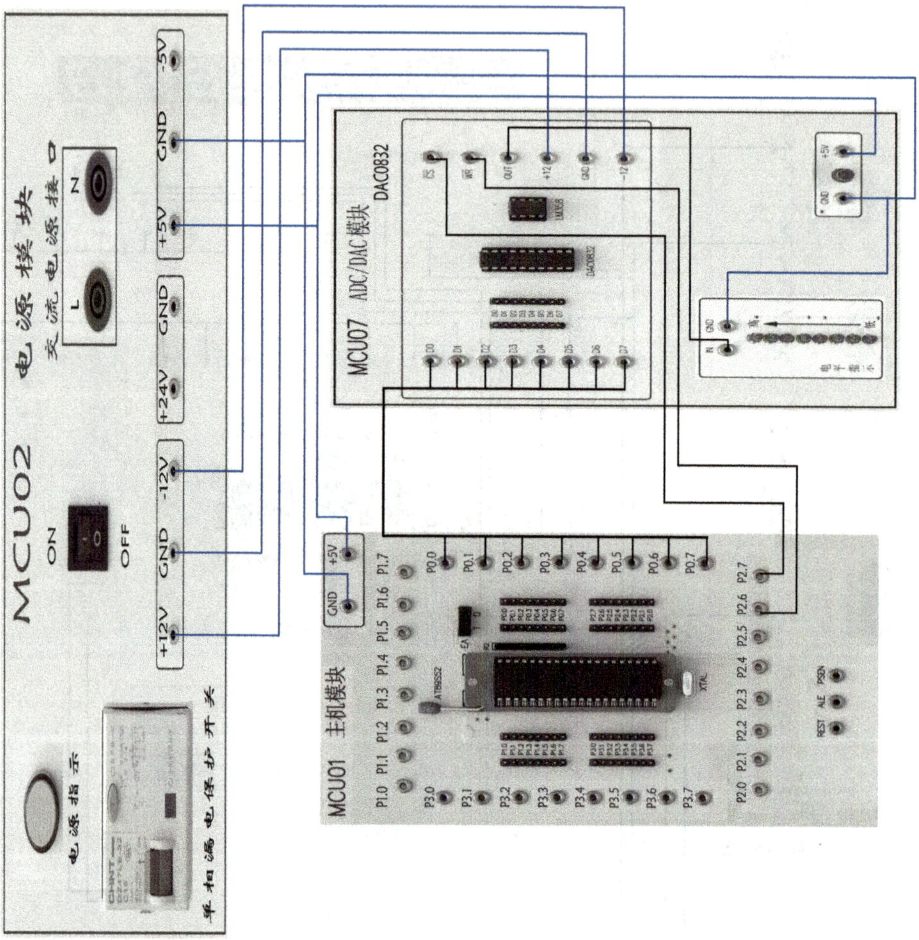

图 B-13　单片机控制数/模转换器 DAC0832 产生锯齿波的实物接线图（图 6-1-4）

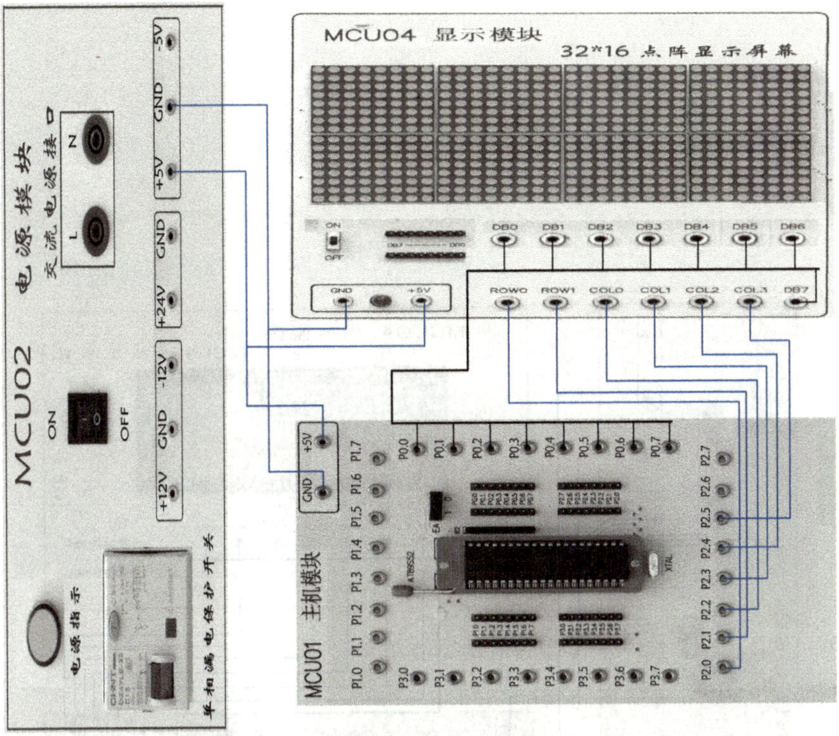

图 B-14 单片机控制 32×16LED 点阵显示的实物接线图（图 7-1-5）

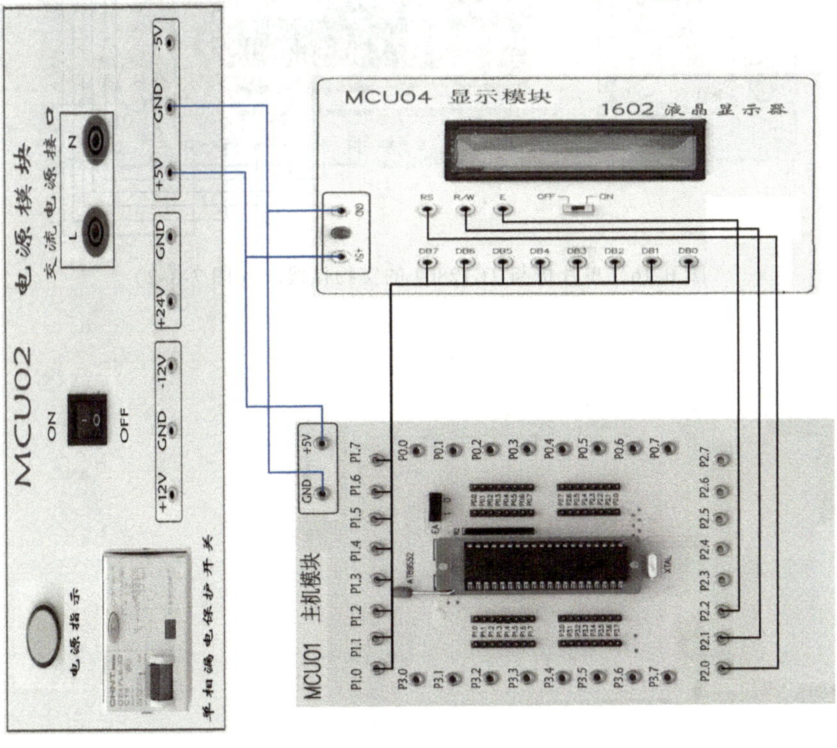

图 B-15 单片机与 RT1602C 的实物接线图（图 7-2-2）

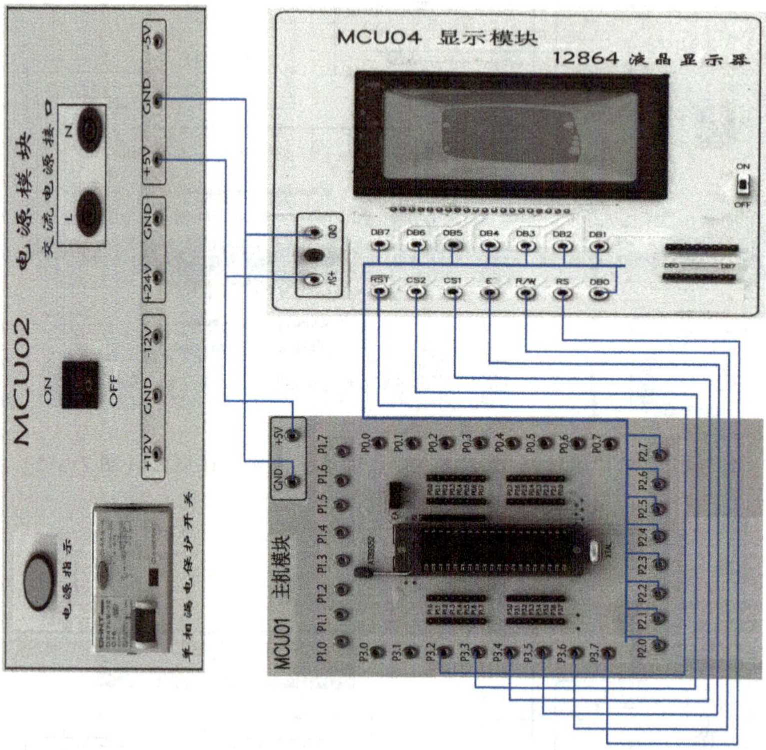

图 B-16　单片机与 TG12864 的实物接线图（图 7-3-2）

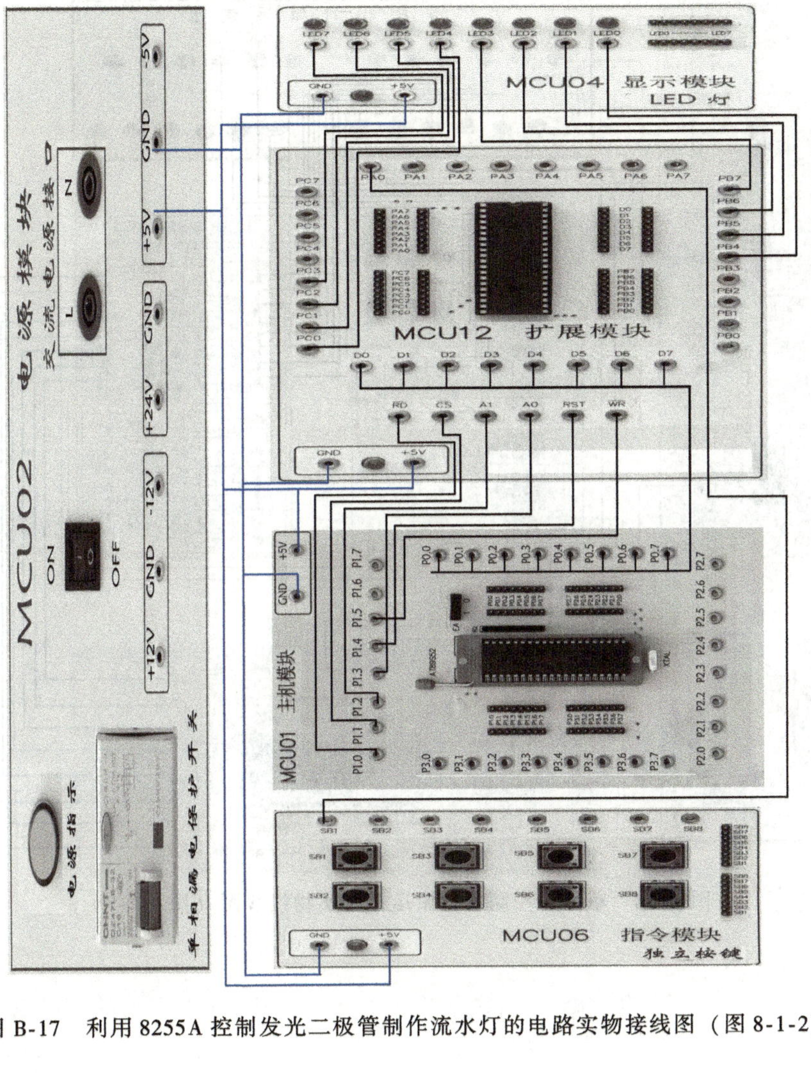

图 B-17　利用 8255A 控制发光二极管制作流水灯的电路实物接线图（图 8-1-2）

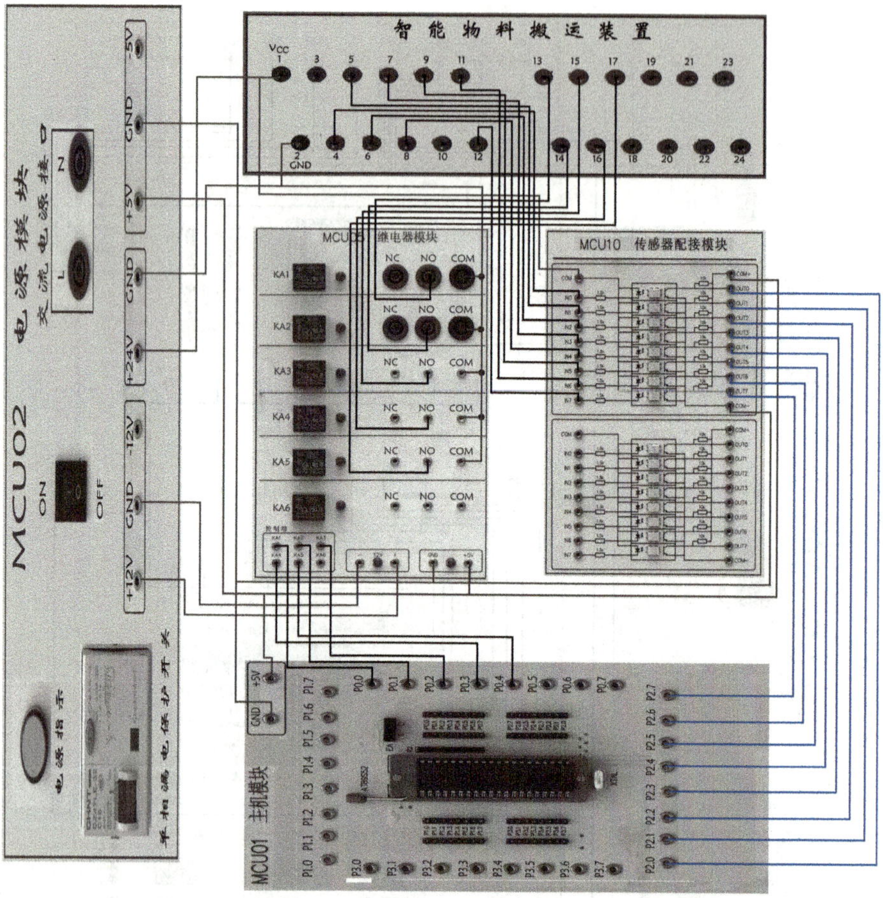

图 B-18 单片机控制物料搬运系统实物接线图（图 9-1-8）

参考文献

[1] 刘春龙，张炜，杨少光．单片机控制装置安装与调试备赛指导（中职电工电子项目）[M]．北京：高等教育出版社，2010.

[2] 李广弟，朱月秀，王秀山．单片机基础（修订本）[M]．北京：北京航空航天大学出版社，2001.

[3] 谌春桃．单片机原理与维修 [M]．广州：广东高等教育出版社，2007.